Melanie Beese
Ayke Kleinpaß
Silke Krämer
Maren Reschke
Sarah Rzeha
Marie Wiethoff

Praxishandbuch Sprachbildung Biologie

Sprachsensibel unterrichten – Sprache fördern

Ernst Klett Sprachen
Stuttgart

Bildnachweise
Kap. 4, S. 9.1 Thinkstock (Piotr Krzeslak), München; **Kap. 4, S. 9.3** Shutterstock (Natalia Pushchina), New York; **Kap. 4, S. 9.2** Shutterstock (Neil Burton), New York; **Kap. 4, S. 9.5** Fotolia (thousandsanimals), New York; **Kap. 5, S. 13.4** Shutterstock (Vinko93), New York; **Kap. 5, S. 15.8** Shutterstock (Oksana Volkovska), New York; **Kap. 5, S. 15.3** Shutterstock (CPdesign), New York; **Kap. 5, S. 15.2** Thinkstock (muuraa), München; **Kap. 5, S. 15.7** Thinkstock (Barbulat), München; **Kap. 5, S. 15.6** Thinkstock (Dorling Kindersley), München; **Kap. 4, S. 9.8** Thinkstock (GlobalP), München; **Kap. 4, S. 9.6** Thinkstock (Walter Arce), München; **Kap. 4, S. 9.7** iStockphoto (Andrew_Howe), Calgary, Alberta; **Kap. 4, S. 9.4** Thinkstock (Sergdid), München; **Kap. 3, S. 21.1** Thinkstock (Digital Vision.), München; **Kap. 2, S. 9.1** Thinkstock (Jupiterimages), München; **Kap. 2, S. 12.3** Thinkstock (sumos), München; **Kap. 2, S. 12.2** Shutterstock (Africa Studio), New York; **Kap. 2, S. 12.1** Thinkstock (GlobalP), München; **Kap. 2, S. 13.2** Shutterstock (Gelpi), New York; **Kap. 2, S. 13.3** Thinkstock (Zoonar/E.Lam), München; **Kap. 2, S. 13.1** Thinkstock (Zheka-Boss), München; **Kap. 2, S. 13.4** Thinkstock (alkir), München; **Kap. 2, S. 21.1** Fotolia (Johanna Mühlbauer), New York; **Kap. 2, S. 22.2** Thinkstock (ilpich), München; **Kap. 2, S. 22.1** Fotolia (stylefoto24), New York; **Kap. 2, S. 23.1** Thinkstock (Jaroslaw Kilian), München; **Kap. 5, S. 15.1** Thinkstock (perysty), München; **Kap. 5, S. 18.4** Shutterstock (okili77), New York; **Kap. 5, S. 18.1** Thinkstock (muuraa), München; **Kap. 5, S. 18.2** Shutterstock (pzAxe), New York; **Kap. 5, S. 18.3** Thinkstock (asmakar), München; **142.1** Thinkstock (ChrisGorgio), München

1. Auflage 1 [8 7 6 5 4] | 2029 28 27 26 25

www.klett-sprachen.de

Autoren: Melanie Beese, Ayke Kleinpaß, Silke Krämer, Maren Reschke, Sarah Rzeha, Marie Wiethoff

Redaktion: Susanne Schindler, Sebastian Weber
Reihenkonzept: Sebastian Weber
Fachliche Prüfung Biologie: Dr. Yasmin Appelhans, Kiel
Coverfotos: Shutterstock (Palsur), New York; Shutterstock (vectorgirl), New York; Shutterstock (AcaG), New York; Corbis (Andersen-Ross), Berlin; Thinkstock (gbh007), München; Thinkstock (Dynamicfoto-PedroCampos), München; Corbis (Christian Gautier/Biosphoto), Berlin; Corbis (Rafe Swan/Image Source), Berlin
Layoutkonzeption: Marion Köster, Stuttgart
Gestaltung und Satz: DOPPELPUNKT, Stuttgart
Illustrationen: Wolfgang Schaar, Grafing; Sven Palmowski, Barcelona
Umschlaggestaltung: Sandra Vrabec
Druck und Bindung: Elanders GmbH, Waiblingen

Printed in Germany.
ISBN: 978-3-12-666852-1

Inhaltsverzeichnis

Einführung

Unterrichtseinheiten

Im Buch verwendete Symbole und Abkürzungen:

- Einzelarbeit (EA)
- Partnerarbeit (PA)
- Gruppenarbeit (GA)

Einführung

Warum der Biologieunterricht die fachliche Sprachbildung braucht

Kennen Sie das auch? In einem Test sollten Ihre Schülerinnen und Schüler (im Folgenden: SuS) den Lebenszyklus der Biene beschreiben. Diesen haben Sie ausführlich im Unterricht besprochen, viele SuS konnten ihn mündlich gut erklären – doch die Texte, die die Schüler schreiben, sind unstrukturiert und zusammenhanglos und geben das Erlernte nur bruchstückhaft wieder. Die meisten Lehrkräfte fühlen sich mit solchen Erlebnissen allein gelassen, und nicht wenige fragen sich: „Wie soll ich meine Fachinhalte vermitteln, wie soll ich vernünftig unterrichten, wenn die SuS die Sprache nicht beherrschen? Müsste man von SuS, die bis in die Sekundarstufe I gekommen sind, nicht erwarten können, dass sie die deutsche Sprache verstehen, lesen und schreiben können? Müssten sie das nicht im Deutschunterricht lernen?" Dass das offensichtlich nicht so ist, liegt jedoch weder an der Unzulänglichkeit des Deutschunterrichts noch an mangelnden allgemeinen Deutschkenntnissen der SuS, sondern in erster Linie an den besonderen sprachlichen Anforderungen, die der Fachunterricht an die SuS stellt.

Kinder mit sprachlichem Unterstützungsbedarf

In der Tat kommen nur sehr wenige SuS ohne jegliche Deutschkenntnisse in die Sekundarstufe I. Dies sind die sogenannten **Seiteneinsteiger**, also Kinder, die z. B. aus Syrien oder Rumänien nach Deutschland kommen und (manchmal nach ein oder zwei Jahren in Vorbereitungsklassen) am regulären Unterricht teilnehmen müssen. Sie müssen dem Fachunterricht mit eingeschränkten Deutschkenntnissen folgen, die sich erst im Laufe der Jahre entwickeln können. Für diese Gruppe, die aufgrund der aktuellen Migrationsentwicklung stark zugenommen hat, ist sprachliche Unterstützung in allen Unterrichtsfächern elementar, um die Schullaufbahn erfolgreich zu bestehen.

Fast alle übrigen SuS verfügen zumindest über alltagssprachliche Deutschkenntnisse. Ob sie als einsprachig deutsche Kinder geboren wurden oder Deutsch als Zweitsprache ab dem Kindergarten oder der Grundschule gelernt haben: Wenn sie in die Sekundarstufe I kommen, können sie fließend deutsch sprechen und dem Unterrichtsgespräch folgen. Sie verfügen über gute Fähigkeiten in der **mündlichen Kommunikation**, die sich auf konkrete, kontextgebundene Vorgänge bezieht und in der man Gestik, Mimik sowie Gegenstände zu Hilfe nehmen kann.

Dies bedeutet jedoch nicht, dass sie in der Lage sind, z. B. einen Lehrbuchtext zu den Säugetieren zu verstehen oder wirbellose Tiere mit Wirbeltieren schriftlich zu vergleichen, denn hierfür benötigen sie andere sprachliche Fertigkeiten und Kompetenzen. Sie müssen über eine abstraktere Sprache mit komplexeren sprachlichen Strukturen verfügen, um sich kontextungebunden und ohne Unterstützung von Gesten, Mimik oder anderen Hilfsmitteln ausdrücken zu können. Diese vor allem schriftsprachliche Kompetenz, die in der Fachliteratur unter verschiedenen Schlagwörtern diskutiert wird (Bildungssprache, CALP (Cognitive academic language proficiency), konzeptionelle Schriftlichkeit), ist wesentliche Voraussetzung für den schulischen Erfolg.

Nur eine Minderheit der SuS – in der Regel aus Elternhäusern, in denen viel gelesen und geschrieben wird – beherrscht diese Sprache beim Eintritt in die Sekundarstufe I. Die Mehrheit der SuS muss diese schrift- und bildungssprachliche Kompetenz hingegen in der Schule erwerben. Die wenigen Stunden Deutschunterricht in der Woche reichen hierfür nicht aus. Dies gilt umso mehr für SuS mit Deutsch als Zweitsprache. Schon allein aus diesem Grund ergibt sich die Notwendigkeit, die bildungs- und schriftsprachlichen Kompetenzen auch im Fachunterricht zu fördern, da sie in allen Unterrichtsfächern benötigt werden und wesentliche Voraussetzung für den Schulerfolg sind.

Sprachliche Bildung im Biologieunterricht

Es gibt jedoch noch einen weiteren, fachlich entscheidenden Grund, warum Fachsprache auch im Biologieunterricht vermittelt werden muss: Der Biologieunterricht kann sich nicht mit allgemeinen bildungssprachlichen Fertigkeiten begnügen. Er hat **eigene sprachliche Anforderungen** – fachsprachliche Anforderungen –, die speziell für den Biologieunterricht gelten und (fast) nur im Biologieunterricht vorkommen. Dazu gehören selbstverständlich der Fachwortschatz, spezifische Textsorten wie der Tier- oder Pflanzensteckbrief, Bestimmungsschlüssel und andere. Darüber hinaus stellt der Biologieunterricht an die Textsorten andere Anforderungen als in anderen Fächern. Diesen Teil der Sprachbildung kann kein anderes Fach und ganz besonders nicht der Deutschunterricht übernehmen. Woher soll der Deutschlehrer wissen, welche fachlichen – und damit sprachlichen –

Anforderungen die Biologie an das Beschreiben eines Lebewesens oder eine Versuchsdurchführung stellt, wenn der Deutschunterricht an dieselbe Textsorte doch ganz andere sprachliche Anforderungen stellt? Woher soll die Deutschlehrkraft wissen, wie aus fachlicher Sicht ein Versuchsprotokoll aufgebaut und geschrieben sein sollte? Die fachliche und fachsprachliche Richtigkeit kann nur der Fachlehrer sichern; und auch die SuS werden die sprachlichen Anforderungen eines Versuchsprotokolls schneller und nachhaltiger in authentischen Kontexten – im Rahmen von Versuchen im Biologieunterricht – lernen als losgelöst von realen Versuchen im Deutschunterricht.

Weil der Biologieunterricht zur Entwicklung fachlicher Kompetenzen eine Sprache braucht, die bei den SuS nicht vorhanden ist, und ein Teil dieser Sprache obendrein fachspezifisch ist, muss die Lehrkraft Wege finden, die für das fachliche Lernen und den Schulerfolg relevante Sprachbildung sinnvoll in den Unterricht zu integrieren. Doch wie, wo man doch ohnehin schon mit seinem Stoff nicht durchkommt, beziehungsweise die Zeit nicht einmal für die wichtigsten Fachinhalte reicht?

Fachsprachliche Kompetenzen aufbauen

Ein Patentrezept gibt es hierfür selbstverständlich nicht. Der vorliegende Band jedoch versucht, Anregungen zu geben, wie sprachsensibler Biologieunterricht gelingen kann. Der Ansatz aller Praxisbeispiele besteht darin, nicht „Sprache" allgemein zu fördern, sondern gezielt die sprachlichen Anforderungen zu vermitteln, die für den Biologieunterricht typisch sind, und den SuS so zu ermöglichen, erfolgreich am Biologieunterricht teilzunehmen.

Der Band vermittelt systematisch und über die Jahrgangsstufen hinweg wesentliche fachsprachliche Kompetenzen und verbindet dabei stets fachliches und sprachliches Lernen. Ziel ist nicht, den Biologieunterricht zum Deutschunterricht zu machen. Vielmehr müssen das fachliche Lernen und der Schulerfolg im Biologieunterricht unterstützt werden, indem systematisch angemessene und eng mit der Didaktik und Methodik des Biologieunterrichts verknüpfte Werkzeuge der sprachlichen Bildung eingesetzt werden.

Ausgangspunkt für die Umsetzung der Sprachbildung im Biologieunterricht sind nach diesem Konzept daher die **fachlichen Kompetenzen**. Als Grundlage für den vorliegenden Band wurden die für die fachlichen Kompetenzen zentralen Basiskonzepte (System, Entwicklung, Struktur und Funktion) sowie die Erkenntnis- und Kommunikationskompetenz als prozessbezogene Kompetenzen gewählt. Jedes dieser Konzepte hat bestimmte **konzeptbezogene sprachliche Mittel**, die systematisch und fokussiert aufgebaut werden können und müssen.

Entwickelt werden die fachlichen und sprachlichen Kompetenzen nach dem Prinzip des **Scaffoldings**, das sich in diesem Zusammenhang bewährt hat: Eine Aufgabe wird zunächst auf ihre fachlichen und sprachlichen Anforderungen hin analysiert. Wo sie über dem Kompetenzstand der SuS liegt, wird sie – ggf. differenzierend – in Teilübungen zerlegt und mit fachlichen und sprachlichen Hilfen angereichert. Diese Unterstützungsmaßnahmen werden schrittweise reduziert, bis die SuS die Anforderungen selbstständig bewältigen können und damit ihre Kompetenzen erweitert haben. Scaffolding bezieht sich dabei nicht nur auf die einzelne Unterrichtseinheit, sondern auch auf den systematischen, sukzessiven Aufbau fachsprachlicher Kompetenzen über die Jahrgangsstufen hinweg.

Indem die SuS so in die Lage versetzt werden, Erfolgserlebnisse beim Lesen und Schreiben im Fachunterricht zu haben, können sie außerdem ihr oft negatives Lerner-Selbstbild und Selbstkonzept nachhaltig verbessern. Ein wichtiger Aspekt ist dabei neben dem Einsatz von fachdidaktisch angemessenen sprachlichen Hilfen und Übungen auch die Wertschätzung der Mehrsprachigkeit. Mehrsprachigkeit sollte nicht als Problem, sondern als Lernchance begriffen werden.

Im Folgenden werden zunächst die sprachlichen Besonderheiten des Faches Biologie beschrieben und wie man die SuS im Fachunterricht dabei unterstützen kann, diese sprachlichen Anforderungen zu meistern. Die Unterrichtseinheiten im zweiten Teil zeigen exemplarisch für die Jahrgangsstufen 5 bis 10, wie sprachförderliche Maßnahmen konkret umgesetzt werden können. Die Unterrichtstipps und Kopiervorlagen können direkt für den eigenen Unterricht eingesetzt werden oder als Anregung für die eigene Unterrichtsplanung dienen.

Charakteristika der Sprache im Biologieunterricht

Die erste Voraussetzung einer im Fachunterricht integrierten Sprachbildung ist, die sprachlichen Anforderungen, die im Biologieunterricht entscheidend sind, genau zu kennen. Diese Anforderungen liegen auf mehreren Ebenen:

- Fachwortschatz
- typische Satzkonstruktionen
- Textsorten

Fachwortschatz im Biologieunterricht

Der **Fachwortschatz** ist der Wortschatz, der gebraucht wird, um fachliche Inhalte angemessen und präzise darzustellen. Fachnomen werden im Kontext der Wissenschaft entwickelt, um neu entdeckte Phänomene zu benennen, wie z. B. *Wirbeltiere, Netzhaut* oder *Fotosynthese*. Im schulischen Kontext ist der Fachwortschatz ein variablerer Begriff: Es gibt eine Vielzahl an Nomen, die für die Lehrkraft zur Allgemeinsprache zählen, für die SuS aber als Fachsprache gewertet werden müssen, z. B. *Borsten, Gefieder* oder *Dämmerung*.
Im Biologieunterricht sollen die SuS aber nicht nur die entsprechenden Fachnomen kennenlernen, also z. B. nicht nur das Wort *Netzhaut* sagen können, sondern beschreiben, wie diese aufgebaut ist und wie sie funktioniert. Auf der Ebene des Wortschatzes müssen sie dazu auch die passenden Fachverben (*etwas ausscheiden, mit etwas verknüpft sein, etwas regulieren* ...) und Adjektive (*nährstoffreich, angereichert, spitz* ...) kennen und verwenden. Verben und Adjektive sind genauso wichtig und zentral wie Nomen: Ohne sie könnten die SuS weder die Schilderung fachlicher Sachverhalte verstehen noch ihr vorhandenes Wissen mündlich oder schriftlich darstellen.
Nomen, Verben und Adjektive sind auch deshalb für den Fachwortschatz besonders relevant, weil es **offene Wortarten** sind. Es können hier bei Bedarf neue Wörter hinzukommen, immer, wenn in der Fachwissenschaft etwas Neues entdeckt wird. Demgegenüber stehen **geschlossene Wortarten** wie Konjunktionen (*weil, nachdem* ...) oder Präpositionen (*<u>in</u> der Zelle, <u>wegen</u> der geringen Luftfeuchtigkeit*), die nicht durch neue Wörter erweitert werden können. Sie haben meist eine abstraktere Bedeutung und bereiten den SuS daher oft Schwierigkeiten. In vielen Fällen sind sie jedoch entscheidend für das Fachverständnis.

Die drei offenen Wortarten (Nomen, Verben und Adjektive) bringen eine große, scheinbar nicht lehr- und erlernbare Anzahl an Wörtern hervor, die sich mit jedem neuen Text oder Unterrichtsgespräch erweitert. Daher ist es sinnvoll, den SuS **Grundkenntnisse der Wortbildung** zu vermitteln. Diese werden im Folgenden erläutert und lassen verständlich werden, an welchen Stellen Herausforderungen für SuS entstehen und wie diese effizient im Fachunterricht bearbeitet werden können. So ist es möglich, den unbezwingbar erscheinenden Berg von Fachwörtern in eine Treppe mit bewältigbaren Stufen zu verwandeln.
Theoretisch könnte man in der Fachwissenschaft für jedes neue Phänomen ein eigenes Wort frei erfinden. Man hätte bei der Entdeckung der Zelle diese nicht *Zelle*, sondern zum Beispiel *Hagure*, die *Zellwand* vielleicht *Nekop* und die Zellteilung *Mersin* nennen können. Tatsächlich aber werden die wenigsten Fachwörter auf diese Weise neu erfunden. Die meisten Fachwörter werden durch Veränderungen bestehender Begriffe gebildet, und zwar nach bestimmten, für die deutsche Sprache typischen **Wortbildungsverfahren.**

Fachwortbildung durch Zusammensetzen von Wörtern (Komposition)

Eines der wichtigsten Wortbildungsverfahren ist die **Komposition**. Dabei werden mindestens zwei Wörter zusammengefügt. Fachnomen bestehen häufig aus zwei oder mehr Nomen, z. B. *Zelle + Wand → Zellwand; Zelle + Teilung → Zellteilung*. Sie können jedoch auch aus einem Adjektiv und einem Nomen (*blau + Meise → Blaumeise*) oder einem Verb und einem Nomen (*trennen + Verfahren → Trennverfahren*) gebildet werden. Das hintere Wort des Kompositums wird dabei als Grundwort bezeichnet; das Wort, das vor dem Grundwort steht, heißt Bestimmungswort, da es das Grundwort in der Regel inhaltlich näher bestimmt.
Damit die SuS zusammengesetzte Fachnomen richtig verwenden können, müssen sie drei weitere Regeln über Komposita lernen:

1. Das hintere Wort (Grundwort) bestimmt stets die Wortart. *Blaumeise* ist ein Nomen, obwohl es mit *blau* anfängt, da das Grundwort *die Meise* ein Nomen ist. Man muss das Wort also groß schreiben.
2. Das Geschlecht (*der, die* oder *das*) eines zusammengesetzten Nomens wird ebenfalls stets durch das hintere Wort bestimmt. Es heißt *<u>der</u> Lungenflügel*, da das Grundwort *der Flügel* maskulin ist. SuS nei-

gen oft dazu, vom ersten Wort auszugehen, also von *die Lunge* auf *die Lungenflügel* zu schließen. Dies kann sowohl das Textverständnis als auch Schülertexte inhaltlich verfälschen, da so Pronomen in folgenden Sätzen falsch zugeordnet werden können.

3. Bei der Pluralbildung wird ausschließlich das Grundwort in den Plural gesetzt, z. B. *das Haushuhn → die Haushühner*.

Fachnomen – nicht nur Komposita – sollten grundsätzlich mit Artikel und Pluralform eingeführt werden.

Bei den meisten Komposita handelt es sich um Nomen. Daher sollte hier auch der Schwerpunkt der Arbeit mit den SuS liegen. Es gibt aber auch für den Biologieunterricht relevante zusammengesetzte Adjektive (z. B. *naturnah, feuchtwarm, lebensfeindlich*) und zusammengesetzte Verben. Sie kommen in der Biologie jedoch selten vor.

Das Verstehen von zusammengesetzten Fachwörtern üben

Als geübte/r Leser/in erschließt man unbekannte zusammengesetzte Wörter auf folgende Weise: Man liest z. B. das Wort *Flügelskelett* und erkennt, dass es aus zwei Wörtern, nämlich *der Flügel* und *das Skelett* besteht. Der/die geübte Leser/in bildet nun automatisch Hypothesen, wie diese beiden Wörter inhaltlich zusammenhängen könnten:

- Das Skelett hat die Form eines Flügels.
- Der Flügel hat ein Skelett. Es ist also das Skelett des Flügels.
- Das Skelett besteht aus Flügeln.
- Das Skelett wird als Flügel verwendet.
- …

In 80 bis 90 Prozent der Fälle entschlüsselt man das Wort mithilfe des Kontextes richtig. Unbewusst hat man beim Lesen ein vorher nie gehörtes Fachwort verstanden. Das **Verfahren der Worterschließung** kann man mit den SuS gezielt üben. Dadurch wird der Unterricht auf Dauer effizienter, da den SuS nicht jedes unbekannte Wort erklärt werden muss, sondern viele Begriffe selbstständig erschlossen werden können. Das Verfahren besteht aus zwei Schritten:

- Zunächst müssen die SuS lernen, zusammengesetzte Wörter zu erkennen und in ihre Bestandteile zu zerlegen.
- Anschließend müssen die SuS über geeignete Übungen trainieren, welche sinnvollen Hypothesen man über den Zusammenhang zwischen den Wörtern bilden kann. Anfangs bekommen sie dazu viele Hilfestellungen, später wenige.

Am Schluss sollten die SuS bei einer Vielzahl von Wörtern in der Lage sein, die Bedeutung selbst zu erschließen. Beispiel 1 führt dies exemplarisch vor. Neben der Wortbildung durch zusammengesetzte Wörter beinhaltet sie auch ein Beispiel für die Fachwortbildung durch Vor- und Endsilben, die Thema des folgenden Kapitels ist.

BEISPIEL 1 – FACHWÖRTER ERSCHLIESSEN

Die Muskeln des Menschen

Im menschlichen Körper gibt es viele Muskeln. Diese Muskeln haben manchmal komplizierte Namen. Oft sind diese Namen zusammengesetzte Wörter oder Wörter mit einer Endsilbe. Wenn du die Prinzipien kennst, wie man diese Wörter bildet, kannst du die Bedeutung verstehen und dir die Namen leichter merken.

Prinzip 1: Es ist ein zusammengesetztes Nomen. Das erste Wort gibt an, wo sich der Muskel befindet.
Beispiel:
Das Wort „Bauchmuskel" besteht aus den Wörtern Bauch und Muskel.
→ Ein Bauchmuskel ist ein Muskel, der sich im Bereich des Bauches befindet.
zum Bauch gehört.
der ein Bestandteil des Bauches ist.

Prinzip 2: Es ist ein zusammengesetztes Nomen. Das erste Wort (meistens ein Verb) gibt an, was man mit dem Muskel machen kann / wozu der Muskel dient:
Beispiel:
Das Wort „Lachmuskel" besteht aus den Wörtern lachen und Muskel.
→ Ein Lachmuskel ist ein Muskel, der zum Lachen dient.
den man zum Lachen verwendet.
mit dessen Hilfe man lacht.

Prinzip 3: Es ist ein Nomen, das durch die Endsilbe „-er" aus einem Verb gebildet wurde. Auch diese Wörter geben an, was man mit dem Muskel machen kann, wozu er dient:
Beispiel:
Das Wort „Strecker" besteht aus dem Verb *strecken* und der Endung *-er*.
→ Ein Strecker ist ein Muskel, mit dem man einen Körperteil strecken kann.
den man zum Strecken eines Körperteils verwendet.
mit dessen Hilfe man einen Körperteil strecken kann.

Aufgabe 1:
Hier findest du eine Liste mit einigen Skelettmuskeln des Menschen. Nach welchem Prinzip (1, 2 oder 3) wurde das Wort gebildet? Zerlege das Wort in seine Bestandteile. Beschreibe den Zusammenhang wie im Beispiel oben.
der Brustmuskel, der Bauchmuskel, der Beuger, der Heranzieher des Oberschenkels, der Gesäßmuskel, der Rückenmuskel, der Kopfwender, der Trompetermuskel, der Kaumuskel, der Kapuzenmuskel, der Zehenstrecker, der Stirnmuskel

Aufgabe 2:
Gibt es Wörter, zu denen keines der drei Prinzipien passt? Hast du eine Idee, wie man bei diesen Wörtern den Zusammenhang zwischen dem ersten Wort und dem zweiten Wort formulieren kann?

Fachwortbildung durch Vor- und Endsilben (Derivation)

Ein anderes wichtiges Wortbildungsverfahren ist das Hinzufügen von Vor- oder Endsilben.

Vorsilben (Präfixe)

Durch das Hinzufügen einer Vorsilbe bekommt ein Wort eine neue Bedeutung (→ Tabelle 1), ohne dass sich die Wortart ändert.

Eine besondere Rolle spielen die Vorsilben bei Verben. Verben mit unterschiedlicher Bedeutung werden im Deutschen häufig durch das Hinzufügen einer Vorsilbe zu einem Grundwort gebildet. Eine Vorsilbe von nur zwei oder drei Buchstaben kann so **ein Verb mit vollkommen neuer Bedeutung** schaffen, z. B.:

treten: zertreten, vertreten, austreten, eintreten, auftreten, antreten, abtreten …
führen: hinführen, wegführen, abführen, anführen, aufführen, verführen, entführen …

Für das fachliche Verständnis ist es von zentraler Bedeutung, dass die SuS beim Lesen eines Textes wissen, dass *austreten* und *abtreten* zwei Verben mit grundsätzlich unterschiedlicher Bedeutung sind und mit der Bedeutung des Grundworts *treten* nichts zu tun haben. Ähnlich verhält es sich auch mit anderen Verben. Die Lehrkraft kann z. B. kaum kontrollieren, ob die SuS den Blutkreislauf verstanden haben, wenn sie nicht sicherstellen kann, dass sie *hin-* und *wegführen* richtig erschlossen haben und einsetzen können.

TABELLE 1 – BEISPIELE FÜR TYPISCHE VORSILBEN IN DER BIOLOGISCHEN FACHSPRACHE

Vorsilbe	Inhaltliche Bedeutung	Beispiel
vor-	meist: davor (räumlich, zeitlich)	Vormensch, Vorbeugung
re- (lat.)	zurück	reagieren, Reaktion
in-/im- (lat.)	unterschiedliche Bedeutungen, z. B. nicht	Information, impermeabel (Oberstufe)
an-	---	anpassen, Anlage
er-	---	ernähren
zer-	im weitesten Sinne: Zerstörung Teilung, Trennung, Auflösung	zersetzen
ver-	---	vermehren, vererben
anti- (lat.)	gegen	Antibiotikum, antibakteriell
hyper-	über(mäßig)	hypertonisch (Oberstufe)
hypo-	unter	Hyposensibilisierung (Oberstufe)

Nur wenige Vorsilben haben eine inhaltliche Bedeutung (→ Tabelle 1), die auch in der Biologie eine große Rolle spielt. So hat *zer-* in der Regel etwas mit Zerstörung zu tun, *ab-* und *weg-* etwas mit einer sich von genannter Position entfernenden Bewegungsrichtung, *hin-* eine Bewegungsrichtung zur genannten Position hin. Weitere wichtige Vorsilben mit inhaltlicher Bedeutung in der Biologie sind *um-*, *unter-*, *über-*, *hinter-*, *miss-*, *wider-* und *mit-*.

Die wenigen Vorsilben, die eine inhaltliche Bedeutung haben, sollten unbedingt explizit eingeführt werden, da sie den SuS beim **Entschlüsseln unbekannter Verben** helfen können. Sie sollten auch in einem Glossar festgehalten werden.

Bei den meisten Vorsilben gilt dies leider nicht. Hier ist es daher notwendig, die zu lernenden Verben gezielt einzuführen und ihre Bedeutung zu klären. Dadurch, dass sie oft aus einem ganz einfachen, alltäglichen Verb (z. B. *treten*, *führen*) gebildet werden, identifiziert die Lehrkraft sie oft nicht als Wörter, die den SuS Schwierigkeiten bereiten und im Kontext des Fachwortschatzes eingeführt werden müssen.
Die Schwierigkeit beginnt für die SuS häufig bereits damit, das Verb überhaupt zu identifizieren, denn manchmal wird die Vorsilbe eines Verbs im Satz vom Verbstamm abgetrennt (**trennbare Verben**). Zwischen Verbstamm und der abgetrennten Vorsilbe können zahlreiche Informationen und manchmal ganze Nebensätze stehen. In folgendem Satz müssen die SuS z. B. erkennen, dass *fest* zu dem Verb *festfrieren* gehört. Wenn sie nur den Verbstamm erkennen, verstehen sie den Satz gegebenenfalls falsch.

Obwohl Pinguine ständig auf der Eisfläche stehen, frieren ihre Füße auf der Oberfläche nicht fest.

Doch nicht alle Verben mit Vorsilbe gehören zu den trennbaren Verben. Nur Vorsilben, die betont sind, werden abgetrennt. Sie sind meistens Präpositionen (z. B. *ab*, *auf*) oder Adverbien (z. B. *weg*, *hinein*). Vorsilben, die kein eigenes Wort darstellen (z. B. *ver-*, *zer-*, *ent-*, *er-*), stehen nie alleine im Satz.
Besonders schwierig wird es für die SuS, wenn bei einem Verb je nach Bedeutung die Vorsilbe abgetrennt wird oder nicht. Hier hilft es, auf die Betonung zu achten, wie folgendes Beispiel zeigt:

Der Mann muss die Wüste durchlaufen. (*durchlaufen*: Die Betonung liegt auf „laufen".)
Die Flüssigkeit läuft durch den Filter. (*durchlaufen*: Die Betonung liegt auf „durch".)

Neue Fachverben sollten immer mit einem **Beispielsatz** eingeführt werden, damit die SuS erkennen können, ob die Vorsilbe abgetrennt wird oder nicht. Dafür sollte der Beispielsatz in der Gegenwart (*läuft … weg*) stehen, da die Vorsilbe bei trennbaren Verben im Perfekt (*ist weggelaufen*) oder der Zukunft (*wird weglaufen*) nicht abgetrennt wird.

Die Verben, die entweder für eine Unterrichtsreihe zentral sind, sollten mit einem Beispielsatz in einem Glossar (→ Tabelle 2) gesichert werden.

TABELLE 2
BEISPIEL: GLOSSAR MIT NEUEN FACHVERBEN

Fachverb	Beispielsatz
etwas in etw. zerlegen	Säure und Enzyme zerlegen die Nahrung im Magen in ihre kleinsten Bestandteile.
etwas ablegen	Auch auf dem Boden brütende Vögel legen ihre Eier häufig in Nestern ab.

BEISPIEL 2 – FACHVERBEN VERWENDEN

Der Stoffwechsel
Aufgabe: Setze jeweils das passende Verb in die Lücken ein.

treten → **ein**treten
treten → **aus**treten
treten → **auf**treten

Zellen wandeln Stoffe in andere Stoffe um. Dafür ________________ sie mit ihrer Umwelt in Austausch.

Es gibt verschiedene Möglichkeiten, wie Ausgangsstoffe in die Zelle ________________ und umgewandelte Stoffe wieder ________________ können. In den Pflanzenzellen zum Beispiel ________________ die Stoffe durch Tüpfel in der Zellwand ________ und ________.

Ist der Stoffwechsel gestört, können Krankheiten ________________.

Nur lebende Zellen besitzen einen Stoffwechsel. Wenn der Tod ____________, endet auch der Stoffaustausch.

Um die korrekte Verwendung von Fachverben zu trainieren, gibt es verschiedene Übungsformen, die dies effektiv mit fachlichem Lernen kombinieren (→ Beispiel 2).

BEISPIEL 3 – ÜBUNG ZUM TEXTVERSTÄNDNIS UND ZUR ANWENDUNG (NICHT) TRENNBARER FACHVERBEN

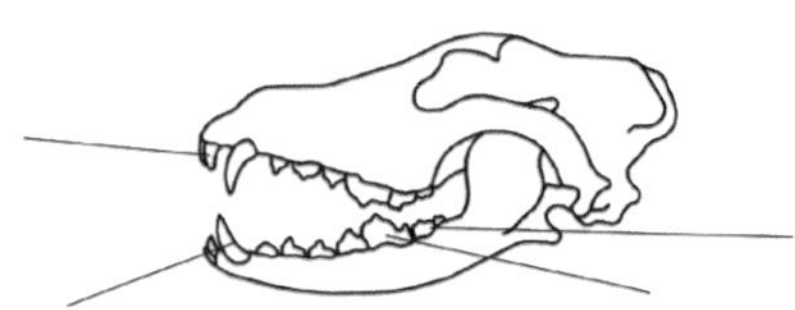

3. Beschrifte das Hundegebiss mit den Namen der Zähne

4. Setze das richtige Wort in die Lücke: Du musst die richtige Form benutzen! Verb= 3. Person (tötet er die Beute) Adjektiv- Endung (spitz= mit den spitzen Zähnen) manche Verben bestehen aus 2 Teilen (festhalten, er hält die Beute fest)

Das Gebiss des Hundes nennt man ______________.

Mit den *spitzen* Eckzähnen ______________ er die Beute ______ und ______________ sie.

Mit den ______________ Reißzähnen (den größten Backenzähnen) kann er Knochen und Fleisch ______________.

Mit den ______________ und ______________ vorderen Backenzähnen kann der Hund Knochen ______________.

Mit den hinteren Backenzähnen ______________ er die Knochen.

Mit den Schneidezähnen ______________ er das Fleisch vom Knochen ______.

Ohne zu kauen ______________ er die Fleischstücke und ______________ sie in seinem Magen und Darm.

gezackt -verschlucken -scharf -verdauen -zerteilen -Fleischfressergebiss -spitz festhalten- zerkleinern -messerscharf –zermalmen- abschaben- zerkleinern.

5. Beschreibe nun das Hundegebiss mit Hilfe der Wörter mündlich.

Endsilben (Suffixe)

Auch durch das Anhängen von Endsilben entsteht ein neues Wort mit eigener Bedeutung. Durch die meisten Endsilben verändert sich gleichzeitig die Wortart, z. B.:

Verb + Endsilbe → Nomen:	*teilen + -ung → die Teilung*
Adjektiv + Endsilbe → Nomen:	*flüssig + -keit → die Flüssigkeit*
Nomen + Endsilbe → Adjektiv:	*der Fluss + -ig → flüssig*

Endsilben für Nomen

Zahlreiche in der Biologie häufig vorkommende Endsilben für Nomen bestimmen das Geschlecht des Wortes (→ Tabelle 3). Dieses kann sich von dem Geschlecht des Nomens ohne Endsilbe unterscheiden, z. B. *der Mensch* → *die Menschheit*. Die SuS wissen, ob es *der*, *die* oder *das Menschheit* heißt, wenn sie gelernt haben, welches Geschlecht die Endung *-heit* impliziert.

Die Kenntnis des Wortbildungsverfahrens und häufig verwendeter Endsilben kann den SuS helfen, den inhaltlichen Wortstamm von der Endsilbe zu trennen und **ausgehend vom Wortstamm Vermutungen über die Bedeutung anzustellen** (ähnlich wie bei zusammengesetzten Wörtern). Zum Beispiel kann im folgenden Textausschnitt die Kenntnis der Zerlegung von *Erreger* in *erregen* + *-er* den SuS helfen, die Bezeichnung *Erreger* in dem Textausschnitt zu erschließen:

Die Pest war im Mittelalter eine gefürchtete Krankheit. Ihr Erreger gelangt üblicherweise durch den Biss eines Rattenflohs in das Blut des Menschen.

Wenige Endsilben haben eine eindeutige inhaltliche Bedeutung. Diese zu vermitteln, ist sehr hilfreich für die SuS, da sie sich so das Fachwort selbstständig erschließen können, wie das folgende Beispiel zeigt:

Mischlinge haben als Eltern Hunde verschiedener Rassen oder sind Nachfahren von Mischlingen. Sie sind körperlich robust und weniger krankheitsanfällig als viele Rassehunde.

In diesem Satz können sich die SuS erschließen, dass *-ling* ein Lebewesen bezeichnet und dass dieses irgendetwas mit *mischen* zu tun hat, also *mischt*, *gemischt ist* usw. Aus dem Kontext können sie sich die Bedeutung des neuen Wortes eindeutig erschließen.

TABELLE 3 – BEISPIEL: GLOSSAR FÜR TYPISCHE ENDSILBEN IN DER BIOLOGISCHEN FACHSPRACHE (NOMEN)

Endsilbe	Geschlecht	Inhaltliche Bedeutung	Beispiel
-ling	der	Bezeichnung für ein Lebewesen	*Schmetterling, Säugling, Schädling*
-ung	die	---	*Zellatmung, Nahrung, Impfung*
-ion	die	---	*Generation, Funktion, Evolution*
-ent	der	---	*Destruent, Konsument*
-er	der	---	*Räuber, Zersetzer, Erreger*
-heit	die	---	*Krankheit, Menschheit*

TABELLE 4 –
BEISPIEL: GLOSSAR FÜR TYPISCHE ENDSILBEN IN DER BIOLOGISCHEN FACHSPRACHE (ADJEKTIVE)

	Inhaltliche Bedeutung	Beispiel
-artig	so ähnlich wie	*harpunenartig*
-frei	nicht vorhanden	*schmerzfrei, nikotinfrei*
-los	nicht vorhanden	*wirbellos, flügellos*
-reich	viel vorhanden	*kalorienreich, nährstoffreich*
-arm	wenig vorhanden	*fettarm*
-haltig	enthält diese Substanz	*stickstoffhaltig, säurehaltig*
-fähig	zu etwas in der Lage sein	*lebensfähig*
-förmig	die gleiche / eine ähnliche Form haben wie	*stäbchenförmig*
-bar	lässt sich …	*sichtbar*
-fest	resistent gegen etwas	*wasserfest, wärmefest*
-gerecht	wird etwas gerecht	*artgerecht*
-wärts	in eine bestimmte Richtung	*kopfabwärts*
-haft	---	*nahrhaft, wehrhaft*
-ig	---	*reinerbig*
-isch	---	*genetisch*
-lich	---	*natürlich, menschlich*

Diese Endsilben sollten daher auch in einem Glossar festgehalten werden.

Endsilben der Adjektive

Viele Endsilben für Adjektive haben eine **feste inhaltliche Bedeutung**, wie z.B. die Endsilben *-haltig* (z.B. *fetthaltig, sauerstoffhaltig*) oder *-förmig* (z.B. *handförmig, stäbchenförmig*), mit der aus Nomen Adjektive gebildet werden (→ Tabelle 4). Die Endsilbe *-haltig* drückt aus, dass ein Objekt etwas (z.B. *Fett, Sauerstoff*) enthält, die Endsilbe *-förmig*, dass das Objekt eine ähnliche Form hat wie das Grundwort (z.B. *handförmig → die Form einer Hand*). Die Kenntnis dieser Bedeutung hilft den SuS, solche neuen Fachwörter in Texten eigenständig zu erschließen. Zudem ermöglicht dieses Wissen ihnen auch, selbst neue Wörter zu bilden, womit eine Erweiterung des aktiven Fachwortschatzes der SuS einhergeht.

Im Kontext der exakten Beschreibung von Pflanzen und Tieren und insbesondere im Bereich der Bestimmungsschlüssel kommt in der Biologie noch eine weitere Bildungsform von Adjektiven hinzu, die man **Pseudopartizipien** nennt. Diese werden von Nomen abgeleitet und dadurch gebildet, dass man sie scheinbar zu einem Verb macht (*die Ader → ädern*), das dann in sein Partizip umgewandelt wird (ädern → geädert). Dieses kann dann als Adjektiv verwendet werden (*die geäderten Blätter*). Weitere Beispiel sind *Finger – gefingert* oder *Schuppe – beschuppt*.

Für alle aufgeführten sprachlichen Phänomene gilt, dass die Lehrkraft sie nie gleichzeitig einführen sollte. Die Vor- bzw. Endsilben sollten einzeln eingeführt werden, maximal können inhaltlich zusammenhängende Endsilben (*-haltig, -arm, -reich*) oder Gegensatzpaare (*hin-, weg-*) gemeinsam thematisiert werden – und zwar dann, wenn sie innerhalb einer Unterrichtseinheit prominent vorkommen, sodass sich problemlos fachliche Übungen entwickeln lassen, die das sprachliche Phänomen mit trainieren. Sinnvoll ist es, sukzessive über die Jahrgangsstufen ein Glossar anzulegen, in der die SuS jede neue Vor- bzw. Endsilbe, ggf. ihre Bedeutung und ein Beispiel ergänzen. Als Vorlage hierfür können Tabelle 1 und Tabelle 4 dienen. Ein Beispiel für ein solches sukzessives Einführen von Endsilben bei Adjektiven finden Sie in der Unterrichtseinheit zum Bestimmungsschlüssel (→ S. 117).

Andere Elemente der Fachsprache

Fremd- und Lehnwörter

Viele biologische Fachwörter kommen aus dem Lateinischen oder Griechischen. Oftmals handelt es sich auch hier nicht um einzelne, sondern um zusammengesetzte Wörter (*Photo-synthese, Chloro-plast*). Die Übersetzung (Herleitung) durch die Lehrkraft kann den SuS helfen, sich die Fachtermini zu merken.

Darüber hinaus gibt es einzelne Wortelemente aus der lateinischen oder griechischen Sprache, die in der

TABELLE 5 – BEISPIEL: GLOSSAR ZU FREMD- UND LEHNWÖRTERN MIT ÜBERSETZUNG/HERLEITUNG

Wortelement	Inhaltliche Bedeutung in der Biologie	Beispiele
-cyt/-zyt- (gr.)	Wortteil mit der Bedeutung von Höhlung, Zelle	*Cytoplasma, Leukozyten*
-synthese (gr.)	Vorgänge der Zerlegung einzelner Teile des Ganzen und deren veränderter Rekombination (z. B. Fotosynthese: Wasser und Kohlenstoffdioxid wird zerlegt und neu zu Zucker und Sauerstoff zusammengesetzt)	*Fotosynthese, Proteinbiosynthese*
mono- (gr.)	allein, einzig	*Monosaccharide, Monokultur*

Biologie häufig in zusammengesetzten Fachwörtern auftreten, z. B. *-plast*, *-synthese* oder *mono-*. Diese lohnt es nicht nur zu übersetzen, sondern zusammen mit ihrer Übersetzung in einem Glossar (→ Tabelle 5) zu sichern. Die SuS können sich so später Fachwörtern mit diesem Wortelement herleiten. Auch so wird die Fähigkeit der SuS trainiert, sich eigenständig neue Fachwörter zu erschließen.

Umdeutungen aus der Allgemeinsprache

Einige Fachwörter entstehen dadurch, dass Wörter aus der Allgemeinsprache mit einer anderen, speziellen Bedeutung versehen werden, z. B. die biologische *Zelle*, historisch ein abgegrenzter Wohnraum (z. B. im Gefängnis), oder der *Räuber* in der Ökologie. Meist gibt es Gemeinsamkeiten oder zumindest einen metaphorischen Zusammenhang zwischen der allgemeinsprachlichen und der fachsprachlichen Verwendung. Eine Thematisierung dieser Ähnlichkeiten kann den SuS helfen, das Fachwort zu begreifen und somit auch den fachlichen Inhalt besser zu verstehen.

Die **bewusste Thematisierung** ist umso wichtiger, da die SuS Analogieschlüsse oft unbewusst ziehen und Analogien ihre Grenzen haben. Allgemeinsprachliche Wörter können somit auch zu fachlichen Fehlkonzepten führen, weil das Alltagswort Schülervorstellungen hervorrufen kann, die dem Fachkonzept widersprechen. Beispiele hierfür sind die Begriffe *Traubenzucker* und *Anpassung*. Das Kompositum aus *Trauben* und *Zucker*, das seine Benennung seiner Entstehungsgeschichte (Nachweis in Trauben) verdankt, kommt in allen Pflanzen als Fotosyntheseprodukt vor und ist darüber hinaus auch in Milchzucker und Haushaltszucker zu finden. *Sich anpassen* wird in der Alltagssprache als bewusstes Handeln von Personen verstanden, dagegen beinhaltet die Anpassung in der Evolution einen nicht aktiv beeinflussbaren Prozess und dementsprechend auch keine aktiv handelnde Person. Die alltagssprachliche Bedeutung von *Anpassung* erzeugt bei den SuS häufig die Idee, dass Evolution zielgerichtet und aktiv (von den Lebewesen selbst oder höherer Macht) geschieht. Die aktive Auseinandersetzung mit der Sprache kann hierbei manchmal helfen. Ein Beispiel, wie dies umgesetzt werden kann, zeigt die folgende Aufgabe (→ Beispiel 4).

Es kann auch helfen, die **Erstsprachen der SuS einzubeziehen**, in denen das allgemeinsprachliche und das Fachwort eventuell anders benannt und daher mit anderen Assoziationen verbunden sind. Dazu können zum Beispiel die Herkunftssprachenlehrerinnen und

BEISPIEL 4 – TIERBEZEICHNUNGEN

Übung zu Wortumdeutungen der Allgemeinsprache

Die meisten einheimischen Tierarten haben ihren Namen bekommen, lange bevor es die Wissenschaft Biologie mit ihrer genauen Kenntnis über Abstammung und Verwandtschaft der Tiere und ihrer entsprechenden Klassifikation gab. Die Namen sind oft an scheinbare Eigenschaften, Lebensräume oder Ähnlichkeiten mit anderen Tieren angelehnt. Einige können uns in die Irre führen, weil sie nicht mit dem heutigen Wissen über diese Tiere übereinstimmen. Solche verwirrenden Tiernamen sind zum Beispiel:
das Flusspferd, das Meerschweinchen, die Blindschleiche, die Gottesanbeterin, der Zitronenfalter, das Walross, der Seelöwe, der Seehund, der Seeelefant, die Kreuzotter, die Grasmücke, die Mönchsgrasmücke, der Schokoladen-Fruchtzwerg, das Neunauge, die Meerkatze, der Kleine Fuchs, der Waschbär, der Kleine Panda, der Ameisenlöwe
a) Finde mithilfe des Internets heraus, welche Tiere sich hinter den Bezeichnungen für die Tiere verbergen und notiere dies zu jedem Wort.
b) Was genau ist an dem Namen jeweils irreführend: die Zuordnung zu einer Art, die Eigenschaft oder der Lebensraum? Notiere dies ebenfalls zu jedem Wort.

-lehrer bei der Vorbereitung von Unterrichtsmaterialien einbezogen werden. Allgemeine Tiernamen (z. B. *Vogel, Bär, Katze, Hund*) in den Herkunftssprachen der SuS dürften bei den SuS als bekannt vorausgesetzt werden, spezifische Tiernamen (z. B. *Tausendfüßer, Marienkäfer, Gepard*) dagegen eher weniger, sodass man hier nach konkreten Übersetzungen fragen sollte. Der Vergleich von Tiernamen ermöglicht z. B. Einblicke in andere Sprachen: Im Deutschen haben Tausendfüßer tausend Füße, im Türkischen hingegen nur vierzig (*kırk ayak = vierzig Fuß*). Wie viele Füße haben Tausendfüßer in anderen Sprachen? Allein dieser Sprachvergleich verdeutlicht, dass Bezeichnungen nicht die Realität abbilden (müssen) und Lehrkräfte wie SuS Bezeichnungen hinterfragen sollten.

Fachsprachliche Wendungen

Auch feste Wortgruppen können in der Biologie eine spezielle Bedeutung erhalten (z. B. *der See kippt um* oder *Stärke aufspalten, Bäume schlagen aus, Hefe geht, Wein wird gelesen, Junge werfen*). Die SuS können die Bedeutung dieser Wendung nicht aus der Bedeutung der Einzelwörter rekonstruieren. Daher muss die **Bedeutung der kompletten Wendung** im Unterricht eingeführt werden. Oft werden solche Wendungen im Unterricht übersehen, eben weil sie sich aus einfachen Wörtern zusammensetzen.

Symbole

Symbole können in der Biologie ebenfalls eine spezielle Bedeutung erhalten, die auch vom jeweiligen Kontext abhängt. Oft übersehen wir, dass diese spezielle Bedeutung der Symbole für die SuS nicht evident ist. So können sich SuS noch relativ leicht selbst erschließen, dass ein Pfeil in einem Schaubild zum Lebenszyklus sprachlich in *wird zu* übersetzt werden muss. Dass ein Pfeil in einem Nahrungsnetz *wird gefressen von* (und nicht *frisst*) bedeutet, ist jedoch nicht selbsterklärend. Auch spezielle Bedeutungen solcher Symbole müssen daher eingeführt und am besten ebenfalls in einem Glossar festgehalten werden.

Fachwörter und -symbole aus anderen Disziplinen

In der Sekundarstufe I gibt es bereits erste Beziehungen zur Chemie, mit entsprechenden Entlehnungen aus der chemischen Fachsprache (z. B. Verben, die Reaktionen beschreiben, Stoffnamen). Vor allem in den höheren Klassen kommen gehäuft Formeln und Symbole aus der Chemie hinzu, ebenso aus der Mathematik (Formeln und Symbole, jedoch auch mathematisierende Ausdrücke wie *je, pro, linear* etc.). Manchmal sind diese Symbole und Ausdrücke den SuS aus dem entsprechenden Fachunterricht noch nicht bekannt. Häufiger jedoch wurden sie zwar dort behandelt, die SuS übertragen sie aber nicht automatisch auf den Biologieunterricht. Hier ist daher eine kleine „Wiederholung" und explizite Verknüpfung mit dem Chemie- bzw. Mathematikunterricht sinnvoll.

Bestimmung und Didaktisierung des Fachwortschatzes einer Unterrichtsreihe

Welche Schritte sind bei der Bestimmung und Didaktisierung des Fachwortschatzes einer Unterrichtsreihe zu beachten? Auch wenn man den SuS nach und nach Kenntnisse und Strategien zur selbstständigen Erschließung und Bildung von Fachwörtern vermittelt, so bleibt der Fachwortschatz im Biologieunterricht dennoch sehr umfassend. Hinzu kommt, dass er sich von Thema zu Thema, von Unterrichtsreihe zu Unterrichtsreihe unterscheidet.

Um Fachwortschatz erfolgreich zu vermitteln, ist es notwendig, einen realistischen und effizienten Umgang damit zu entwickeln. Dafür sollte die Lehrkraft zu Beginn einer Unterrichtsreihe **den Fachwortschatz ermitteln**, also die für das Verständnis des Themas und der verwendeten Unterrichtsmaterialien sowie für das Darstellen des erworbenen Wissens notwendigen Nomen, Verben und Adjektive. Diesen unterteilt sie dann in aktiven und passiven Wortschatz.

Passiver Wortschatz

Viele Fachwörter, die z. B. in den verwendeten Texten und Unterrichtsmaterialien vorkommen, müssen von den SuS zwar verstanden (also passiv beherrscht), jedoch nicht (aktiv) selbst angewendet werden. Mit diesem passiven Wortschatz sollte ein möglichst zeitsparender Umgang gewählt werden, d. h. die SuS sollten Hilfsmittel (Wörterbücher und Lexika, Glossare, Internet, Tipps zur Worterschließung) verwenden oder auch eine kurze Erklärung durch andere SuS oder die Lehrkraft (über Worte, Gesten, Bilder etc.) erhalten, eine ausführliche Besprechung oder gar ein Üben dieses Wortschatzes ist jedoch nicht notwendig.

Aktiver Wortschatz

Anders verhält es sich mit dem aktiven Fachwortschatz. Dabei handelt es sich um die Nomen, Verben und Adjektive, die die SuS behalten und aktiv anwenden können sollen, um die wesentlichen fachlichen Inhalte angemessen darstellen zu können. Die Lehrkraft sollte für sich zu Beginn der Unterrichtsreihe festlegen, um welche Wörter es sich hierbei handelt, und darauf achten, dass ihre Anzahl nicht zu groß wird.

Diese Fachwörter sollte die Lehrkraft auch transparent **als Lernziel für die SuS definieren**. Die SuS müssen spätestens am Ende der Unterrichtseinheit wissen, dass sie genau diese Wörter lernen und beherrschen sollen. Sie sollten dafür schriftlich als „wichtige Fachwörter" festgehalten werden. Manchmal bietet es sich auch an, über eine Mind-Map oder Concept-Map gleichzeitig die wichtigsten Fachinhalte

ABBILDUNG 1 – BEISPIEL FÜR EINE MIND-MAP ZUM WORTFELD „NERVENZELLE"

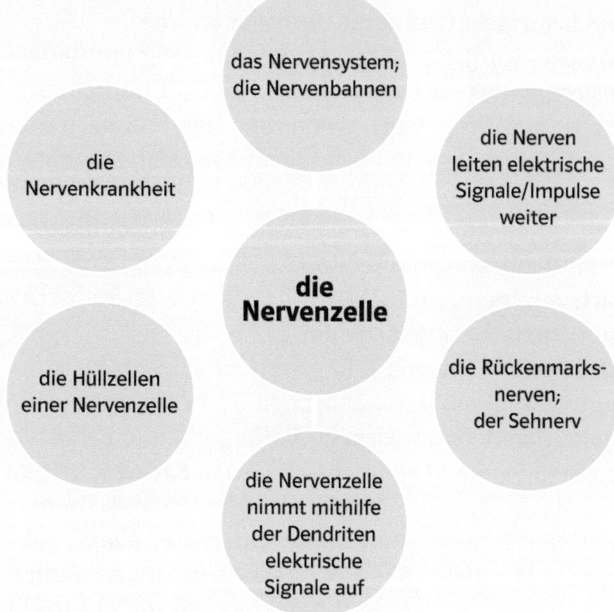

der Unterrichtsreihe zu strukturieren und die wichtigsten Fachnomen, -verben und -adjektive festzuhalten (→ Abb. 1).

Im Gegensatz zum passiven Fachwortschatz sollte der aktive Fachwortschatz möglichst in einem **Glossar** gesichert werden. Damit die SuS den aktiven Fachwortschatz korrekt lernen und anwenden können, sind für die schriftliche Sicherung und das Glossar folgende Punkte besonders wichtig:

- Nomen stets mit Artikel sowie in Singular und Plural angeben
- Verben im Infinitiv und mit einem Beispielsatz in der Gegenwart angeben, in dem ggf. abgetrennte Vorsilben und wichtige Präpositionen markiert sind
- ggf. inhaltlich wichtige und häufige Wortbildungselemente (z. B. *-förmig*, *-plast* etc.) markieren

Selbstverständlich reicht es nicht aus, den aktiven Fachwortschatz einmal als Lernziel zu benennen und schriftlich festzuhalten. Die SuS müssen die Gelegenheit erhalten, im Rahmen der Unterrichtsreihe **aktiv mit diesem Wortschatz umzugehen**. Dabei kann es sich um Erschließungs-, Wiederholungs- oder Vertiefungsübungen handeln. Nach Möglichkeit sollten sie keine reinen Wortschatzübungen, sondern stets sinnvoll mit dem fachlichen Inhalt verbunden sein und somit gleichzeitig fachliches Lernen ermöglichen (→ Scaffolding, S. 37).
Besondere Aufmerksamkeit sollte die Lehrkraft jenen Fachwörtern widmen, die auch in anderen Unterrichtsreihen und Jahrgangsstufen vorkommen, die also themenübergreifend sind, häufig aber den drei Basiskonzepten (Struktur und Funktion, System, Entwicklung, → Werkzeug Basiskonzepte, S. 158) zugeordnet werden können. Zu ihnen sollten immer wieder kurze Wiederholungsübungen eingebaut werden, in denen Bezug auf die Basiskonzepte und die mit den Basiskonzepten verbundenen sprachlichen Mittel genommen wird. Alternativ kann auch im Glossar der Fachwortschatz zu den Basiskonzepten aufgenommen werden. Auf diese Weise ermöglichen Sie einen nachhaltigen Aufbau des Fachwortschatzes.

CHECKLISTE

Arbeit am Fachwortschatz im Überblick

- den Fachwortschatz (Nomen, Verben, Adjektive) vor Beginn der Unterrichtsreihe analysieren und festlegen, welche Fachwörter aktiv und welche passiv beherrscht werden sollen,
- anschließend ermitteln, welche aktiv zu beherrschenden Fachwörter themenunabhängig sind,
- aktiven Wortschatz transparent für die SuS als Lernziel definieren,
- Glossar für den aktiven Wortschatz anlegen,
- Übungen zum Verstehen, Behalten und Anwenden des aktiven Fachwortschatzes einbauen,
- Wortbildungsverfahren zum Erschließen und Bilden von Fachwörtern nutzen,
- Übungen zum aktiven Wortschatz immer mit Aspekten fachlichen Lernens verbinden

Typische Satzkonstruktionen im Biologieunterricht

Fachliche Zusammenhänge

Ein Herzstück der Naturwissenschaften besteht darin, Zusammenhänge herzustellen. Allerdings bestehen dabei zwischen den einzelnen Disziplinen durchaus Unterschiede. Sind beispielsweise in der Physik sehr wenige Zusammenhänge dominant, so sind die in der Biologie wesentlichen Zusammenhänge variantenreicher (→ Tabelle 6).

Diese Zusammenhänge müssen stets **sprachlich dargestellt werden**. Die SuS müssen daher über das nötige sprachliche Wissen verfügen, um Zusammenhänge richtig darstellen zu können. Wenn sie Zusammenhänge falsch oder gar nicht herstellen, weiß die Lehrkraft nicht, ob dies fachliche oder sprachliche Ursachen hat. Gerade über die Darstellung von Zusammenhängen aber werden häufig Wissensabfragen durchgeführt, denn Zusammenhänge sind der fachliche Kern der Naturwissenschaften. Daher lohnt es sich besonders, das notwendige Sprachmaterial einzuführen und dessen angemessene Verwendung zu üben. Grundsätzlich gibt es im Deutschen drei Arten, Zusammenhänge sprachlich auszudrücken:

- Nebensatz mit Konjunktion (z. B. *während, sodass*)
- Verweise auf den vorherigen Satz mithilfe eines Adverbs (z. B. *dann, dadurch, dort*)
- Einleitung durch eine Präposition (bevorzugt am Satzanfang, z. B. *vor, während*). Darauf folgt häufig eine Nominalisierung (d. h. ein Verb, das als Nomen verwendet wird, z. B. *nach dem Schlüpfen*).

Tabelle 6 zeigt Beispiele für Zusammenhänge, die in der Biologie besonders häufig dargestellt werden. Zunächst sollten die sprachlich einfacheren Formen (Nebensätze mit Konjunktionen sowie Verweise auf vorherige Sätze mittels Adverbien) eingeführt und im Folgenden das Verstehen der komplizierteren Formen trainiert werden. Erst zum Schluss, in der Regel nicht vor Ende der Sekundarstufe I, erfolgt deren aktive Verwendung. Insbesondere der Inhalt der letzten Spalte stellt hohe Ansprüche an die kognitiven Fähigkeiten der SuS und sollte deshalb nicht vor Klasse 9/10 verlangt werden. Am Ende der Sek. I sollten die SuS über eine reduzierte Form dieser Tabelle verfügen, in der nur die tatsächlich geübten Elemente vorkommen, z. B. in Form eines selbst angelegten Glossars.

Wie kann die sprachliche Darstellung fachlich relevanter Zusammenhänge sinnvoll geübt werden?

Geübt werden kann die sprachliche Darstellung dieser Zusammenhänge auf mehreren Ebenen. Geeignete Übungen können die Fähigkeit der SuS entwickeln, **Zusammenhänge in Texten zu identifizieren und zu verstehen**. Die SuS erhalten beispielsweise die Aufgabe, in einem kurzen Text die Signalwörter zu identifizieren, die auf Zusammenhänge hinweisen. Dann sollen sie unterstreichen, welches Element im Satz genau womit in Beziehung gesetzt wird, und notieren, um welche Art von Zusammenhang es sich han-

TABELLE 6 – HÄUFIG VERWENDETE ZUSAMMENHÄNGE IN DER BIOLOGIE MIT BEISPIELEN

Zusammenhänge	Nebensatz mit Konjunktion	Adverb, das auf den vorhergehenden Satz verweist	Einleitung durch Präposition am Anfang (häufig mit folgender Nominalisierung)
Zeitliche Abfolge	*nachdem, bevor, sobald …*	*zuerst, dann, danach …*	*vor, bis, nach …*
	Bevor die Gänse in den Süden fliegen, bilden sie einen Schwarm.	*Danach entwickelt sich die Eichel, die Nahrung für viele Waldbewohner ist.*	*Nach der Befruchtung entwickeln sie keine Früchte, sondern unbedeckte Samen.*
Zeitpunkt, Zeitraum	*wenn, während …*	*nun, jetzt …*	*bei, während …*
	Während sie auf der Jagd sind, geben die Großen Abendsegler Laute von sich.	*Jetzt besteht der ehemalige Baumstamm fast ausschließlich aus Bohrmehl und Kot der bisherigen Besiedler.*	*Bei diesem Zersetzungsvorgang entsteht Kohlenstoffdioxid.*
Begründung	*da, weil*	*deshalb, darum*	*aufgrund*
	Sie wird durch forstlichen Anbau in Deutschland verbreitet, da sie wertvolles Nutzholz liefert.	Deshalb *kann man Eichhörnchen noch bei sehr niedrigen Temperaturen im Winter beobachten.*	Aufgrund *ihrer Beschaffenheit sind Federn elastisch und außerordentlich stabil.*

Ortsangaben und Positionsbestimmung	*wo, wohin*	*dort, darunter, darüber, daneben, darin …*	*im, auf, unter, über …*
	Die abgestorbenen Lebewesen sinken auf den Grund, wo sich immer größere Mengen unverbrauchter Biomasse ablagern.	*Dort stehen die Zellen säulenartig dicht aneinander und wirken wie ein Schwamm.*	*(keine Nominalisierung, aber oft Nomen/Personalpronomen)* *Auf ihm wachsen männliche und weibliche Keimzellenbehälter.*
Mittel	*indem, dadurch dass*	*dadurch, damit*	*durch, mit, anhand*
	Die Spannungsunterschiede entstehen, indem verschiedene positiv oder negativ geladene Ionen durch die Zellmembran wandern.	*Dadurch wird ein kontrollierter Stoffaustausch mit der Umgebung möglich.*	*Durch die Nutzung von natürlichen Ressourcen verändert der Mensch die Natur.* Ohne Nominalisierung: *Mit ihren Krallen kann die Katze ihre Beute an mehreren Stellen gut festhalten.*
Zweck	*um zu, damit …*	*dafür, dazu*	*für, zu*
	Jede Pflanze beansprucht einen bestimmten Platz, um zu wachsen.	*Dafür benötigen sie das Kohlenstoffdioxid der Luft.*	*Zur Energiegewinnung zersetzen sie organisches Material, z. B. Holz.*
Bedingungszusammenhang	*wenn – dann; uneingeleiteter Konditionalsatz*	---	*bei*
	Wenn sie stäuben, also Pollen abgeben, dann werden sie gelb. *Ist die Erregung stark genug, so entsteht ein elektrischer Impuls.*		*Bei Erregung der Nervenzelle entsteht am Axonhügel ein elektrischer Impuls.*
Folge, Schlussfolgerungen	*sodass*	*daher*	---
	Oft hängen die Sporen an einem Stielchen, sodass sie nach unten herausfallen können.	*Daher gehört die Eiche zu den Bedecktsamern.*	
Begründung	*da, weil*	*deshalb, darum*	*aufgrund*
	Sie wird durch forstlichen Anbau in Deutschland verbreitet, da sie wertvolles Nutzholz liefert.	*Deshalb kann man Eichhörnchen noch bei sehr niedrigen Temperaturen im Winter beobachten.*	*Aufgrund ihrer Beschaffenheit sind Federn elastisch und außerordentlich stabil.*

delt. Nach dieser Vorbereitung können sie schließlich beurteilen, ob diese Zusammenhänge in einem Schaubild richtig dargestellt sind oder beantworten Multiple-Choice-Fragen zum Text.
Die Übungen können weiterhin die fachliche und sprachliche Unterscheidung der verschiedenen Zusammenhänge zum Gegenstand haben. In Beispiel 5 müssen die SuS dazu fachlich und sprachlich unter mehreren möglichen Zusammenhängen den passenden auswählen.

Zuletzt können die SuS auch üben, ein erweitertes Repertoire an Möglichkeiten zur Darstellung eines Zusammenhangs zu verwenden. Dabei handelt es sich beispielsweise um Übungen, die von den SuS – ggf. mit Unterstützung – fordern, Zusammenhänge in einer bestimmten Weise zu formulieren (z. B. durch einen Nebensatz oder mit Präposition und folgender Nominalisierung). Sie können von den SuS auch fordern, zeitliche Abfolgen nicht nur mit *dann* darzustellen oder Begründungen nicht nur mit *weil*.

BEISPIEL 5 – UNTERSCHEIDUNG VERSCHIEDENER ZUSAMMENHÄNGE

Ordne jedem Satzanfang ein passendes Satzende zu. Es handelt sich immer um Begründungssätze. Die Sätze müssen inhaltlich und sprachlich richtig sein.

1	Da Eidechsen keine konstante/gleichbleibende Temperatur haben, ...		a	... es Tiere gibt, die wechselwarm sind und Tiere, die gleichwarm sind.
2	Nicht alle Tiere haben eine konstante Körpertemperatur, ...		b	... weil ihre Körpertemperatur nicht von der Umgebungstemperatur abhängig ist.
3	Deshalb ist die Vermutung richtig, dass ...		c	... da sich ihre Körpertemperatur der Umgebungstemperatur anpasst.
4	Es gibt auch Tiere, die gleichwarm sind,		d	... bezeichnet man sie als „wechselwarm".

Übung zur Unterscheidung verschiedener Zusammenhänge (Lückentext):
Bevor du den Versuch durchführen kannst, musst du erst die Versuchsdurchführung vervollständigen. Wähle dazu für jede Lücke das richtige Verbindungswort aus der Klammer aus.

Klasse 5/6:

Zuerst erhitzt man einen Liter Milch auf 90° C, __________ (*dann, damit, dazu*) schädliche Bakterien in der Milch abgetötet werden. __________ (*danach, damit, dazu*) gibt man drei Esslöffel Joghurt in die auf 42–45° abgekühlte Milch. Die Mischung füllt man in Bechergläser, die für 8-10 Stunden im Wärmeschrank bei 40°C bleiben. __________ (*dazu, anschließend*) wird die Mischung kühl gestellt. __________ (*danach, damit, dazu*) wird sie für drei bis fünf Stunden in den Kühlschrank gegeben. __________ (*damit, nun, dazu*) ist der Joghurt essbar.

Klasse 7/8:

______________ (*zuerst, bevor, nachdem, womit, wobei*) erhitzt man die Milch auf 90°C, ______________ (*solange, damit, um, wo*) die Bakterien abzutöten. __________ (*bis, wenn, während, indem*) die Milch auf 42–45° C abgekühlt ist, gibt man drei Esslöffel Joghurt hinzu. Die Mischung kommt für 8–10 Stunden in den Wärmeschrank bei 40° C und wird _______ (*sofern, während, nachdem, weil, anschließend*) kühl gestellt. ________ (*wenn, falls, denn, bis, ehe*) die Mischung drei bis fünf Stunden im Kühlschrank gestanden hat, ist der Joghurt essbar.

Klasse 9/10:

____________ (*nach, vor, zu, durch*) dem Kochen und Abkühlen der Milch werden drei Esslöffel Joghurt hinzugegeben. ____________ (*nach, vor, zu, durch*) dem Umfüllen in Bechergläser, wird die Mischung in den Wärmeschrank gegeben, ________ (*damit, bevor, womit*) sich die Bakterien vermehren können. ______________ (*anschließend, dann, damit, bevor*) stellt man die Mischung in den Kühlschrank.

Präpositionen
Manche Zusammenhänge werden über Verben und deren zugehörige Präpositionen dargestellt. Auch die Verwendung der Präposition ist für die SuS nicht selbstverständlich. Es gibt keine logische Begründung, warum es *unter das Mikroskop legen* heißt und nicht *in* oder *zwischen das Mikroskop legen*. Ebenso ist der Unterschied zwischen *auf etwas reagieren* und *mit etwas reagieren* für viele SuS nicht evident, umso weniger, wenn Deutsch ihre Zweitsprache ist. Grundsätzlich sollten daher diese **fachlich relevanten Verben zusammen mit passenden Präpositionen** eingeführt und die korrekte Verwendung der Präpositionen mitgeübt werden (z. B. durch Lückentexte, in denen neben Fachnomen auch die Präposition des Fachverbs einzusetzen sind). Dies ist immer auch eine fachliche Übung.
Gerade in den unteren Jahrgangsstufen ist es oft sinnvoll, **Präpositionen mit dem passenden Fall** (Akkusativ, Dativ oder Genitiv), in dem nachfolgende Nomen stehen, zu benennen bzw. in einer Übersicht mit Beispielsätzen zur Verfügung zu stellen. Bei sprachlich sehr schwachen SuS kann es sinnvoll sein, gezielte Übungen mit sehr einfachen Verben einzubinden. Auch hierbei geht es nicht um reine Sprachübungen, sondern um Verben, die in der Biologie bzw. einem Themenbereich der Biologie häufig vorkommen und daher von den SuS sicher beherrscht werden sollten. Hier bietet

TABELLE 7 – SO BESCHREIBE ICH EIN TIER

die Kategorie	die Frage	Steckbrief	Eigenschafts-beschreibung	Darauf muss ich achten (Grammatik)
1. das Aussehen	Wie sieht das Tier aus?	roter Schnabel braunes Fell schwarze Haut weiße Federn	Das Tier hat einen roten Schnabel. Das Tier hat ein braunes Fell. Es hat schwarze Haut. Es hat weiße Federn.	haben + Akkusativ der Schnabel → es hat einen roten Schnabel die Haut → es hat eine schwarze Haut das Fell → es hat ein braunes Fell die Federn (Plural) → es hat weiße Federn
2. der Lebensraum / das Vorkommen	Wo lebt das Tier?	im Wasser an Land unter der Erde auf den Bäumen	Das Tier lebt im Wasser / an Land / unter der Erde / auf den Bäumen.	Ortsangabe: Präposition + Dativ das Wasser → im Wasser die Erde → unter der Erde die Bäume (Plural) → auf den Bäumen

sich ggf. eine Kooperation mit Deutsch- und Förderunterricht an. Beispielhaft sei hier das Thema „Tiere und Tiersteckbriefe" genannt, bei dem es immer um bestimmte Zusammenhänge geht (*fressen* (+ Akkusativ); *leben in/auf/unter* (+Dativ)). Eine beispielhafte Übersicht, die am Ende der Unterrichtseinheit erstellt wird, könnte aussehen wie in Tabelle 7 dargestellt.

Unpersönliche Darstellung

Das Selbstverständnis der Naturwissenschaften bringt es mit sich, dass häufig eine unpersönliche Darstellungsweise verlangt wird. Da beispielsweise Experimente von jedem wiederholbar sein sollen, sollte ihre Durchführung und die Beobachtung nicht mit *ich*, *wir* oder *Paul*, sondern mit unpersönlichen Ausdrücken beschrieben werden, z. B. mit *man* oder durch Verwendung des Passivs. Manchmal müssen auch Wirkungen dargestellt werden, deren Ursache (zumindest SuS in der Sek. I) nicht bekannt ist und daher zwangsläufig unpersönlich versprachlicht werden müssen. Tabelle 8 zeigt, welche unpersönlichen Formen typischerweise verwendet werden.

TABELLE 8 – UNPERSÖNLICHE FORMEN

Form	Beispiel
man	**Man** kann sehen, dass … (Versuchsprotokoll) Solche Veränderungen bezeichnet **man** als Mutationen. **Man** spricht dann von einem Selektionsvorteil.
Passiv	Wenn dazu gezielt Embryonen unter Verwendung von Körperzellen eines Patienten **hergestellt werden**, spricht man vom therapeutischen Klonen.
es kann + Infinitiv	So **kann es** beispielsweise während der ersten Reifeteilung **passieren**, dass zwei homologe Chromosomen sich nicht trennen.
(sich) lassen + Infinitiv	Ihre stammesgeschichtliche Verwandtschaft **lässt** darauf **schließen**, dass sie gemeinsame Vorfahren haben. Im Wald **lassen sich** viele Vogelarten **beobachten**.
Adjektive mit der Endsilbe *-bar*	Einmal in die Umwelt freigesetzt, wären genetisch veränderte Pflanzen nicht mehr **rückholbar**.
Seltener sind die folgenden Formen:	
(es) kann + Infinitiv im Passiv	So **konnte** eindeutig **festgestellt werden**, dass radioaktive Strahlung krebserregend ist.
es ist + Infinitiv mit *zu* + dass-Satz	**Es ist zu beobachten, dass** die Tiere ein Winterfell bekommen. (Versuchsprotokoll)
Infinitiv mit *zu* + Subjekt	**Zu beobachten** ist ein Verlust … (Versuchsprotokoll)

Didaktisierung der unpersönlichen Formen

SuS fällt es bereits in der 5. Klasse leicht, unpersönliche Sätze in der **man-Form** zu verstehen und zu bilden, da diese analog zu den üblichen Hauptsätzen in der 3. Person Singular gebildet werden. Allerdings ist es wichtig, die SuS darauf hinzuweisen, wann sie die Form verwenden müssen (z. B. bei der Durchführung in Versuchsprotokollen) und sie zu korrigieren, wenn sie diese nicht konsequent durchhalten.

Die anderen unpersönlichen Formen sind anspruchsvoller, daher muss ihnen mehr Aufmerksamkeit geschenkt werden. Schon ab dem Sachunterricht der 3. Klasse kommen diese Formen in Schulbüchern vor, sodass die SuS nach und nach mit ihnen vertraut werden können. Jedoch muss den Lehrenden bewusst sein, dass sie Stolpersteine beim Verstehen darstellen können. So kann das **Passiv** insbesondere bei SuS mit Deutsch als Zweitsprache leicht mit dem Futur, das ebenfalls mit *werden* gebildet wird, verwechselt werden. Daher müssen ggf. Hilfestellungen zur Entschlüsselung der unpersönlichen Formulierungen (alternative Formulierungen, Umformulierungen) zur Verfügung gestellt werden.

In der 7. oder 8. Klasse werden im Deutschunterricht die grammatischen Grundlagen für diese unpersönlichen Formen gelegt. Ab diesem Zeitpunkt kann man daher auch im Biologieunterricht einfordern und üben, dass die SuS zunächst das Passiv und später auch andere unpersönliche Formen selbst bilden und anwenden. Dies erweitert nicht nur die fachsprachlichen Ausdrucksmöglichkeiten der SuS, sondern fördert bedeutend das Verstehen solcher unpersönlicher Formen in fachlichen Texten.

Übungen können beispielsweise darin bestehen, einen Lückentext, den die Lehrkraft ohnehin zur Wissensüberprüfung einsetzen wollte, nicht (oder nicht nur) mit Lücken für Fachnomen, sondern ebenso für Fachverben zu versehen und diese von den SuS in unpersönlicher Form einfügen zu lassen. Am Anfang kann es dabei sinnvoll sein, die Bildung z. B. des Passivs noch einmal als Hilfestellung zur Verfügung zu stellen (→ Beispiel 6).

Verdichtete Informationen

Ein weiteres Merkmal naturwissenschaftlicher Darstellung ist der Anspruch, **Sachverhalte knapp und präzise darzustellen**, statt sie ausführlich zu erläutern. Statt einzelne Informationen auf mehrere Sätze zu verteilen, werden sie zu einem komplexen Satz zusammengefasst. Durch ihre verdichtete Darstellung sind die Sätze für die SuS oft schwer verständlich. Diese Verdichtung wird am folgenden Beispiel deutlich:

Das menschliche Auge hat eine Netzhaut. In ihr befinden sich die Sinneszellen. Mit diesen Sinneszellen nehmen wir alle sichtbaren Farben wahr.

BEISPIEL 6 – ANWENDUNG DER UNPERSÖNLICHEN FORM (PASSIV):

1. Beschreibe die Informationsübertragung an den Synapsen.

Wandle zuerst die Verben, die du zur Beschreibung brauchst, ins Passiv um.

Infinitiv	Passiv
ausschütten	wird/werden ausgeschüttet
weiterleiten	wird/werden ...
verarbeiten	...
übertragen	...
...	...

2. Beschreibe nun den Vorgang mithilfe der zeitlichen Gliederungswörter *zuerst, dann, danach, anschließend, zuletzt* und dem Passiv.

Folgende Fachausdrücke solltest du in der Beschreibung ebenfalls verwenden: *der elektrische Impuls, das Endknöpfchen, der Transmitter, das Bläschen, der synaptische Spalt, der Rezeptor.*

→ *Mit den Sinneszellen in der Netzhaut des menschlichen Auges nehmen wir alle sichtbaren Farben wahr.*

Dabei wird das Verb im Satz häufig in ein Nomen umgewandelt (Nominalisierung):

Während der Mitose werden die Chromatiden auf die Tochterkerne aufgeteilt.

→ *Durch die Aufteilung der Chromatiden auf die Tochterkerne während der Mitose ...*

Oft wird das Verb auch als Partizip verwendet:

Beim Stechen können Zecken Viren übertragen. Diese Viren können eine Frühsommer-Meningoenzephalitis (FSME) verursachen.

→ *Die von Zecken beim Stechen übertragenen Viren können eine Frühsommer-Meningoenzephalitis (FSME) verursachen.*

Für den Biologieunterricht ist es nicht notwendig, dass die SuS die Bildung solcher Satzkonstruktionen beherrschen. Dies kann, wenn überhaupt, eine Herausforderung für leistungsstarke SuS sein. Allerdings ist es elementar, dass die SuS lernen, diese Strukturen zu erkennen und zu entschlüsseln. Grundbedingung hierfür ist, dass die Lehrkraft ein Bewusstsein für schwierige Satzkonstruktionen entwickelt und entsprechend beim Einsatz von Texten **differenzierende Vorgaben und Aufgaben zur Texterschließung** anbietet.

Didaktisierung von verdichteten Sätzen

Die Entschlüsselung der beschriebenen verdichteten Informationen kann man mit einfachen Übungen trai-

nieren: Zu Beginn kann den SuS die entschlüsselte Form (d.h. die in mehrere Sätze zerlegte Variante) als Verstehenshilfe angeboten werden. Später können für fachlich wichtige Textstellen z.B. verschiedene Entschlüsselungen angeboten werden, unter denen die SuS die richtige aussuchen müssen. Auf diese Weise wiederholen sie gleichzeitig zentrale Inhalte des Textes. Später können dann diese Entschlüsselungen teilweise und schließlich vollkommen selbstständig von den SuS verlangt werden, bis dies im Kopf der SuS automatisch als Teil des Leseprozesses geschieht.

BEISPIEL 7 – HILFE ZUR ENTSCHLÜSSELUNG VERDICHTETER, KOMPLEXER SÄTZE:

Durch die Aufteilung der Chromatiden auf die Tochterkerne während der Mitose entstehen aus einer Zelle zwei neue Tochterzellen.
Den SuS, die den Satz nicht verstehen, wird folgende Hilfe angeboten:
Während der ____________________ werden die Chromatiden auf die ____________________ aufgeteilt. ***Dadurch*** *entstehen aus ____________ Zelle __________ ________Tochterzellen.*

Auch das Erkennen der Bezüge von Pronomen (z.B. *er, sie, ihm*) und Relativpronomen (z.B. *die Viren, die von Zecken übertragen werden ...*) muss mit den SuS geübt werden. Eine mögliche Übungsform ist es, die Pronomen im Text durch die entsprechenden Nomen ersetzen zu lassen. Dies kann sowohl mündlich als auch schriftlich durchgeführt werden:

In der Zellwand befinden sich kleine Poren, die als Tüpfel bezeichnet werden.
In der Zellwand befinden sich kleine Poren. Die kleinen Poren werden als Tüpfel bezeichnet.

Ebenso ist eine visuelle Markierung der Bezüge durch Pfeile möglich. Eine solche Übung lässt sich ohne großen Aufwand mit jedem Fachtext durchführen.

In der Zellwand befinden sich kleine Poren, die als Tüpfel bezeichnet werden.

Textsorten im Biologieunterricht

Charakteristisch für die Sprache im Biologieunterricht sind Textsorten, die eng mit der Logik des Faches zusammenhängen. Dazu gehören Lehrbuchtexte beschreibenden, vergleichenden oder erläuternden Charakters sowie Definitionen. Weiterhin gibt es eine größere Anzahl sogenannter diskontinuierlicher Texte, d.h. Texte, die keine ganzen Sätze enthalten wie Tabellen, Steckbriefe und logische Bilder (z.B. Schaubilder und Diagramme). Es kommen auch Mischformen vor, die kontinuierliche und diskontinuierliche Bestandteile enthalten, insbesondere das Versuchsprotokoll. Darüber hinaus gibt es zwei diskontinuierliche Texte/logische Bilder, die nur in der Biologie auftreten: der Bestimmungsschlüssel und das Kreuzungsschema. Manche Textsorten müssen von den SuS ausschließlich verstanden, andere müssen selbstständig verfasst werden. Die Mehrheit der Textsorten müssen jedoch sowohl mündlich wie schriftlich bzw. schriftnah (als Präsentation) von den SuS produziert werden können.

Wie allgemein in den Naturwissenschaften sind auch die typischen Textsorten des Biologieunterrichts **stark kodifiziert**, d.h. sie sind immer nach dem gleichen Muster aufgebaut und haben klare Anforderungen an Inhalt, Stil und Reihenfolge der Informationen. Diese Eigenschaft macht die Sprachbildung auf Grundlage der Textsorten besonders effektiv.

Die Entwicklung biologischer Textsortenkompetenz ermöglicht eine systematische Sprachförderung, die nicht zufällig, sondern systematisch erfolgt und die progressiv sprachliche Kompetenzen vom Einfachen zum Schwierigen aufbaut, mit klarer Zielformulierung für die SuS. Gerade deshalb hat die Textsortenförderung einen hohen Lerneffekt. Und auch wenn die Einführung der Textsorte und ihrer sprachlichen Anforderungen selbstverständlich zunächst Zeit kostet, so wird diese im Nachhinein wieder gewonnen, weil der Schreibprozess (und die damit auch verbesserte Lesekompetenz) schneller und inhaltlich ergiebiger wird, wenn einmal die wesentlichen sprachlichen Grundlagen einer Textsorte beherrscht werden. Der stets gleiche Aufbau und die typischen sprachlichen Anforderungen der Textsorten sind überschaubar: Dies erhöht die Motivation der SuS, zu lernen, wie sie diese Textsorten lesen bzw. schreiben können, und es erhöht auch die Wahrscheinlichkeit, dass ihnen dies gelingt.
Die gezielte Förderung des Lesens und Schreibens typischer biologischer Textsorten ist besonders nachhaltig, da den SuS diese Textsorten bis zum Schulabschluss immer wieder begegnen. Sie erleichtern dementsprechend auch durchgängig das fachliche Lernen. Hinzu kommt, dass Aufbau und sprachliche Merkmale der Textsorten oftmals Ausdruck einer fachlichen Logik und Systematik sind (z.B. der Bestimmungsschlüssel für Ordnungs- und Klassifizierungsprinzipien, das Versuchsprotokoll für naturwissenschaftliche Erkenntnisweisen). Bewusst vermittelt, können diese sprachlichen Anforderungen daher fachliches Lernen initiieren.

Wenn die Lehrkraft sich entschließt, eine neue Textsorte oder eine neue sprachliche Anforderung der Textsorte einzuführen, so hat sie stets die Wahl zwischen **induktiver und deduktiver Methode**. Sie kann die SuS die sprachliche Anforderung selbst aus Beispieltexten oder auch aus fachlichen Argumenten heraus ableiten lassen (z. B. aus dem Zweck des Versuchsprotokolls die Tatsache, dass es unpersönlich und in der Gegenwart geschrieben wird), oder sie kann diese sprachlichen Anforderungen selbst einführen, sprich vorgeben und erläutern. Je nach Leistungsstand der Klasse, Unterrichtsreihe und anderen Umständen eignen sich dafür unterschiedliche Erarbeitungsmethoden.

Wie fachliche Kompetenzen müssen auch sprachliche Kompetenzen sukzessive aufgebaut werden. Wenn man eine Textsorte zum ersten Mal intensiver im Unterricht einsetzt, sollte man als Erstes ihren Zweck und ihren Aufbau mit ersten allgemeineren Anforderungen einführen und dann – über Unterrichtsreihen und Jahrgangsstufen hinweg – weitere sprachliche Anforderungen einbringen, und zwar vom kognitiv und sprachlich Einfachen zum Schwierigen.

Damit die sprachliche Förderung biologischer Textsortenkompetenz möglichst effektiv geschieht, sollte die Lehrkraft alle eingeführten **sprachlichen Anforderungen als explizites Lernziel** der jeweiligen Unterrichtsreihe formulieren. Es reicht nicht aus, das sprachliche Phänomen einmal kurz zu erläutern. Wird z. B. die Textsorte und ihr Aufbau neu eingeführt, so ist es nötig, diese mit gezielten Übungen zu trainieren, sodass die SuS wissen, wozu welcher Abschnitt dient und welche Inhalte zu ihm gehören. In späteren Unterrichtsreihen und Jahrgangsstufen sollten kleine Wiederholungsübungen dieses Wissen ab und zu auffrischen. Damit dies im Rahmen des Fachunterrichts möglich ist, ist es wichtig, dass die Übungen gleichzeitig die fachlichen und die sprachlichen Kompetenzen schulen. Wie Sie solche Aufgaben konzipieren können, erfahren Sie im folgenden Kapitel sowie exemplarisch in zahlreichen Aufgaben des Praxisteils.

Die sprachlichen Anforderungen jeder Textsorte sollte die Lehrkraft gezielt einführen und üben. Zunächst sollte sie dafür selbst eine **Zielanalyse** durchführen. Dazu eignet sich eine Übersicht, in welcher Zweck, Aufbau und weitere sprachliche Anforderungen festgelegt werden, die die SuS am Ende der Klasse 10 in Bezug auf eine Textsorte beherrschen sollen. Danach wird festgelegt, welche dieser Anforderungen bereits in unteren Jahrgangsstufen eingeführt werden sollen und welche in den höheren Jahrgangsstufen.

Besonders kennzeichnend für die Biologie ist, dass für alle wesentlichen Textsorten, die die SuS erstellen – mit Ausnahme des Versuchsprotokolls –, **zwei Darstellungsweisen** existieren: ein kontinuierlicher Text und ein diskontinuierlicher Text/logisches Bild. Diese ineinander überführbaren Textsortenpaare sind in Tabelle 9 dargestellt.

Ein wesentlicher Bestandteil des Unterrichts ist die **gegenseitige Überführung dieser Textsorten**: Die SuS bekommen z. B. ein Schaubild über den Blutkreislauf und sollen diesen anschließend mündlich oder schriftlich beschreiben. Oder sie erhalten umgekehrt einen Text, der den Blutkreislauf beschreibt, und sollen ihn anschließend in ein Schaubild des menschlichen Körpers einzeichnen.

Dieser **Wechsel der Darstellungsformen** ist ein sehr effizientes Mittel, fachliches Lernen zu unterstützen. Dieser Wechsel sollte systematisch geübt werden, um die SuS nicht zu überfordern.

Wichtig ist, dass den SuS bewusst ist, dass es sich jeweils um „Textsortenpaare" handelt, dass also z. B. eine Tabelle eine andere Darstellungsart für einen Vergleichstext ist, wobei jede Darstellungsart einen anderen Zweck, andere sprachliche Anforderungen und auch andere Vor- und Nachteile hat.

Die Lehrkraft kann den Übersetzungsprozess gezielt unterstützen. Die Übersetzung eines diskontinuierlichen Textes/eines logischen Bildes in einen kontinuierlichen Text kann auf ähnliche Weise gefördert werden wie das Verfassen von Texten allgemein, nämlich durch Muster für Einleitungs- und Schlusssätze sowie Sprachmuster und Strategien, wie möglichst viele Informationen systematisch in einem Fließtext darstellbar sind.

Textsorten im Fachunterricht

Warum muss die Einführung der fachlich relevanten Textsorten im Biologieunterricht erfolgen? Es gibt verschiedene Gründe, warum diese Textsorten und ihre sprachlichen Anforderungen unbedingt im Biologieunterricht und nicht im Deutschunterricht eingeübt werden müssen und können, oder – unter Umständen – in fächerverbindenden Unterrichtseinheiten zwischen Biologie- und Deutschunterricht:

- Ein Deutschlehrer weiß in der Regel nicht, welche Anforderungen im Biologieunterricht an einen Steckbrief oder ein Versuchsprotokoll gestellt werden, da dies sehr eng mit dem Selbstverständnis der Wissenschaft und des Faches verbunden ist. Weiterhin sollte Lernen nach Möglichkeit in

TABELLE 9 – INEINANDER ÜBERFÜHRBARE TEXTSORTENPAARE

diskontinuierlicher Text / logisches Bild	kontinuierlicher Text
Steckbrief	Beschreibung von Eigenschaften und Funktionen
Grafen	Beschreibung von funktionalen Zusammenhängen
Diagramme	Beschreibung und Auswertung von Diagrammen
Fließdiagramme (Schaubilder mit zeitlichen oder örtlichen Veränderungen)	Beschreibung von Prozessen
Schaubilder ohne Veränderungen	Beschreibung von Bestandteilen und Aufbau bei Lebewesen, Geräten, Versuchen u.a.; Beschreibung von Zusammenhängen
Tabelle	Vergleichstext

authentischen Kontexten erfolgen. Es ist jedoch im Deutschunterricht sehr schwer, den Sinn von Versuchsprotokollen oder Diagrammauswertungen zu verdeutlichen, da der authentische Kontext fehlt und künstlich kaum hergestellt werden kann; im Biologieunterricht hingegen ergeben sich hierfür zahlreiche selbstverständliche Gelegenheiten.

- Das Einführen und Einfordern bestimmter Sprachmuster bei den SuS kann eine Auseinandersetzung mit bestimmten fachlichen Inhalten bewirken, die sonst nicht erfolgt wäre.

Bei der Erstellung eines Versuchsprotokolls bietet z. B. das Satzmuster *Man kann vermuten, dass ..., weil ...* nicht nur eine sprachliche Hilfe, sondern bewirkt außerdem fast automatisch, dass die Lernenden nicht nur irgendeine Vermutung anstellen, sondern eine begründete Hypothese vorbringen. Ebenso führt die Einführung des Satzbausteins *Aus der Beobachtung kann man schließen, dass... Die Vermutung war richtig/falsch* in der Auswertung dazu, dass die SuS fast zwangsläufig darüber nachdenken, welchen kausalen Schluss sie aus der Beobachtung ziehen können und dass sie diesen dann zu Papier bringen. Ohne den Textbaustein wird diese Schlussfolgerung häufiger vergessen bzw. inhaltlich nicht an die Beobachtung und die Vermutung gekoppelt.

Auch das umgekehrte „Verbot" bestimmter sprachlicher Formulierungen kann zu diesem Lerneffekt beitragen. So wird die fachlich schwierige Unterscheidung von Beobachtung und Auswertung für die SuS vereinfacht, wenn sie wissen, dass *weil, deswegen* etc. in der Beobachtung nicht benutzt werden dürfen, sondern in der Auswertung verwendet werden.

Auch die Textsorte, ihr Zweck und Aufbau als solcher haben oft eine fachliche Logik. So folgen die Abschnitte des Versuchsprotokolls in gewisser Weise den Schritten der naturwissenschaftlichen Erkenntnisgewinnung. Die Einführung dieser Abschnitte ermöglicht eine Diskussion über diesen Erkenntnisprozess, der immer wiederholt und gefestigt wird, indem diese Strukturierung bei jedem Versuch erneut vorgenommen werden muss. Solche sehr fruchtbaren Fachdiskussionen würden verloren gehen, wenn die Textsorte im Deutschunterricht eingeführt würde.

Umgekehrt kann es jedoch für das fachliche Verstehen für beide Fächer sehr fruchtbar sein, Textsorten von Biologie- und Deutschunterricht explizit voneinander abzugrenzen. So kann man über denselben, im Biologieunterricht durchgeführten Versuch zwei Berichte schreiben lassen: Im Biologieunterricht eine Versuchsdurchführung, die dementsprechend unpersönlich ist, nur die verallgemeinerbaren Handlungen und keine Anekdoten enthält und in der Gegenwart geschrieben ist, und im Deutschunterricht einen Erlebnisbericht, der persönlich ist, in der Vergangenheit steht und gerade Anekdoten wie das Umfallen des vollen Becherglases thematisiert.

Textsorten und Basiskonzepte

Die Textsorten sind eng mit den Basiskonzepten verknüpft. Diese Basiskonzepte (System, Struktur und Funktion, Entwicklung), nach denen eine Vielzahl von biologischen Phänomenen klassifiziert werden kann, ermöglichen nicht nur eine Reduktion und vor allem Systematisierung der scheinbar unüberwindlichen Stofffülle für die SuS. Mit jedem Basiskonzept sind auch ein konzeptbezogener Wortschatz und spezifische Textsorten bzw. Sprachhandlungen verbunden. Beispielsweise gehört zum Basiskonzept Entwicklung als konzeptbezogener Wortschatz das Wortfeld *sich verändern zu, sich aus etwas entwickeln, sich zu etwas entwickeln, die Entwicklung, die Veränderung ...* Eine typische Textsorte im Basiskonzept Entwicklung ist die Prozessbeschreibung (d. h. die Beschreibung eines zeitlichen Ablaufs). Die Kenntnis der konzept- und textsortenbezogenen sprachlichen Merkmale unterstützt die SuS nicht nur beim Verstehen von Texten, die Phänomene in diesem Basiskonzept beschreiben, bzw. beim fachlich angemessenen Darstellen solcher Phänomene. Die Kenntnis der sprachlichen Muster und Textsorten hilft den SuS auch, Phänomene zu Ba-

siskonzepten zuzuordnen und somit ein Verständnis für biologische Grundkonzepte zu entwickeln.
Mit jedem Basiskonzept und seinen Textsorten sind darüber hinaus typische Formen der Visualisierung (Bilder und diskontinuierliche Texte) verbunden. Eine typische Visualisierung zur Textsorte Prozessbeschreibung im Basiskonzept Entwicklung ist das Fließdiagramm. Ein von den SuS vorgenommener Wechsel der Darstellungsform (z.B. vom Fließdiagramm zur Prozessbeschreibung und umgekehrt), für den die Vermittlung der konzept- und textsortenbezogenen sprachlichen Mittel ebenfalls die sprachliche Grundlage legt, kann das fachliche Lernen entscheidend fördern.
Die Sprachbildung auf der Basis biologischer Textsorten ist daher ein Herzstück der systematischen und nachhaltigen Sprachbildung im Biologieunterricht. Aufgrund ihrer zentralen Bedeutung bildet die Sprachbildung anhand von Textsorten die Basis der Unterrichtseinheiten im Praxisteil; hier werden die Arbeit mit dem Fachwortschatz im Biologieunterricht und Satzkonstruktionen des Biologieunterrichts integriert.

Sprachliche Teilfertigkeiten im Biologieunterricht

Die Grundlage: Operatoren

Lesen und Schreiben im Biologieunterricht basiert oft auf bestimmten Aufgabenstellungen. In ihnen wird die Anweisung, was zu tun ist, häufig in Form von Operatoren gegeben. Bestimmte Operatoren sind für den Biologieunterricht typisch. Häufig korrespondieren sie mit wesentlichen fachlichen Arbeitsweisen und Erkenntnismethoden (z. B. *Beschreiben* mit Beobachten, *Vergleichen* mit Ordnen). Die Operatoren fordern oft sprachlich eine bestimmte Textsorte: *Beschreibe das Schaubild* verlangt – je nach Schaubild – eine Struktur- oder Prozessbeschreibung, *Vergleiche die Lebensweise von Hund und Katze* einen schriftlichen Vergleich. Manchmal verlangen die Aufgaben als Antwort keine ganzen Texte, sondern nur einzelne Sätze. Unabhängig davon ist es wesentlich, dass die SuS erkennen, welche fachliche Leistung und damit welche Textsorte bzw. welche Art von Antwortsatz von ihnen verlangt wird.

Wie viele Lehrkräfte aus Erfahrung wissen, fällt dies vielen SuS nicht leicht. Ein Grund hierfür ist, dass Operatoren je nach Schulfach durchaus andere Anforderungen stellen. So hat der Operator *Beschreiben* im Biologie- und Deutschunterricht zwar bestimmte Gemeinsamkeiten (z. B. dass kein „Erklären" vorkommen darf), jedoch stellen die Landschaftsbeschreibung eines Waldes im Deutschunterricht und eine Eigenschaftsbeschreibung von Laubbäumen im Biologieunterricht fachlich und sprachlich sehr unterschiedliche Anforderungen. Während die Landschaftsbeschreibung stimmungsvoll und detailreich, mit vielen Adjektiven und Metaphern bei relativ freiem Aufbau verfasst sein sollte, hat die Beschreibung von Laubbäumen im Biologieunterricht möglichst knapp, nach einem festen Muster, mit präzisen Adjektiven und ohne Metaphern zu erfolgen. Des Weiteren fangen Schulbücher und Lehrkräfte erst langsam an, Operatoren tatsächlich inhaltlich stringent einzusetzen und damit auch bestimmte fachliche und sprachliche An-

TABELLE 10 – SPRACHHANDLUNGEN UND IHNEN ZUGEORDNETES SPRACHMATERIAL

Sprachhandlung	Erwartete Handlungen	Sprachmaterial
benennen/ beschriften	Begriffe zuordnen	*Das ist/heißt/nennt man …*
beschreiben	einen Vorgang, ein Bild, Eigenschaften, Beobachtungen oder Funktionen mit eigenen Worten wiedergeben	*Zuerst … Dann … Danach … Zum Schluss …* *Während … Solange … Nachdem …* *Vor/hinter/im Hintergrund/im Vordergrund/mittig …* *groß/klein/leicht (Adjektive)* *… dient zum … ist wichtig als/für/zum …* *… benötigt man zum …* *… hat eine grüne/gelbe/rote Färbung* *… kommt in … vor*
vergleichen	Dinge oder Sachverhalte in Beziehung setzen und herausfinden, was gleich, ähnlich oder unterschiedlich ist	*Beiden gemeinsam ist …* *ebenso wie …/genauso wie …* *aber …* *während … hingegen …* *Im Unterschied dazu …* *größer als …/am größten (Komparativ und Superlativ von Adjektiven)*
erklären/ begründen	eine Sache, einen Sachverhalt, eine Aussage oder eine Beobachtung einordnen und Zusammenhänge mit Regeln, Gesetzmäßigkeiten und Ursachen plausibel darstellen	*…, weil/da …* *…, sodass …* *Folglich/Deshalb/Deswegen/Darum …* *Aus diesem Grund … Aufgrund …* *Daraus kann man schließen …*

forderungen an einen Operator zu stellen. Dies ist selbstverständlich die Voraussetzung, damit die SuS diese Anforderungen lernen können. Zuletzt bleibt es auch bei bewusstem Einsatz durch die Lehrkraft dennoch eine hohe kognitive Leistung für die SuS, den fachlichen Unterschied zwischen den verschiedenen Operatoren zu begreifen.
Gerade an diesem Punkt kann der **Einsatz von Sprachmustern** helfen. Denn für die durch den Operator verlangten Sprachhandlungen gibt es oft bestimmte, typische Formulierungen (z. B. *aus diesem Grund, deswegen* beim Operator *Erklären*) und grammatische Anforderungen (z. B. der Komparativ beim Operator *Vergleichen*). Die Operatoren sollten daher zusammen mit typischen Sprachmustern eingeführt werden (→ Tabelle 10). Dies ist eine große Hilfe für die SuS, die damit eine sprachliche Unterstützung erhalten und sich somit auf den Inhalt statt auf dessen sprachliche Realisierung konzentrieren können.
Die Verknüpfung von Operatoren und Sprachmustern ist auch eine fachliche Unterstützung: Das Sprachmaterial unterstützt auch dabei, dass die SuS inhaltlich eher wissen, was bei dem jeweiligen Operator zu tun ist. Wenn mit dem Operator *Vergleichen* Satzmuster wie *im Vergleich zu, im Gegensatz zu* und *haben … gemeinsam* eingeführt werden, führt dies fast automatisch dazu, dass die SuS bei der Aufgabenstellung tatsächlich Gemeinsamkeiten und Unterschiede herausarbeiten. Abb. 2 zeigt, wie eine Übung zu den Operatoren aussehen kann.

Für das fachliche Lernen kann es auch eine Unterstützung sein, sprachliche Mittel anzugeben, die bei einem Operator nie eingesetzt werden dürfen: Wenn die SuS wissen, dass bei den Operatoren *Beschreiben* und *Vergleichen* kein *weil* verwendet werden darf, wird es ihnen leichter fallen, diese Operatoren auch fachlich von den Operatoren *Erklären* und *Interpretieren* zu trennen.

Die sprachlichen Teilfertigkeiten

Lesen

Lesen ist eine wichtige und für das Lernen zentrale Fertigkeit, da durch Lesen neue Informationen erschlossen werden. Lesen ist demnach die Voraussetzung für eine selbstständige Wissensaneignung. Entscheidend für das Erschließen neuer Informationen ist es aber, nicht einfach die Schriftzeichen in Laute zu transferieren, sondern **einen Text zu verstehen**.
Dabei werden die SuS mit Charakteristika der biologischen Fachsprache konfrontiert, die gerade für SuS mit Deutsch als Zweitsprache eine zusätzliche Hürde darstellen. So kann das Textverständnis durch mehrere Faktoren blockiert werden: einerseits durch einzelne Wörter, die den SuS aufgrund eingeschränkten Wortschatzes Schwierigkeiten bereiten, andererseits durch sprachlich dargestellte Zusammenhänge und Beziehungen, die nicht entschlüsselt werden können. Die vorgestellte Wortschatzarbeit, die Vermittlung von Kenntnissen über Wortbildung und Verfahren zur Erschließung von einzelnen Wörtern sowie von Zusammenhängen und Beziehungen sind daher elementar für das Leseverstehen.
Im Biologieunterricht müssen die SuS verschiedene Textsorten lesen können. Dabei müssen sie je nach Leseziel unterschiedliche **Lesearten** verwenden und teilweise auch spezifische **Lesestrategien** einsetzen. Es können folgende Lesearten unterschieden werden:

- **Suchendes Lesen:** Der Text wird überflogen, um gezielt nach Informationen zu suchen.
- **Orientierendes Lesen:** Der Text wird z. B. anhand von Überschriften und Hervorhebungen überflogen, um zu entscheiden, was man genau lesen möchte.
- **Globales Lesen:** Der Text wird flüchtig gelesen, um einen Überblick zu bekommen.
- **Detailliertes Lesen:** Der Text wird im Detail gelesen, um ihn als Ganzes zu verstehen.

Im Folgenden soll exemplarisch auf einige Textsorten des Biologieunterrichts und deren spezifische Anforderungen für das Leseverstehen eingegangen werden.

Lehrbuchtexte

Einen Großteil der Texte, die im Biologieunterricht gelesen werden, stellen Lehrbuchtexte dar. Diese haben meistens beschreibenden Charakter und eine einheitliche Struktur. Deshalb ist es für Lehrkräfte wichtig, sich diese bewusst zu machen und sie gezielt zu nutzen, um den SuS das Lesen zu erleichtern.

Struktur eines Lehrbuchtextes:

- Überschrift
- Fotos und Abbildungen
- Einteilung des Textes in Sinnabschnitte mit einer Überschrift
- Markierungen (z. B. fett, kursiv) neuer Fachwörter (allerdings meist begrenzt auf Nomen)
- graphisch hervorgehobene Zusammenfassung des gesamten Textes oder einzelner Abschnitte

Lehrkräfte sollten diese Struktur auch Ihren SuS transparent machen, wenn sie mit der Arbeit mit einem neuen Lehrbuch beginnen. So können sich die SuS besser im Text orientieren. Zudem können Lehrkräfte diese Struktur nutzen, um Lesestrategien einzuüben.

Mithilfe der **Überschrift des Textes oder des Abschnittes** kann die Lehrkraft ihre SuS dazu auffordern, vor dem Lesen Vermutungen und Hypothesen über den Textinhalt anzustellen, und sie so dabei unterstützen, eine Leseerwartung zu entwickeln. Nach dem Lesen können diese Vermutungen überprüft werden und es kann ggf. nach einer anderen Überschrift gesucht werden.

Fotos und Abbildungen haben unterschiedliche Funktionen. Fotos dienen dazu, den Leser visuell in das Thema des Textes einzuführen. Im Unterricht kann die Lehrkraft diese Bilder verwenden, um das fachliche und sprachliche Vorwissen der SuS zu dem Thema zu aktivieren (z. B. durch eine Mind-Map oder ein Cluster). Die Abbildungen helfen, den Text zu verstehen, da sie im Text beschriebene Zusammenhänge visualisieren. Sie sind in der Regel mit einer Beschriftung versehen, und im Text finden sich Verweise auf diese Bilder. Die Abbildungen können von den SuS während des Lesens genutzt werden. Die Lehrkraft kann Abbildungen auch durch die SuS beschriften oder ergänzen lassen.

Die **Zusammenfassung** am Ende eines Textes kann die Lehrkraft auch vor dem Lesen des gesamten Textes einsetzen. In der Zusammenfassung finden sich wichtige Fachbegriffe zum Thema des Textes. Durch das vorherige Lesen der Zusammenfassung, wird die Aufmerksamkeit der SuS auf die Fachbegriffe gelenkt, sodass sie schon im Vorfeld wissen, was beim späteren Lesen des Lehrbuchtextes wichtig ist. Die SuS können dann beispielweise die Fachbegriffe aus der Zusammenfassung im Text suchen. Hierbei hilft es den SuS, die Fachbegriffe im Text zu markieren. Anschließend können sie durch gezieltes und detailliertes Lesen versuchen, sich die Bedeutung der Begriffe aus dem Kontext selbst zu erschließen.

Die Lehrkraft sollte daran denken, dass die Zusammenfassungen zwar kurz sind, allerdings aus sehr komplexen Sätzen mit vielen Fachwörtern bestehen, was Kompetenzen wie das Auflösen der komplexen Satzstrukturen erfordert (→ Verdichtete Informationen, S. 23).

Diskontinuierliche Textsorten

Dass auch diskontinuierliche Textsorten wie Tabellen, Schaubilder oder Diagramme gelesen werden, ist uns oft gar nicht bewusst. Gerade geübte Leser haben das Lesen von Tabellen oder Diagrammen schon automatisiert. Für SuS stellt es aber eine Herausforderung dar. Sie müssen wissen, wo sie mit dem Lesen beginnen und wie sie die verschiedenen Informationen, die sich im diskontinuierlichen Text befinden, miteinander verbinden sollen. Die Verbindungen ergeben sich durch die graphische Darstellung. Beim Lesen müssen diese versprachlicht werden.

In einem **Steckbrief** stehen die Kategorien auf der linken und die dazugehörigen Informationen auf der rechten Seite. Ein Doppelpunkt nach der Kategorie signalisiert, dass alle dahinter stehenden Informationen zu der Kategorie gehören. Er leitet die Aufzählung ein. Die Informationen werden durch Kommata voneinander abgegrenzt. Die SuS müssen wissen, dass sie die linke und die rechte Seite miteinander in Verbindung bringen müssen. Hier wird auch die Verbindung zwischen einem Steckbrief und einer Tabelle deutlich. Der Steckbrief ist im Grunde eine andere Darstellungsform einer zweispaltigen Tabelle.

Auch beim Lesen einer **Tabelle** müssen die verschiedenen Komponenten miteinander in Verbindung gebracht werden. Die SuS müssen den Aufbau der Tabelle in Zeilen und Spalten verstehen und in der Lage sein, diese miteinander in Beziehung zu setzen. Bei einem tabellarischen Vergleich müssen sie wissen, wo angegeben wird, welche Vergleichsobjekte (z. B. *Hund* und *Katze*, meistens 1. Zeile, 2. und 3. Spalte) in welchen Kriterien bzw. Vergleichskategorien (1. Spalte, ab 2. Zeile) miteinander verglichen werden. Weiterhin müssen die SuS die einzelnen Inhalte den richtigen Vergleichsobjekten und Kategorien zuordnen können. Sie müssen die Tabelle also vertikal und horizontal lesen. Beim horizontalen Lesen müssen sie zudem entscheiden, ob die Vergleichsobjekte sich in den Kategorien unterscheiden oder nicht.

Die Tabelle in Form einer **Wertetabelle** wiederum steht in einem Zusammenhang mit **Diagrammen**. Sie dient der Erfassung von Messwerten. Sie wird in der Regel während eines Versuchs bei der Versuchsbeobachtung ausgefüllt. Zur Versuchsauswertung werden die erfassten Werte dann in einem Diagramm dargestellt. Das Erfassen der Werte in tabellarischer Form erleichtert also die Diagrammerstellung. Beim Lesen von Diagrammen müssen die SuS zunächst erkennen, um welchen Diagrammtyp (Säulendiagramm, Kreisdiagramm, Kurvendiagramm, Blockdiagramm) es sich handelt und was dieser veranschaulicht. Ein Liniendiagramm deutet beispielweise auf eine Entwicklung hin, Säulen- und Blockdiagramme auf Häufigkeiten, ein Kreisdiagramm auf Anteile.

Die Überschrift des Diagramms ist oft ein Stichwort und hilft zu erkennen, um welches Thema es in dem Diagramm geht. Bei den meisten Diagrammen werden die Daten mithilfe der x- und y-Achse dargestellt. Die SuS müssen diesbezüglich wissen, dass auf der x-Achse der Faktor dargestellt wird, der die Antwortvariable auf der y-Achse beeinflusst. Die SuS müssen sowohl die Beschriftung der Achsen zuordnen können als auch die Einheit identifizieren, in der gemessen wird. Erst wenn den SuS diese Zusammenhänge bewusst sind und sie wissen, an welchen Stellen sie wel-

che Informationen ablesen können, sind sie in der Lage, das Diagramm zu lesen.
Eine weitere diskontinuierliche Textsorte, die von den SuS gelesen werden muss, sind **Schaubilder**. Schaubilder können in statisch-informative und dynamisch-logische Bilder unterteilt werden. In statisch-informativen Schaubildern werden Aufbau und Gestalt von Objekten dargestellt. Diese sind meistens beschriftet. So führen Linien von dem Schaubild zur Beschriftung. Allerdings ist es für die SuS oft schwierig zu erkennen, worauf die Linie genau zeigt.
Dynamisch-logische Schaubilder stellen Zusammenhänge und Prozesse dar. Durch Linien und Pfeile werden Ursache-Wirkung/Folge-Beziehungen oder zeitliche Verläufe sowie Entwicklungen dargestellt. Die Pfeile müssen die SuS mitlesen. Dazu müssen sie wissen, wie die Pfeile gelesen werden (z. B. *Wasserpest → Kaulquappe: Die Wasserpest wird von der Kaulquappe gefressen.*)
Eine besondere diskontinuierliche Textsorte der Biologie ist der **Bestimmungsschlüssel**. Auch er erfordert eine besondere Lesestrategie. Die SuS müssen sich von Abzweigung zu Abzweigung und damit von Entscheidung zu Entscheidung stringent im Bestimmungsschlüssel bewegen. Bei jeder Abzweigung müssen die beschriebenen Eigenschaften verstanden und dem jeweiligen Objekt die passende Eigenschaft zugeordnet werden, um es schließlich eindeutig bestimmen zu können.

Lesen als Prozess

Beim Lesen können die SuS durch die Bewusstmachung des Leseprozesses und den Einsatz gezielter Übungen vor, während und nach dem Lesen unterstützt werden. In Tabelle 11 sind für die Phasen vor, während und nach dem Lesen mögliche Lesestrategien aufgezeigt. Die Strategien müssen langsam eingeführt und immer wieder eingeübt werden. Dies kann durch kognitives Modellieren oder durch Reflektieren angewendeter Strategien im Unterrichtsgespräch erfolgen. Inwieweit Strategien im Deutschunterricht eingeführt und schulweit festgelegt werden, ist innerhalb der Schule abzuklären. Die Strategien dienen zur Förderung des sinnentnehmenden Lesens. Voraussetzung dafür ist, dass die Lernenden eine gewisse Lesegeläufigkeit haben. Diese kann nur im Deutschunterricht aufgebaut werden. Im Fachunterricht kann die Lesegeläufigkeit dadurch verbessert werden, dass die Lernenden die Aufgabe bekommen, das Lesen eines Textes zu Hause zu üben. Im Unterricht liest ein Lernender den Text Satz für Satz vor, während die anderen ihn gemeinsam nachsprechen. Unbekannte Texte sollten zunächst leise gelesen oder von geübten Lesern vorgelesen werden. Unbekannte Texte zu lesen, ist als Hausaufgabe ungeeignet.

Schreiben

Das Schreiben ist die Fertigkeit, die den SuS die meisten Schwierigkeiten bereitet, besonders wenn Deutsch nicht ihre Erstsprache ist. Gleichzeitig ist es die Form, in der in Leistungsüberprüfungen das fachliche Wissen und Verständnis festgestellt wird. Auch wenn im Unterricht mündlich ermittelt werden soll, ob sie bestimmte fachliche Zusammenhänge verstanden haben, sind dafür längere, zusammenhängende und schriftnahe Äußerungen der SuS nötig. Daher kommt der Entwicklung dieser Kompetenzen im Unterricht besondere Bedeutung zu.
Es ist möglich, die schriftlichen Kompetenzen der SuS systematisch, effizient und nachhaltig zu entwickeln, und zwar auf der Basis der im Biologieunterricht verwendeten Textsorten (→ S. 25). Die wesentlichen Textsorten, die die SuS verfassen müssen, sind in Tabelle 9 dargestellt. Hinzu kommt das Versuchsprotokoll. Jede dieser Textsorten hat

- einen bestimmten **Zweck** (eine bestimmte Kommunikationsfunktion),
- einen typischen **Aufbau**,
- einen spezifischen – themenunabhängigen – **Wortschatz** inklusive typischer Formulierungen,
- bestimmte Arten von **Zusammenhängen**, die (in einzelnen Abschnitten) im Text gehäuft oder ausschließlich vorkommen,
- weitere grammatische und stilistische Anforderungen (z. B. Unpersönlichkeit).

Beim **Versuchsprotokoll** sollte beispielsweise zunächst eingeführt werden, zu welchem Zweck man es schreibt. Daraus ergeben sich logisch die verschiedenen Abschnitte sowie allgemeine sprachliche Anforderungen (Unpersönlichkeit, Gegenwart). Dann sollten nach und nach – innerhalb der Unterrichtsreihe oder in späteren Unterrichtsreihen – weitere Anforderungen des Protokolls eingeführt und geübt werden:

- ein Glossar für Materialien und für Verben in der Durchführung,
- die Gliederung der Durchführung mittels Zeitadverbien (*zuerst, dann, danach, zum Schluss*),
- typische Formulierungen für die Beobachtung wie *man kann beobachten/messen, dass* oder *wenn ..., dann ...*,
- (später:) Formulierungshilfen und grammatische Zusammenhänge zur Formulierung von Schlussfolgerungen und Vermutungen.

Es lohnt sich zudem, die Klasse pro Textsorte ein Lernplakat anlegen zu lassen, in dem die SuS über die Jahrgangsstufe(n) hinweg neue Fachwörter, Formulierungen, Zusammenhänge usw. eintragen. So können

die SuS später immer wieder auf das sprachliche Gerüst zurückgreifen, wenn ihnen das Verfassen eines Textes Schwierigkeiten bereitet. Das Lernplakat sollte sichtbar in der Klasse hängen, jedoch auch als Übersicht auf einem Arbeitsblatt jedem Einzelnen zur Verfügung stehen.

Auf diese Weise erhalten die SuS ein sprachliches Gerüst, das sie nutzen können, um die an sie gestellten Aufgaben sprachlich bewältigen zu können. Die SuS wissen nun, wie sie den Text aufbauen müssen und welche sprachlichen Formulierungen angemessen sind. Dies gibt ihnen Struktur und Sicherheit. Es entlastet sie kognitiv und ermöglicht ihnen so, sich auf die inhaltlichen Fragen zu konzentrieren. Gerade schwächere Lernende schreiben sonst oft gar nichts oder abgebrochene Sätze bzw. unzusammenhängende Texte, weil sie das Ordnen der Inhalte und die gleichzeitige Unsicherheit, wie man diese sprachlich darstellen kann, überfordern. Die Lehrkraft weiß dabei nie, ob ein fehlendes fachliches Verständnis oder fehlende sprachliche Kompetenzen das Problem darstellen.

TABELLE 11 – LESEN ALS PROZESS: LESESTRATEGIEN

	Lernende	**Lehrende (Textdidaktisierung)**
Vor dem Lesen		
Thema erfassen	Überschrift, Foto, fett markierte Begriffe und Zusammenfassung anschauen	Wie kann ich das Weltwissen der Lernenden abrufen? Was müssen die Lernenden erfassen? Ist dazu ein Brückentext hilfreich oder könnten vorher Experimente gemacht werden? Ist es sinnvoll eine Strukturierung vorzugeben? Ist die Textsorte den Lernenden bekannt? Welche Wörter/ Formulierungen müssen die Lernenden kennen? Wie kann ich das sicherstellen? Wo könnten Schwierigkeiten beim Herstellen von Zusammenhängen auf Wort-, Satz- und Textebene entstehen? Wie können diese überwunden werden? Welche Aufgaben könnten die Texterschließung erleichtern?
Vorwissen aktivieren	Was weiß ich schon zu dem Thema? Mind-Map?	
Hypothesen bilden	Was erwarte ich von dem Text?	
Leseabsicht festlegen	Wozu lese ich den Text? Soll ich den Text zusammenfassen, einen Steckbrief erstellen, eine Entwicklung beschreiben?	
Lesestrategie festlegen	Muss ich den ganzen Text lesen oder nur einzelne Teile?	
Textsorte erkennen	Wie ist ein solcher Text geschrieben? Wie ist er aufgebaut? Was könnte er enthalten?	
Während des Lesens		
Verständnis sichern	Was habe ich verstanden? Stichwörter markieren und notieren	Kategorien müssen zuvor eingeführt werden, damit die Lernenden sie erkennen können. Wie kann ich diese Kompetenzen gezielt aufbauen? Welche Worterklärungen sollten vorgegeben werden? Gibt es Lexika im Raum?
Text strukturieren	Absätze erkennen, Inhalte erfassen	
Unverstandenes klären	Was mache ich, wenn ich etwas nicht verstanden habe? Brauche ich die Information? Wenn ja: Satz noch einnmal lesen, Satz vorher und nachher lesen, Abschnitt noch einmal lesen, im Lexikon nachschlagen	
Nach dem Lesen		
Wichtiges zusammenfassen	Gliederungspunkte aufschreiben, jeden Abschnitt mit eigenen Worten zusammenfassen	Visualisierungskompetenz aufbauen (Baumdiagramm, semantisches Netz für Beschreibungen, Fließdiagramme für Abfolgen/Entwicklungen und Ursache/Bedingungen, Venn-Diagramme, Tabellen für Vergleiche, Pro-Kontra-Argumentation üben) Wie kann das neue Wissen mit dem vorhandenen vernetzt werden?
Darstellung wechseln	Kann ich den Text grafisch veranschaulichen?	
Gelesenes beurteilen	Wie beurteile ich das Gelesene? Wie stehe ich dazu?	

Ein solches sprachliches Gerüst ermöglicht gerade schwächeren SuS, einen größeren Teil ihrer Kenntnisse darzustellen; die strukturiertere Darstellung des Wissens ermöglicht ihrerseits einen weiteren fachlichen Lerneffekt.

Präsentieren

Das Präsentieren ist zu einer sprachlichen Anforderung geworden, die im Biologieunterricht häufig vorkommt. Dies ist die Folge einer veränderten Didaktik und Methodik, die Gruppenarbeiten und kooperative Lernformen einen größeren Stellenwert zumisst. Ein wesentlicher Bestandteil ist dabei oft die Präsentation und damit die Sicherung der Unterrichtsergebnisse im Klassenverband. Diese Präsentationen korrespondieren meist mit einer typischen Textsorte des Biologieunterrichts: Die SuS haben z. B. Informationen über ein Haustier (z. B. körperliche Merkmale, Lebensweise, Lebensraum) auf einem Plakat zusammengestellt und sollen diese nun mündlich beschreiben. Die korrespondierende Textsorte ist hier die Eigenschaftsbeschreibung.

Neben den didaktisch-methodischen Gründen wird die mündliche Präsentation auch deshalb eingesetzt, um eine sinnvolle methodische Abwechslung im Unterricht zu ermöglichen. Schließlich wollen die SuS nicht immer schreiben. Man muss sich jedoch darüber im Klaren sein, dass Präsentieren für die SuS nicht einfacher ist als Schreiben. Da es sich um dieselben Textsorten handelt, stellen die Präsentationen ähnliche sprachliche und fachliche Anforderungen wie der schriftliche Text. Zwar fallen Schwierigkeiten wie grammatische und orthografische Unsicherheiten weg. Dafür steht als Präsentationsmaterial oft nicht der kontinuierliche Text zur Verfügung, sondern nur die diskontinuierliche Variante. Das heißt, die SuS müssen die Übersetzungsleistung frei erbringen: Sie sollen den Steckbrief auf dem Plakat nicht vorlesen, sondern eine flüssige Eigenschaftsbeschreibung vor der Klasse präsentieren; sie sollen die Tabelle nicht ablesen, sondern strukturiert und in ganzen Sätzen ausgehend von der Tabelle vergleichen usw. Dabei stehen ihnen in der Regel keine sprachlichen Hilfsmittel zur Verfügung. Ebenso fehlt ihnen die längere Planungszeit, die sie bei einer schriftlichen Übersetzungsaufgabe hätten. Zu alldem kommen noch Anforderungen, die sich durch das freie Präsentieren selbst ergeben, d. h. die SuS sollen während des Präsentierens ihre Darstellungen an einem Bild oder Modell zeigen, die anderen SuS ggf. explizit ansprechen usw. Entgegen dem Anschein ist das Präsentieren somit sprachlich und fachlich ebenso anspruchsvoll wie das Schreiben. Hinzu kommt, dass besonders zurückhaltende SuS oder SuS mit Deutsch als Zweitsprache oft Hemmungen haben, sich vor der gesamten Gruppe zu äußern.

Das Ergebnis kann man häufig erleben: Unstrukturierte Darstellungen, in denen die SuS ihr Plakat oder ihre Tabelle ablesen, ohne ganze Sätze zu bilden, und in denen viel weniger gesagt wird, als in der Gruppenarbeit erarbeitet wurde. Oft weiß die Lehrkraft nach der Präsentation nicht, was die SuS nicht verstanden haben und was sie nur nicht darstellen konnten. Und die wichtigen Informationen für die gesamte Klasse muss die Lehrkraft selbst zusammenfassend darstellen.

Um hier gegenzusteuern, muss die Lehrkraft die Anforderungen des Präsentierens erkennen und systematisch Lösungen entwickeln. Dazu gehört, dass man für die SuS die Textsorte klar definiert, die Grundlage der Präsentation ist. Außerdem benötigen die SuS Vorübungen, damit die Präsentation gelingen kann. In großem Maß kann die Lehrkraft dabei auf die Vorgaben und Übungen aus dem Kapitel „Schreiben" (→ S. 35) zurückgreifen. Schließlich geht es zunächst darum, dass die SuS ihre Präsentation in der für die

TABELLE 12 – EINE VERSUCHSDURCHFÜHRUNG PRÄSENTIEREN

Struktur eines Protokolls	Allgemeine Hinweise zur Präsentation
Problemstellung	▪ die Mitschüler begrüßen ▪ das Thema und eine kurze Gliederung erläutern ▪ die Problemstellung vortragen
Hypothese	ein Plakat mit der ausformulierten Hypothese gut sichtbar aufhängen und vorlesen
Planung ▪ Materialliste ▪ Skizze des Versuchsaufbaus	 ▪ die einzelnen Materialien zeigen ▪ die Skizze des Versuchsaufbaus erläutern
Versuchsdurchführung	die Durchführung entweder an bestimmten Elementen aus der Versuchsskizze oder am real aufgebauten Versuch verdeutlichen

Textsorte angemessenen Struktur und mit passenden Formulierungen darstellen. Gerade am Anfang sind daher schriftliche Vorübungen nützlich und notwendig. Oft ist es hilfreich, wenn die SuS anfangs einen vollständig ausformulierten Text vorliegen haben, den sie notfalls vorlesen können – aber nicht müssen. Anschließend können die schriftlichen Vorübungen ersetzt werden durch Hilfen, die eine freie Darstellung ohne vorformulierten Text ermöglichen. Dies können z. B. Redekarten sein, auf denen Beispielformulierungen als fakultative Hilfe auf der Rückseite stehen und die entsprechend der Textstruktur vor der Präsentation in die richtige Reihenfolge gebracht werden müssen (→ UE Nutztiere beschreiben und präsentieren, S. 58).

Präsentationsablauf

Auch das Präsentieren selbst muss geübt werden. So gehört zu einer guten Präsentation, anfangs das Thema zu benennen, Ergebnisse schriftlich und übersichtlich darzustellen und am Ende Rückfragen zuzulassen und ein Feedback zu erfragen. Für Präsentationen im Biologieunterricht ist es besonders relevant, Bilder, Materialien, Modelle u. a. mit in die Präsentation einzubeziehen und bei passender Gelegenheit auf sie zu verweisen, bzw. mit ihrer Hilfe bestimmte Vorgänge zu erläutern. Auch dies muss mit den SuS geübt werden, z. B. indem das Präsentieren vorab in Zweiergruppen geprobt wird. Tabelle 12 zeigt exemplarisch die Phasen der Präsentation einer Versuchsdurchführung.

Zuhören und Sprechen spielen als sprachliche Teilfertigkeiten nicht nur im Rahmen des Präsentierens eine Rolle, sondern insbesondere natürlich im Unterrichtsgespräch. Diese sprachlichen Teilfertigkeiten sind nicht Schwerpunkt dieses Praxisbandes. Einige Hinweise zur sprachlichen Förderung im Rahmen des Unterrichtsgesprächs finden Sie jedoch im folgenden Kapitel.

Sprachliche Bildung im Biologieunterricht umsetzen

Scaffolding

Wie kann man die sprachlichen Anforderungen des Biologieunterrichts sinnvoll und systematisch in den Fachunterricht integrieren, sodass Sprachbildung kein Zusatz, sondern effektive Unterstützung des Fachunterrichts ist?
Ein Verfahren, das dies ermöglicht, ist das Scaffolding. Der Begriff kommt aus dem Englischen und bedeutet „Baugerüst". Der Grundgedanke besteht darin, dass SuS fachliche und sprachliche Gerüste zur Verfügung gestellt bekommen, um Aufgaben zu bewältigen, die ihre momentanen Kompetenzen übersteigen. Wesentliches Prinzip des Scaffolding ist, bei diesen Unterstützungsmaßnahmen systematisch fachliches und sprachliches Lernen zu verschränken. Dazu werden für jede Unterrichtsreihe neben den fachlichen auch sprachliche Lernziele festgelegt, wobei die fachlichen Lernziele Vorrang haben. Die Lehrkraft überlegt zunächst, was sie fachlich vermitteln und welches Material (z. B. Texte, Bilder, (Schreib-)Aufgaben und Operatoren) sie einsetzen will. Anschließend ermittelt sie die sprachlichen Anforderungen in Bezug auf Lesen und Schreiben inklusive Operatoren (→ S. 28), Wortschatz (→ S. 10) und Satzkonstruktionen (→ S. 19).
Aus all diesen Anforderungen wählt die Lehrkraft pro Unterrichtsreihe zwei sinnvolle sprachliche Lernziele aus. Doch wann ist ein sprachliches Lernziel sinnvoll?

- Ein wichtiges sprachliches Lernziel ist immer der neue Fachwortschatz (Nomen, Verben und Adjektive) der Unterrichtsreihe.
- Das zweite Lernziel sollte eine sprachliche Anforderung sein, die in dieser Unterrichtsreihe gehäuft auftritt und die typisch für den Biologieunterricht ist, damit die SuS aus ihrer Förderung nachhaltigen Nutzen ziehen können: Beim Thema Evolution könnten dies z. B. vergleichende Satzkonstruktionen sein, beim Thema Laubbäume oder Haustiere die Textsorte Steckbrief. Der Schwierigkeitsgrad hängt vom Lernstand der SuS ab (z. B. Welchen sprachlichen Aspekt der Textsorte Steckbrief führe ich ein? Welchen Aspekt von zusammengesetzten Nomen fokussiere ich: Entschlüsselungsstrategien oder nur die Bestimmung des Geschlechts?).

Hat man die sprachlichen Lernziele festgelegt, so betrachtet man die inhaltlich bereits grob geplante Unterrichtsreihe auf die Frage hin, wie die sprachlichen Lernziele angemessen mit gefördert werden können. Die Aufgaben, die die sprachlichen Anforderungen üben, sollten nach Möglichkeit immer mit dem fachlichen Lernen verbunden sein. Die Lehrkraft sollte überlegen, ob eine sprachliche Übung nicht auch gezielt dazu genutzt werden kann, das fachliche Lernen zu unterstützen und andersherum.
Wie die fachlichen müssen auch die sprachlichen Kompetenzen schrittweise aufgebaut werden. Hilfreich ist hierbei die Verwendung sogenannter „Scaffolds" (Baugerüste), die den SuS anfangs als Hilfestellung gegeben und die anschließend abgebaut werden. Diese Scaffolds haben zwei Ausrichtungen:

- Komplexe Aufgaben werden in Teilaufgaben zerlegt, die jeweils nur einen Teil der fachlichen und sprachlichen Anforderungen verlangen.
- Diese Teilschritte werden außerdem mit Hilfen angereichert, z. B. mit Vorübungen, bildlichen Darstellungen, vorgegebenen Gliederungen, Satzanfängen, Sprachmustern usw. Bei der Einführung einer neuen Textsorte sind Mustertexte sehr wichtige Hilfen.

Nach und nach werden diese Hilfen dann immer weiter verringert, wie das folgende beispielhafte Vorgehen zeigt.

Beispiel: Unterrichtsplanung
Die SuS sollen am Ende einer Unterrichtsreihe den Aufbau von drei Sinnesorganen in schematischen Zeichnungen beschriften und Aufbau und Funktionsweise schriftlich beschreiben können. Hierfür benötigen die SuS zum einen den Fachwortschatz zum Aufbau und der Funktionsweise der Sinnesorgane. Zum anderen brauchen sie typische Formulierungen und Satzkonstruktionen, um z. B. Ort, Richtung sowie Mittel und Zweck zu beschreiben, und sie müssen eine bestimmte Textstruktur einhalten.
Im Laufe der Unterrichtsreihe werden drei Sinnesorgane beschrieben. Beim ersten Sinnesorgan teilt man die Aufgabe in vier Schritte auf:

- Schritt 1: Bestandteile benennen
- Schritt 2: Bestandteile in Zeichnung eintragen
- Schritt 3: Aufbau beschreiben
- Schritt 4: Funktionsweise beschreiben

Für Schritt 3 und 4 werden darüber hinaus Hilfen angeboten. Für den Organaufbau sind dies bereits vorformulierte Sätze mit typischen Konstruktionen für

Ort und Richtung, in die die SuS nur noch die Nomen einfügen müssen. Für die Funktionsweise müssen die vorgegebenen Satzanfänge und -enden mit Mittel- beziehungsweise Zweck-Aussagen richtig zusammengefügt und in die richtige Reihenfolge gebracht werden. Beim zweiten Organ wird weiterhin die Trennung in vier Arbeitsschritte beibehalten, aber nur noch die Satzmuster für den Aufbau und die Funktionsweise bereitgestellt, keine fertigen Sätze mehr. Beim dritten Organ werden nur noch zwei Arbeitsschritte (das Beschriften der Zeichnung und die schriftliche Beschreibung von Aufbau und Funktion) verlangt. Differenzierte Hilfen für die schriftliche Beschreibung werden nur noch bei Bedarf gegeben.

Kontakt mit fachlicher Sprache ermöglichen

Der Anteil an konzeptionell schriftlicher und fachlicher Sprache muss ausreichend hoch sein, um Kontakt mit den sprachlichen Anforderungen der Lernziele zu ermöglichen. In den letzten Jahren ist aufgrund der zunehmenden Schwierigkeiten, die SuS mit sprachintensiven Aufgaben haben, der konzeptionell schriftliche Anteil (Lesetexte, Schreibaufgaben usw.) deutlich zurückgegangen. Dies jedoch verringert den Kontakt der SuS mit der fachlichen Sprache und somit auch die Möglichkeiten der SuS, durch häufigen Kontakt mit der schulischen Fachsprache ihre diesbezüglichen Kompetenzen auszubauen. Ein „Sprachbad", also ein vielseitiger Kontakt mit angemessener schulischer Fachsprache, sowie ihre häufige Anwendung sind Voraussetzungen zu ihrem Erlernen.

Bereits das Sprachbad ermöglicht es den SuS, einen Teil der fachlichen Sprache implizit zu erlernen, d.h. ohne dass das fachsprachliche Phänomen explizit im Unterricht thematisiert wird. Allerdings wird nur ein Teil der sprachlichen Kompetenzen von den SuS auf diese Weise erworben. Wie groß dieser Teil ist, ist bei allen SuS verschieden und hängt auch von ihren sonstigen allgemeinsprachlichen und fachlichen Kompetenzen ab. Eben deshalb ist es notwendig, bestimmte fachsprachliche Anforderungen im Unterricht explizit einzuführen, ihre Regeln zu erläutern und sie zu üben. In Bezug auf eine konkrete Unterrichtsreihe und damit auf ein bestimmtes sprachliches Lernziel sollte darüber hinaus darauf geachtet werden, dass das Material, das die Lehrkraft einsetzt, die SuS gezielt mit diesem sprachlichen Phänomen konfrontieren. Gegebenenfalls muss der Anteil der Texte und Aufgaben, in denen die SuS mit den in den Lernzielen festgelegten sprachlichen Anforderungen in Berührung kommen, sich mit ihnen aktiv auseinandersetzen können und in denen sie zu eigenständigen, längeren – schriftlichen wie mündlichen – Äußerungen animiert werden, gezielt erhöht werden.

Die Sprache anpassen

In manchen Stunden/Unterrichtsreihen werden neue und komplexe Fachkonzepte eingeführt (z.B. das Konzept „Ökosystem", „Stoffwechsel" oder „Evolution"). Diese zu verstehen, ist für SuS ein mühsamer Prozess. Oftmals wird ihnen das neue Konzept von Anfang an in der für sie schwierigen konzeptionell schriftlichen und fachspezifischen Sprache vermittelt, z.B. durch einen Lehrbuchtext. Es ist meist sinnvoller, die komplizierten abstrakten Konzepte und die dazugehörige komplexe Fachsprache aus alltäglichen Erfahrungen, konkreten Anschauungen und der Alltagssprache der SuS zu entwickeln. Den SuS wird dadurch die Gelegenheit gegeben, ein neues Konzept oder schwierige Teilaspekte zunächst in ihrer eigenen auf konzeptioneller Mündlichkeit basierenden Sprache zu begreifen, bevor sie sich mit seiner Darstellung in der Sprache des Fachs beschäftigen oder die Sprache des Fachs selbst verwenden. Fehlt dieser Schritt, bleibt manchen SuS der Zugang zum Verständnis für das Konzept versperrt. Bei mehrsprachigen SuS kann diese eigene Sprache auch ihre Erstsprache sein. Um ein neues Konzept zu erfassen, kann es für mehrsprachige Lernende daher sehr hilfreich sein, Verständnisprobleme zunächst mit einem gleichsprachigen Partner in der jeweiligen Erstsprache zu klären. Darüber hinaus kann so fachliches Wissen, das in dieser Sprache vorhanden ist, mit in den Unterrichtsprozess eingebracht und diese inhaltlichen Ressourcen genutzt werden. Die weiteren Unterrichtsphasen, in denen Fachwortschatz zur Darstellung des Konzepts eingeführt wird, erfolgen dann auf Deutsch und sichern dem mehrsprachigen Lernenden sowohl ein solides fachliches Verständnis des Konzepts als auch die Fähigkeit zu dessen Darstellung in der Sprache des Fachs.

Mehrsprachigkeit einbinden

Mehrsprachigkeit kann nicht nur in Kleingruppen zur Aushandlung von Bedeutung, sondern auch im Klassenverband als Lerngelegenheit genutzt werden. So kann es zum Beispiel höchst spannend sein, SuS verschiedener Herkunftssprachen Tiernamen oder bestimmte fachsprachliche Redewendungen (z.B. *Moleküle aufspalten, Gewässer kippen um*) in ihrer Erstsprache herausfinden und vergleichen zu lassen. Auch kann man u. U. Aufbau und Darstellungsweise bestimmter (kontinuierlicher wie diskontinuierlicher) Textsorten vergleichen lassen. Dies stellt nicht nur eine Wertschätzung von Mehrsprachigkeit dar – eine soziale Kompetenz, die ein- wie mehrsprachigen SuS vermittelt werden sollte –, sondern eröffnet außerdem oft interessante fachliche Diskussionen und Erkenntniswege.

Phasen des Unterrichts nutzen

Ein typischer Aufbau des naturwissenschaftlichen Unterrichts hat sich als sehr effektiv für den sprachsensiblen Biologieunterricht erwiesen. Nach diesem Verfahren sind die Praxisbeispiele in diesem Band aufgebaut. Die SuS haben zunächst die Möglichkeit, ihr fachliches und sprachliches Vorwissen einzubringen. Danach erhalten sie ein Modell, einen Prototyp für die Sprachhandlung oder die Textsorte (Mustertext). Die Textsorte wird im Anschluss mehrfach geübt, wobei die Hilfen immer weiter reduziert und ggf. selbst oder von anderen SuS überarbeitet/korrigiert werden. Am Ende wird das Vorgehen im sprachsensiblen Fachunterricht reflektiert.

Unterrichtskommunikation – Die Lehrkraft als Sprachvorbild

Alles bisher Beschriebene kann man planen. Daneben gibt es aber auch einen Teil des Unterrichtsgeschehens, der nicht planbar ist: die Unterrichtskommunikation im Klassenverband. Es ist jedoch wichtig, sich auch in dieser Situation der sprachlichen Lernziele ebenso bewusst zu sein wie der fachlichen.
Die Lehrkraft spielt hierbei eine wichtige Rolle, denn sie ist Sprachvorbild. Wenn sie im Unterricht fachliche Schulsprache anwendet, so erhöht sie bedeutend das „Sprachbad", d.h. den Kontakt der SuS mit fachlicher Sprache. Dadurch steigt die Wahrscheinlichkeit, dass die SuS einen Teil der Fachsprache implizit, d.h. durch

ABBILDUNG 3 SPRACHBILDUNG IM BIOLOGIEUNTERRICHT – EIN ÜBERBLICK

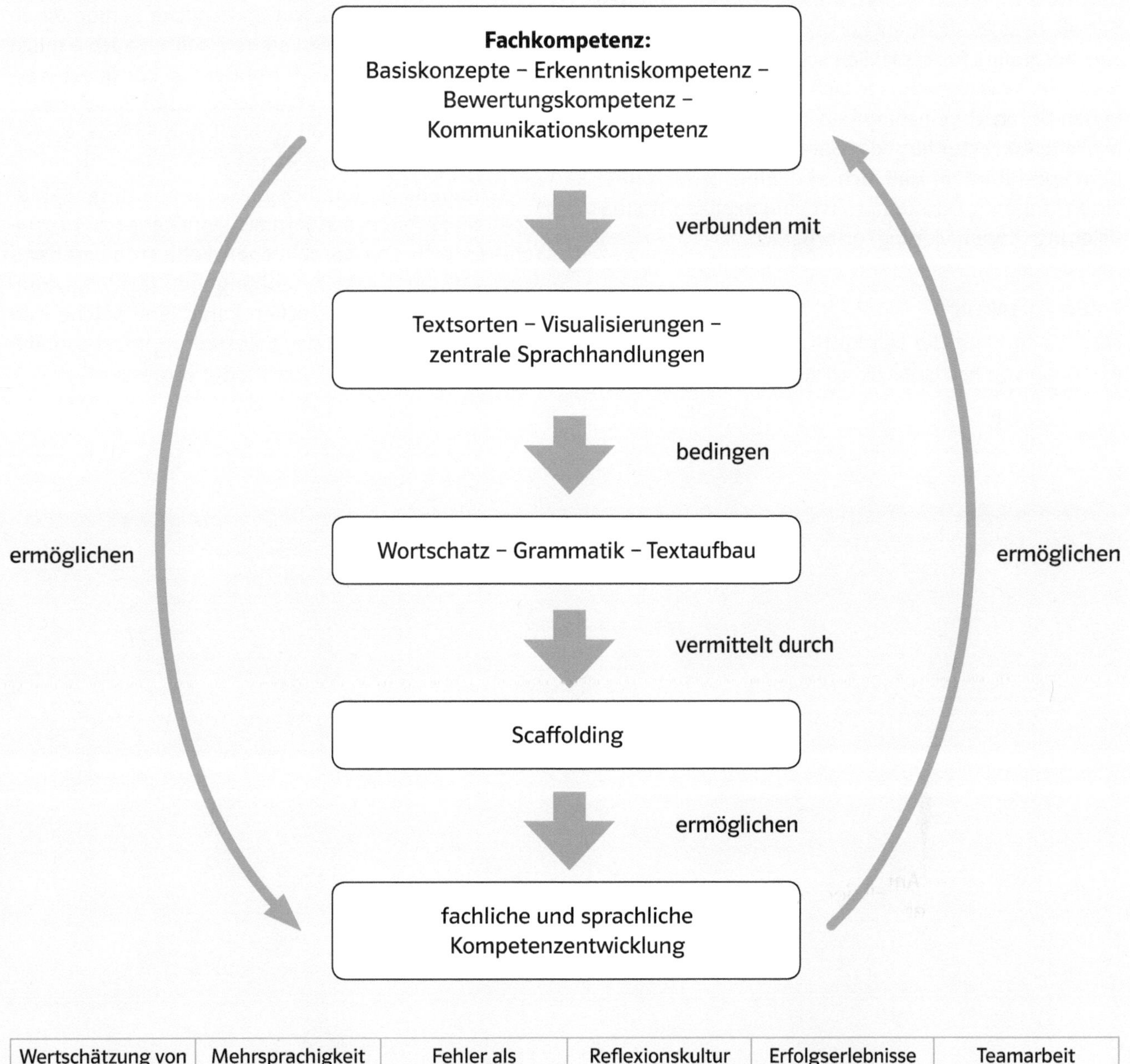

Wertschätzung von Mehrsprachigkeit	Mehrsprachigkeit als Normalfall	Fehler als Lernchance	Reflexionskultur	Erfolgserlebnisse vermitteln	Teamarbeit

Nachahmen des Lehrervorbildes, erwerben. Selbstverständlich muss die von der Lehrkraft verwendete fachliche Sprache dem Sprachniveau der SuS entsprechen. Ideal ist es, wenn das Sprachniveau etwas – aber nicht zu viel – über dem liegt, was die SuS bereits problemlos verstehen.

Korrektives Feedback

Demselben Ziel des impliziten Lernens dient die Technik des sogenannten korrektiven Feedbacks, die sich bei Schüleräußerungen anbietet, die fachlich korrekt, aber entweder nicht fachsprachlich oder fachsprachlich falsch sind. Die Lehrkraft kann den Fehler implizit korrigieren, indem sie die sprachlich fehlerhafte Äußerung aufgreift und (fach-)sprachlich korrekt wiederholt. Dies ist möglich, da Spracherwerb nicht immer bewusst stattfinden muss, sondern vielfach durch unbewusste Imitation erfolgt. Dieses Verfahren hat den Vorteil, dass es nicht als Korrektur empfunden wird, was besonders für sprachlich schwache Lernende bedeutsam ist. Diese scheuen sich oftmals ohnehin, sich in den Unterricht einzubringen, und eine permanente explizite Korrektur birgt die Gefahr, dass sie im Unterricht verstummen. Hält sich ein Fehler jedoch über einen längeren Zeitraum, so ist eine explizite Thematisierung (Kognitivierung) erforderlich.

Fehlerkorrektur

Manchmal kann die Lehrkraft auch explizit die Anwendung von Fachsprache verlangen und diese korrigieren. Jedoch sollte sie damit aus genannten Gründen sparsam sein und sich außerdem bewusst sein, dass mündliche Kommunikation nicht mit schriftlichen und schriftnahen Äußerungen gleichzusetzen ist. Mündliche Kommunikation folgt ihren eigenen Regeln. Wir selbst sprechen nicht immer in ganzen Sätzen, sondern brechen Sätze ab oder fangen neu an. Wir zeigen auf Gegenstände, verwenden Gesten und Mimik etc. Von den SuS zu verlangen, dass sie wie bei einer schriftlichen Aufgabe antworten, wäre gekünstelt und würde jede Kommunikation beenden. Die Anwendung von Fachsprache kann und sollte man jedoch in Hinblick auf die formulierten Lernziele der Unterrichtsreihe verlangen, wie z. B. die Anwendung neu erworbener Fachwörter (Nomen, aber auch fachsprachliche Wendungen, exakte Verben usw.) oder angemessener grammatischer Strukturen zum Vergleichen (bei dem Fokus des sprachlichen Lernziels auf Vergleichen). Nur sprachliche Fehler, die in Bezug zu den Lernzielen stehen, sollten auch explizit und nicht nur durch Reformulierung korrigiert werden. Auch bei der Korrektur schriftlicher Schülertexte sollte der Fokus auf den sprachlichen Fehlern liegen, die sich auf Lernziele beziehen.

Entscheidend ist letztlich die Grundhaltung, Fehler nicht als Problem, sondern als Lernchance zu begreifen, die sich von sprachlichen Fehlern ausgehend auch auf damit zusammenhängende fachliche, konzeptuelle Fragen erstrecken kann. Eine solche Haltung zu Fehlern kann das Selbstkonzept insbesondere mehrsprachiger SuS nachhaltig verbessern.

Sprachbildung im Fach Biologie – Sprachsensible Schulentwicklung

Am effektivsten und nachhaltigsten ist Sprachförderung, wenn sie systematisch über die Unterrichtsreihen und Jahrgangsstufen erfolgt, progressiv aufgebaut wird und zusätzlich Absprachen zwischen den Lehrkräften verschiedener Unterrichtsfächer (z. B. Biologie, Physik und Chemie) sowie zwischen Fach- und Deutschunterricht erfolgen. Das ist jedoch eine Zielvorstellung, die nicht von heute auf morgen umgesetzt werden kann. Ebenso wenig kann der gesamte Unterricht kurzfristig komplett umgestellt werden. Die einzige realistische Möglichkeit, Sprachbildung im eigenen Unterricht und in der Schule zu implementieren, ist der Weg über kleine Schritte und ihre Erprobung in der Praxis.

Probieren Sie z. B. einfach einmal die Unterrichtseinheiten aus dem vorliegenden Band aus und passen Sie sie an die Bedürfnisse und Ausgangslage Ihrer Klasse an. Nach zwei oder drei Unterrichtseinheiten haben Sie bereits eine Reihe eigener Erfahrungen gesammelt und ein erstes Gefühl dafür entwickelt, worauf bei integrierter fachlicher und sprachlicher Förderung geachtet werden muss.

Versuchen Sie anschließend, selbst eine Unterrichtseinheit sprachbildend zu gestalten. Wählen Sie hierfür am besten eine Unterrichtsreihe oder eine Textsorte aus, die Sie als Lehrkraft immer wieder einsetzen können. Bestimmen Sie hierfür die sprachlichen Anforderungen und versuchen Sie, Sprachanlässe und sprachliche Übungen zu integrieren. Wenn möglich, suchen Sie sich dabei Unterstützung von einem Fach- oder Deutschkollegen. Auch Kollegen, die Biologie bilingual (Deutsch-Englisch) unterrichten, haben oft Erfahrungen mit der Einschätzung von sprachlichen Anforderungen und Hilfen.

Häufig stellen Zeitmangel, steigende Anforderungen und der Druck des Lehrplans hohe Hürden dar, um sprachbewusstes Unterrichten auszuprobieren. Eine Möglichkeit, um sich Zeit und Raum hierfür zu verschaffen, besteht darin, erste Erfahrungen mit sprachsensiblem Unterricht außerhalb des Regelunterrichts zu sammeln. Hierzu gehören Hospitationen bei Kollegen oder anderen Schulen mit Erfahrung in der Sprachbildung. Gute Gelegenheiten sind außerdem Projektstunden, Projekttage („Fachsprachentage"), Lernzeiten oder auch Förderkurse für kleine Gruppen. Ein weiterer Vorteil solcher Formen ist, dass sie relativ einfach die Zusammenarbeit von Kolleginnen und Kollegen ermöglichen. Und gemeinsam ist es leichter, neue Wege zum sprachbewussten Unterrichten zu erproben.

Erst wenn Sie (am besten mit mehreren Kolleginnen und Kollegen) erste Erfahrungen im sprachbewussten Unterrichten gesammelt haben, ist es produktiv, in der Fachkonferenz diese zu thematisieren und auf der Grundlage ihrer Praxiserfahrungen gemeinsame Grundlagen zum sprachbewussten Arbeiten festzulegen. Zum Beispiel kann man sich für eine wichtige Textsorte auf eine gemeinsame Form und gemeinsames Sprachmaterial in allen Biologieklassen einigen. In einem weiteren Schritt, nach Erfahrungen in der Fachkonferenz, sind Absprachen über die Fächer hinweg produktiv: Absprachen, welche sprachlichen Kompetenzen gezielt in welchen Fächern und Fächergruppen gefördert werden, wie Deutsch- und Fachunterricht hier zusammenspielen können, wie man außerunterrichtliche Angebote (Theater-AGs, Lernzeiten, naturwissenschaftliche AGs usw.) in die Förderung mit einbeziehen kann. Auch die bildungssprachliche Förderung der Erstsprachen der SuS sollte hierbei thematisiert werden. Sehr hilfreich ist auch, wenn die Schulleitung die Bemühungen der Lehrkräfte aktiv unterstützt, indem sie Freiräume und anderweitige Entlastung für solche Projekte schafft oder auch sprachsensibles Unterrichten zum Jahresthema erklärt. So kann nach und nach eine sprachsensible Schule von unten wachsen.

Unterrichts-einheiten

Steckbrief und Eigenschaftsbeschreibung

Beschreiben ist eine für den Biologieunterricht grundlegende Kompetenz, die der Erkenntnisgewinnung dient und auf dem Beobachten beruht. Das Beschreiben von Eigenschaften erfolgt auf Basis bestimmter Kategorien (z. B. Aussehen, Lebensraum, Nutzung). So stellt das Beschreiben auch die Grundlage für weitere Kompetenzen wie z. B. das Vergleichen dar (→ Tabellen und Vergleichstexte, S. 71).

Darstellungsformen

Eigenschaften können in Form von Steckbriefen oder (mündlichen und schriftlichen) Eigenschaftsbeschreibungen dargestellt werden. Dabei erfüllen beide Textsorten unterschiedliche Zwecke: In Steckbriefen werden Eigenschaften z. B. von Pflanzen oder Tieren übersichtlich und strukturiert dargestellt. Die Strukturierung erfolgt dabei vor allem über die im Steckbrief standardisiert verwendeten Kategorien. In (mündlichen und schriftlichen) Eigenschaftsbeschreibungen werden die Eigenschaften hingegen detailliert und zusammenhängend beschrieben. Beide Textsorten werden im Unterricht auch gegenseitig ineinander „übersetzt". Das bedeutet, dass Steckbriefe auf der Grundlage von Eigenschaftsbeschreibungen und Eigenschaftsbeschreibungen auf der Grundlage von Steckbriefen verfasst werden können.

Sprachliche Anforderungen

Um einen **Steckbrief** zu erstellen, müssen die SuS die Informationen zunächst meist aus einem beschreibenden Text herausarbeiten. Dazu ist es sinnvoll, den SuS verschiedene Lesestrategien zu erläutern und diese mit ihnen zu trainieren. Als Erstes müssen sie den Text nach den im Steckbrief verwendeten Kategorien gliedern und strukturieren (suchendes Lesen → S. 29). Diese Aufgabe fällt den SuS erheblich leichter, wenn sie die Kategorien bereits kennen und wissen, wonach sie suchen müssen. Da die Kategorien im Text häufig nicht wörtlich vorkommen, kann es für die SuS trotzdem schwierig sein, sie zu identifizieren: Oft erscheinen die Kategorien im Text nicht als dieselben Nomen wie im Steckbrief (z. B. *Körperbedeckung, Nutzung, Größe*), sondern „verstecken sich" in anderen Ausdrücken und Wortarten (Verben: *Körperbedeckung → der Körper von … ist mit … bedeckt, Nutzung → … wird als … genutzt/ … nutzt man als …*, Adjektive: *Größe → …kann bis zu … groß werden*). Die SuS müssen also lernen, dass sie im Text nicht nur nach den Kategorien selbst suchen müssen, sondern nach Schlüsselwörtern, an denen man die Kategorien erkennt. Den Kategorien werden dann die passenden Informationen zugeordnet. Dazu müssen die SuS wissen, wo sie diese Informationen im Text finden, nämlich meist kurz vor oder hinter den Schlüsselwörtern für die Kategorien (detailliertes Lesen → S. 29).

Um dann einen Steckbrief zu verfassen, müssen die SuS den Aufbau dieser diskontinuierlichen Textsorte kennen. Sie müssen z. B. wissen, dass die Kategorien immer links stehen und durch einen Doppelpunkt von den zugeordneten Informationen abgetrennt werden und dass diese Informationen nur aus knappen Stichwörtern (meist Nomen und Adjektive) bestehen. Das Formulieren der Stichpunkte bereitet den SuS oft Probleme, da hier – im Gegensatz zum beschreibenden Text – die Nomen meist im Nominativ und die Adjektive in der Grundform stehen und daher angepasst werden müssen (*Das Pferd besitzt einen langen Hals. → Aussehen: langer Hals. Das lange, dichte Fell ist meist schwarz. → Fell: lang, dicht, meist schwarz*).

Eigenschaftsbeschreibungen können aus Steckbriefen erstellt werden, sie sind dann sozusagen ausformulierte Steckbriefe. Dazu ist es notwendig, dass die SuS Zusammenhänge herstellen und erläutern, die im Steckbrief nicht explizit genannt werden. Dadurch erlangen die SuS ein tieferes fachliches Verständnis. Indem die Lehrkraft die SuS Eigenschaftsbeschreibungen erstellen lässt, kann sie überprüfen, ob die SuS die Zusammenhänge auch wirklich verstanden haben.

Bei der „Übersetzung" von Steckbriefen in Eigenschaftsbeschreibungen müssen die Kategorien verbalisiert werden (z. B. *Nutzung → nutzen; Gewicht → wiegen*). Dazu müssen die SuS die entsprechenden fachsprachlichen Verben kennen bzw. diese auch bilden können. Außerdem müssen sie die stichpunktartigen Informationen ausformulieren. Im Steckbrief stehen die Informationen normalerweise im Nominativ, im Fließtext bestimmen die Verben und die Präpositionen im Satz den jeweiligen Kasus *(Aussehen: langer Hals, Kopf mit langer Mähne. → Das Pferd besitzt einen langen Hals und einen Kopf mit langer Mähne).*

Auch beim Verfassen von Eigenschaftsbeschreibungen müssen die SuS den Text sinnvoll nach den Kategorien gliedern, z. B. die Kategorien wie im Steckbrief von allgemeinen zu speziellen Informationen anordnen.

Progression

Es ist wichtig, die Textsorten Steckbrief und Eigenschaftsbeschreibung sukzessiv einzuführen, damit die SuS die fachlichen und sprachlichen Kompetenzen systematisch erwerben.

Es bietet sich an, sich in der Jahrgangsstufe 5/6 zunächst auf die Textsorte Steckbrief zu konzentrieren und deren Textsortenmerkmale zu erarbeiten und zu festigen. Im Fokus sollten Lesestrategien stehen, mit deren Hilfe die Schlüsselwörter für die Kategorien erkannt sowie die zu den Kategorien passenden Informationen gefunden werden können (→ UE Steckbriefe zu Hunderassen erstellen, S. 46). Darüber hinaus kann das Schreiben von Eigenschaftsbeschreibungen angebahnt werden. Auch hier sollten die Schlüsselwörter, also die verbalisierten Kategorien, im Fokus stehen, sodass die Kategorien in verbalisierter und nominalisierter Form einander zugeordnet werden können (*wird genutzt* → *Nutzung*; → UE Nutztiere beschreiben und präsentieren, S. 58).

Während die SuS in der 5. und 6. Klasse schwerpunktmäßig Steckbriefe und Eigenschaftsbeschreibungen zu Tieren und Pflanzen schreiben, werden in höheren Jahrgangstufen beide Textsorten auch für andere Themenbereiche verwendet, z. B. zur Beschreibung von Menschenarten, Erdzeitaltern oder genetischen Krankheiten.

In der Jahrgangstufe 7/8 sollte das Verfassen von Eigenschaftsbeschreibungen weiter gefördert werden. Hier gilt es, die der Textsorte entsprechende Formulierung der Kategorien weiter zu fördern. In der Jahrgangstufe 9/10 sollte vor allem die eigenständige Bildung von Kategorien im sprachlichen Fokus stehen: Wenn die Kategorien für Steckbriefe nicht vorgegeben sind, müssen die SuS diese selbst bilden. Diese kognitiv anspruchsvolle Aufgabe erfordert Wortbildungskompetenzen (→ Werkzeug Kategorien bilden, S. 174).

UNTERRICHTSEINHEIT

Steckbriefe zu Hunderassen erstellen 5/6

Basiskonzept Struktur und Funktion
Übergreifende Kompetenz Erkenntnisgewinnung (Beschreiben und Beobachten)
Textsorte(npaar): Steckbrief und Eigenschaftsbeschreibung
Thema Hunderassen

fachliche Lernziele

- Hunderassen in den fachlichen Kategorien Aussehen, Größe, Gewicht, Körperbau, Eigenschaften, Auslauf und Verwendung beschreiben

sprachliche Lernziele

- die Merkmale der Textsorte Steckbrief (Zweck, Aufbau, verwendete Wortarten) beschreiben
- in einem beschreibenden Text Kategorien sowie zu den Kategorien passende Informationen identifizieren
- Steckbriefe zu Hunderassen verfassen und überarbeiten

Die Unterrichtseinheit im Überblick

Die Textsorte Steckbrief und deren Besonderheiten sollten schrittweise eingeführt werden. Im ersten Schritt werden die Textsortenmerkmale des Steckbriefes anhand eines Beispiels erarbeitet. Gleichzeitig wird auch das Vorwissen in Bezug auf fachliche Merkmale von Hunderassen aktiviert und die fachsprachlichen Kategorien zur Beschreibung von Hunderassen werden eingeführt.

Im zweiten Schritt werden die SuS an das eigene Schreiben eines Steckbriefes herangefürt. Dabei werden zunächst die Lesestrategien suchendes und detailliertes Lesen geübt (→ S. 29): Die SuS suchen im Text die zuvor erarbeiteten Kategorien bzw. Schlüsselwörter für die Kategorien (z. B. *Größe → groß; Körperbau → der Körper ist … gebaut; Nutzung → nutzt man als …*). Beim detaillierten Lesen geht es dann darum, die zu den Kategorien gehörenden Informationen im Text zu identifizieren. Auch das Formulieren von Stichpunkten wird geübt: Im Steckbrief werden z. B. Adjektive meist in der Grundform, also nicht dekliniert, angegeben (z. B. *Fell: schwarz, kurz* statt: *Er hat ein schwarzes, kurzes Fell*). Im nächsten Schritt verfassen die SuS selbstständig einen Steckbrief und überarbeiten diesen. Dadurch wird die Textsortenkenntnis gefestigt und das Vorgehen in Teilschritten erneut geübt. Schließlich haben die SuS die Aufgabe, Steckbriefe zu verschiedenen Hunderassen zu lesen und die Merkmale der Hunderassen zu vergleichen.

1 Ein Hund für Familie Jablonski

Die Textsorte Steckbrief kennenlernen und beschreiben

Zur Einführung bekommen die SuS die Aufgabe, Freunden als Experten bei der Hundeauswahl behilflich zu sein. Dazu kopiert die Lehrkraft zunächst den Brief von KV 1 (ohne Steckbrief) auf Folie, sodass er gemeinsam gelesen werden kann. Um das fachliche und sprachliche Vorwissen der SuS festzustellen und zu aktivieren, stellt die Lehrkraft folgende Fragen:

- Was ist wichtig, wenn man sich einen Hund aussucht?
- Welche unterschiedlichen Merkmale kann ein Hund haben?

Hierbei kann die Methode **Think-Pair-Share** eingesetzt werden (→ Methodenglossar, S. 194). Bei der Besprechung im Plenum hält die Lehrkraft die Ergebnisse an der Tafel fest und ordnet dabei die Antworten der SuS nach Kategorien (z. B. Größe, Gewicht, Aussehen, Eigenschaften) nach dem Vorbild des Clusters auf KV 2. Anhand der Beispiele erklärt die Lehrkraft, dass Kategorien Oberbegriffe sind, denen Informationen zugeordnet werden können, die jeweils in bestimmten Merkmalen gleich bzw. ähnlich sind. Erst im Anschluss teilt die Lehrkraft KV 1 aus.

Anhand des vorgegebenen Steckbriefes zum Wunschhund ihrer Freunde erarbeiten die SuS die Textsortenmerkmale mithilfe folgender Leifragen:

- Wie ist der Steckbrief aufgebaut?

Arbeitsblätter

KV Nr.	Thema	Sozialform	Intention
1	Ein Hund für Familie Jablonski	👤	Vorwissen zu Hunden und Steckbriefen aktivieren
2	Cluster: Eigenschaften von Hunden	👤👤👤	Eigenschaften von Hunderassen nach Kategorien ordnen; Wortschatz vorentlasten
3	Vom Text zum Steckbrief	👤, 👤👤	Aus einem beschreibenden Text schrittweise mit Hilfestellung einen Steckbrief verfassen
4	Steckbriefe zu Hunderassen	👤👤	einen Steckbrief zu einer weiteren Hunderasse erstellen
5	Schlüsselwörter erkennen	👤	Schlüsselwörter, Formulierungen und Informationen den Kategorien zuordnen
6	Welcher Hund passt am besten?	👤	die Eigenschaften der Hunderassen in den Kategorien vergleichen

- Welche Wortarten werden verwendet?
- Welchen Zweck erfüllt der Steckbrief?

Durch die eigenständige Bearbeitung der Fragen beschäftigen sich die SuS intensiv mit der Struktur und den sprachlichen Besonderheiten von Steckbriefen. Durch das Herausarbeiten der Wortarten entdecken sie beispielsweise, dass in Steckbriefen nur selten Verben verwendet werden. Diese Erkenntnisse helfen ihnen später, wenn sie selbst Steckbriefe erstellen müssen. Um die Ergebnisse zu sichern, kann gemeinsam ein **Lernplakat zur Textsorte Steckbrief** erstellt und in der Klasse aufgehängt werden. Dabei kann die Übersicht Steckbrief (→ Werkzeug Eigenschaftsbeschreibung und Steckbrief, S. 182) als Vorlage dienen. Diese kann auch bei weiteren Unterrichtseinheiten zu Steckbriefen z. B. zur Wiederholung verwendet werden.

2 Cluster: Eigenschaften von Hunden 👤👤👤
Eigenschaften nach Kategorien ordnen
Ein Cluster eignet sich besonders gut, um Kategorien und die ihnen zugeordneten Eigenschaften grafisch darzustellen. Hierbei kann außerdem das Vorwissen der SuS zum Thema Hunderassen festgestellt und der Wortschatz vorentlastet werden. Falls die Lehrkraft feststellt, dass den SuS der Fachwortschatz Schwierigkeiten bereitet, sollten die Begriffe auf den Wortkarten gemeinsam zugeordnet und bei Bedarf erklärt werden. Die Begriffe stammen aus den Steckbriefen zu verschiedenen Hunderassen, die im Folgenden eine Rolle spielen.

3.1, 3.2, 3.3 Vom Text zum Steckbrief 👤 👤👤
Das Schreiben eines Steckbriefes erarbeiten
Die Lehrkraft teilt zunächst KV 3.1 und KV 3.2 aus. Die SuS erhalten die Aufgabe, aus einem beschreibenden Text zum Deutschen Schäferhund einen Steckbrief zu erstellen. Um die Aufgabe kognitiv und sprachlich zu entlasten, ist sie in vier Teilschritte unterteilt. Dies gibt den SuS außerdem ein musterhaftes Vorgehen an die Hand, wie sie beschreibende Texte in Steckbriefe umwandeln können. Dies bereitet sie darauf vor, eine entsprechende Aufgabe im Anschluss selbstständig zu bearbeiten.

1. Die SuS überlegen, welche Kategorien in einem Steckbrief zu einer Hunderasse verwendet werden sollten. Hierbei geht es nicht darum, die Nomen selbst zu finden oder sie gar eigenständig zu bilden, sondern um die Wiederholung der zuvor eingeführten Kategorien. Als Hilfestellung erhalten die SuS eine Erklärung des Begriffs *Kategorie* und ein Beispiel. Die SuS können auch den Steckbrief zum Wunschhund (KV 1) zu Hilfe nehmen. Die Kategorien sollten im Plenum gesichert werden.
2. Die SuS suchen in dem beschreibenden Text zum Deutschen Schäferhund auf KV 3.1 die zuvor gesammelten Kategorien, unterstreichen sie mit roter Farbe und tragen sie in der freien Spalte neben dem Text ein. Um den SuS die Aufgabe zu erleichtern, wird ihnen an zwei Beispielen verdeutlicht, dass Kategorien manchmal wörtlich im Text zu finden sind (z. B. *Verwendung*), sich manchmal aber auch im Text „verstecken" (z. B. *55 bis 65 cm groß* → *Größe*).
3. Die SuS lesen den Text erneut und ordnen den Kategorien die passenden Informationen zu, indem sie diese zunächst mit einer anderen Farbe unterstreichen.
   Als Nächstes üben die SuS, die Informationen aus dem Text in Stichpunkte umzuwandeln. Anhand eines Beispiels wird die Reduzierung der Informationen auf die wichtigsten Wörter sowie die Veränderung der Adjektivendungen veranschaulicht. Die Stichpunkte sollten gemeinsam besprochen und an der Tafel notiert werden. Hierbei ist besonders auf die richtigen Endungen der Adjektive zu achten.

4. Schließlich erstellen die SuS in Partnerarbeit den Steckbrief des Deutschen Schäferhundes. Ggf. müssen die Textsortenmerkmale mithilfe des zuvor erstellten Plakats oder der Übersicht Steckbrief (→ S. 183) noch einmal wiederholt werden. Das Paar, das zuerst fertig ist, überträgt seinen Steckbrief an die Tafel oder auf eine Folie. Dieser wird gemeinsam im Plenum besprochen und ggf. überarbeitet. Dabei sollte auch die richtige Reihenfolge der Kategorien thematisiert werden: von allgemeinen zu speziellen Informationen. Ein Muster befindet sich auf KV 3.3.

Abschließend bekommen die SuS die Aufgabe zu entscheiden, inwieweit der Deutsche Schäferhund den Wünschen der Freunde entspricht. Dazu vergleichen sie den Steckbrief des Deutschen Schäferhundes mit dem Steckbrief „Unser Wunschhund" von KV 1. Der Vergleich kann gemeinsam anhand des Steckbriefes an der Tafel erfolgen oder der Steckbrief KV 3.3 wird dazu ausgeteilt. An dieser Stelle kann ggf. mit den SuS diskutiert werden, ob der Deutsche Schäferhund wegen seiner potenziellen Aggressivität als Familienhund geeignet ist.

4.1, 4.2 Steckbriefe zu Hunderassen

Selbstständig einen Steckbrief verfassen und diesen überarbeiten

Die SuS verfassen in Partnerarbeit einen weiteren Steckbrief zu einer anderen Hunderasse, um das gelernte Vorgehen in Teilschritten zu üben. Dazu erhalten sie pro Zweiergruppe eine Eigenschaftsbeschreibung einer Hunderasse. Je nach Anzahl der SuS in der Klasse arbeiten mehrere Paare an der gleichen Hunderasse. Zur Differenzierung sind die Eigenschaftsbeschreibungen in verschiedenen Schwierigkeitsstufen gestaltet, sodass die Lehrkraft sprachlich schwächeren SuS entlastete Texte zuordnen kann.

1. Die kürzesten und sprachlich einfachsten Texte (auf weißem Hintergrund) gehören zu den Hunderassen Labrador Retriever, Golden Retriever und Dobermann. In den Texten entspricht die Reihenfolge der vorkommenden Kategorien der Reihenfolge der Kategorien im Steckbrief. Außerdem sind die Kategorien im Text gut über die Schlüsselwörter (z. B. *nutzt man* → *Nutzung*, *Körper ist ... gebaut* → *Körperbau*) zu identifizieren.
2. Die längeren, sprachlich anspruchsvolleren Eigenschaftsbeschreibungen (auf hellgrauem Hintergrund) gehören zu den Hunderassen Dackel, Bullterrier, Chihuahua und Husky. Hier entspricht die Reihenfolge der Kategorien im Text nicht der erforderlichen Reihenfolge der Kategorien im Steckbrief. Außerdem ist die Kategorie „Eigenschaften" nicht – wie in den anderen Steckbriefen – wörtlich im Text zu finden, sondern muss durch die Nennung von Wesensmerkmalen sowie das Nomen *Wesen* identifiziert werden. Zudem sind die Informationen zu einer Kategorie teilweise in verschiedenen Sätzen im Text zu finden.

Haben die SuS ihren Steckbrief fertiggestellt, suchen sie sich eine andere Zweiergruppe, um die Steckbriefe gegenseitig zu korrigieren. Dazu können sie die Übersicht Steckbrief (→ S. 183) zu Hilfe nehmen, auf der sie vorhandene und richtige Merkmale abhaken können. Nach der Korrektur tauschen die Zweiergruppen ihre Steckbriefe wieder aus und überarbeiten sie. Die korrigierten und überarbeiteten Steckbriefe werden auf ein Plakat geschrieben.

5 Schlüsselwörter erkennen

Sätze und Informationen den passenden Kategorien zuordnen

Um die Schlüsselwörter und Wendungen, die für die einzelnen Kategorien typischerweise verwendet werden, zu systematisieren und zu üben, sollen die SuS die auf KV 4 verwendeten Sätze den passenden Kategorien zuordnen.

Auch durch die Art der Information lässt sich eine Zuordnung zu Kategorien vornehmen: Kommt z. B. die Angabe „kg" in einer Information vor, so ist diese der Kategorie „Gewicht" zuzuordnen; bezeichnet die Information eine Charaktereigenschaft (z. B. *lebhaft*), so gehört sie zur Kategorie „Eigenschaft". Diese Zuordnung wird in der zweiten Aufgabe geübt.

6 Welcher Hund passt am besten?

Steckbriefe lesen und Hunderassen vergleichen

Die erstellten Plakate mit den Steckbriefen der Hunderassen werden in der Klasse aufgehängt. Falls mehrere Plakate zu einer Hunderasse erstellt wurden, sollten diese nebeneinander aufgehängt werden. Die SuS schauen sich die Plakate an und kontrollieren zunächst mithilfe von KV 6, welche Hunderasse den Wünschen von Anna und Jakob entspricht. Die Struktur der Tabelle erleichtert das Vergleichen nach Kategorien. Dem Wunschhund von Familie Jablonski sollte in möglichst vielen Kategorien entsprochen werden. Die Lehrkraft sollte allerdings darauf hinweisen, dass nicht alle Eigenschaften erfüllt sein müssen und bei Größe und Gewicht nur Richtwerte vorgegeben sind, mit denen die Hunde übereinstimmen sollten.

Die Ergebnisse werden in den Antwortbrief an die Freunde eingefügt und im Plenum besprochen und diskutiert. Sowohl der Labrador Retriever als auch der Husky sind geeignete Familienhunde für die Jablonskis. Der Deutsche Schäferhund und der Bullterrier sind aufgrund ihrer potenziellen Aggressivität bei falscher Erziehung nur bedingt geeignet.

Ein Hund für Familie Jablonski

1 Anna und Jakob haben dir einen Brief geschrieben. Sie brauchen deine Hilfe bei der Auswahl eines Hundes. Lies dir den Brief und den Steckbrief durch.

Lieber Freund, liebe Freundin,

unsere Familie wünscht sich schon lange einen Hund. Wir wissen aber nicht, welche Hunderasse am besten zu uns passt. Darum wollen wir dich als Hundeexperten um deine Unterstützung bitten. Wir haben einen Steckbrief zu unserem Wunschhund geschrieben, der dir bei der Suche helfen soll.
Wir hoffen, dass du uns einen Rat geben kannst.

Viele Grüße
Anna und Jakob Jablonski

Steckbrief: Unser Wunschhund

Aussehen:
- Kopf: egal, schön und süß ☺
- Fell: kurz, schwarz (auch schwarz-braun oder schwarz-weiß)

Größe: etwa 45 bis 65 cm
Gewicht: etwa 25 bis 40 kg
Körperbau: kräftig
Eigenschaften: z. B. treu, lebhaft, neugierig, mutig und kinderlieb, nicht aggressiv
Verwendung: Familienhund
Auslauf: mäßig viel bis viel

2 Um Anna und Jakob zu helfen, musst du Informationen über unterschiedliche Hunderassen sammeln und in Steckbriefen darstellen. Warum sind Steckbriefe geeignet, um Informationen darzustellen? Bevor du die Steckbriefe schreibst, überlege dir Antworten zu folgenden Fragen:

a. Wie ist ein Steckbrief aufgebaut? Wie sieht er aus?

....

....

....

b. Welche Wortarten werden verwendet (Nomen, Adjektive, Verben usw.)?

....

c. Welchen Zweck erfüllt ein Steckbrief?

....

....

Praxishandbuch Sprachbildung Biologie
Sprachsensibel unterrichten – Sprache fördern
ISBN 978-3-12-666852-1

Cluster: Eigenschaften von Hunden

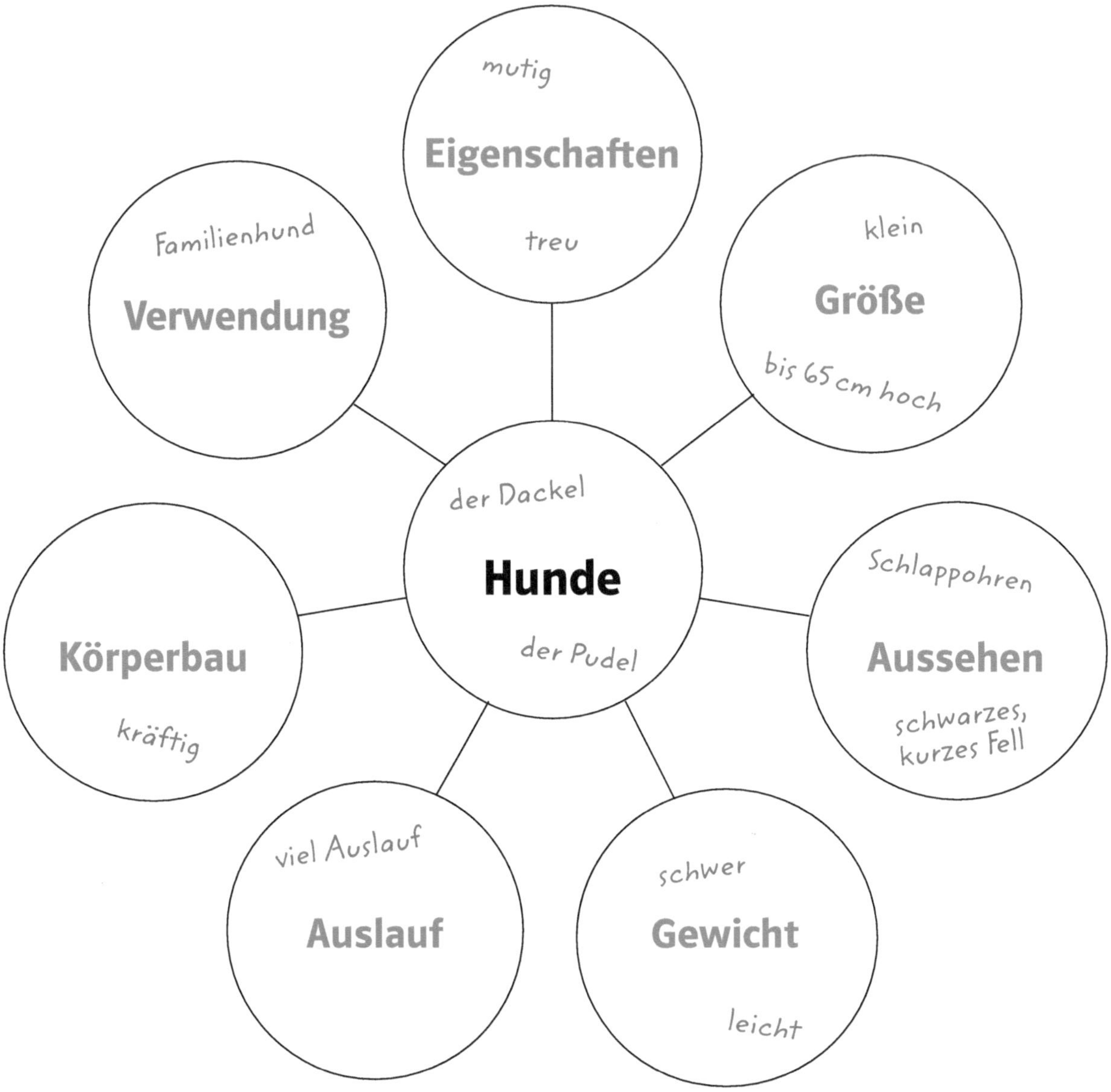

treu	groß	dicht	Polizeihund
lebhaft	schwer	schwarz-weiß	Rettungshund
kinderlieb	kräftig	lang	Hütehund
aggressiv	muskulös	herunterhängende Ohren	Blindenhund
ausdauernd		blaue/braue Augen	Schlittenhund
mutig		längliche Schnauze	Familienhund
		aufrecht stehende Ohren	

Praxishandbuch Sprachbildung Biologie
Sprachsensibel unterrichten – Sprache fördern
ISBN 978-3-12-666852-1

Vom Text zum Steckbrief

Der Deutsche Schäferhund
Ursprünglich wurde der Deutsche Schäferhund häufig von Schäfern als Hütehund eingesetzt. Heute ist seine Verwendung sehr vielfältig. So wird er auch als Polizei-, Rettungs-, Blinden- und Familienhund gehalten. An seinem großen Kopf mit der spitz auslaufenden Schnauze und den aufrecht stehenden Ohren ist er leicht zu erkennen. Das dichte Fell kann kurz oder lang sein. Es hat eine schwarze und hellbraune Farbe. Der Deutsche Schäferhund kann 55 bis 65 cm groß werden und wiegt 22 bis 40 kg. Sein Körper ist kräftig und muskulös gebaut.
Der Deutsche Schäferhund braucht viel Auslauf. Er verfügt über viele positive Eigenschaften. Er ist für sein treues, ausdauerndes, lebhaftes und mutiges Wesen bekannt. Bei falscher Erziehung kann er allerdings auch aggressiv sein.

Verwendung ....
....

Größe ....
....
....
....
....

So wird er auch als Polizei-, Rettungs-, Blinden- und Familien**hund** gehalten.
= So wird er auch als Polizei**hund**, Rettungs**hund**, Blinden**hund** und Familien**hund** gehalten.

Steckbrief: Der Deutsche Schäferhund

....
....
....
....
....
....
....
....
....
....
....
....

Praxishandbuch Sprachbildung Biologie
Sprachsensibel unterrichten – Sprache fördern
ISBN 978-3-12-666852-1

Erstelle einen Steckbrief für den Deutschen Schäferhund. Gehe dabei folgendermaßen vor:

Schritt 1: Überlege dir zuerst, welche Kategorien du für den Steckbrief benötigst.

Verwendung, Größe, ...

....

Kategorien sind Oberbegriffe zu bestimmten Themen.
Beispiel: Der Deutsche Schäferhund wird bis 65 cm groß, der Dackel wird nur bis 27 cm groß.
Die Kategorie ist die *Größe*.

Schritt 2: Lies nun den Text zum Deutschen Schäferhund. Suche im Text nach den Kategorien und unterstreiche sie rot. Trage die Kategorien in die Spalte neben dem Text ein.

Du findest die Kategorien manchmal wörtlich im Text. Beispiel: Heute ist seine Verwendung sehr vielfältig.	Verwendung

Oft sind die Kategorien auch in anderen Wörtern „versteckt". Dann unterstreiche diese Wörter und trage die passende Kategorie ein. Beispiel: Der Deutsche Schäferhund kann 55 bis 65 cm groß werden.	Größe

Schritt 3: Suche jetzt im Text die Informationen, die zu den Kategorien passen. Unterstreiche sie mit einer anderen Farbe, z. B. blau.

Die Informationen stehen in der Nähe der Kategorien. Sie können im gleichen Satz stehen oder im vorhergehenden oder nachfolgenden Satz. Beispiele:

Heute ist seine Verwendung sehr vielfältig. So wird er auch als Polizei-, Rettungs-, Blinden- und Familienhund gehalten.

Der Deutsche Schäferhund kann 55 bis 65 cm groß werden.

Die Informationen im Steckbrief musst du in **Stichpunkten** schreiben. Stichpunkte bestehen oft aus **Nomen** (*Schnauze, Ohren, Farbe …*) und **Adjektiven** (*groß, lang, spitz …*). Verben und Präpositionen (*mit, an …*) fallen meistens weg. Um Stichpunkte zu machen, musst du oft die Form der Adjektive und der Nomen verändern: Die Adjektive bekommen andere Endungen oder die Endungen fallen weg.

Beispiel:

An seinem großen Kopf mit der spitz auslaufenden Schnauze und den aufrecht stehenden Ohren ist er leicht zu erkennen.	Kopf: groß, spitz auslaufende Schnauze, aufrecht stehende Ohren

Schritt 4: Erstelle mit einem Partner nun den Steckbrief zum Deutschen Schäferhund.

Die Kategorie steht im Steckbrief links. Die Informationen zu der Kategorie stehen rechts.
Nach der Kategorie steht ein **Doppelpunkt**.
Achte auf die **Reihenfolge** der Kategorien: zuerst allgemeine, dann spezielle Informationen.

Praxishandbuch Sprachbildung Biologie
Sprachsensibel unterrichten – Sprache fördern
ISBN 978-3-12-666852-1

Ist der Deutsche Schäferhund der richtige Hund für Anna und Jakob? Vergleicht die Informationen in allen Kategorien mit dem Steckbrief für den Wunschhund und kreuzt an.

Der Deutsche Schäferhund

		Passt der Hund zu Anna und Jakob?
Aussehen:		
• Kopf:	groß, spitz auslaufende Schnauze, aufrecht stehende Ohren	☒
• Fell:	dicht, kurz oder lang, schwarz und hellbraun	☐
Größe:	55 bis 65 cm	☐
Gewicht:	22 bis 40 kg	☐
Körperbau:	kräftig, muskulös	☐
Eigenschaften:	treu, ausdauernd, lebhaft, mutig, auch aggressiv	☐
Verwendung:	Hüte-, Polizei-, Rettungs-, Blinden- und Familienhund	☐
Auslauf:	viel	☐

Praxishandbuch Sprachbildung Biologie
Sprachsensibel unterrichten – Sprache fördern
ISBN 978-3-12-666852-1

Steckbriefe zu Hunderassen

1 **Verfasse mit deinem Partner einen Steckbrief zu der Hunderasse. Geht dabei so vor, wie ihr es gelernt habt.**

2 **Wenn ihr euren Steckbrief fertig geschrieben habt, sucht euch eine andere Gruppe, die auch schon fertig ist. Tauscht eure Texte und Steckbriefe aus. Kontrolliert den Steckbrief der anderen Gruppe.**

3 **Überarbeitet euren Steckbrief mithilfe der Anmerkungen der anderen Gruppe.**

4 **Schreibt euren Steckbrief auf ein Plakat. Ihr könnt auch Bilder von eurer Hunderasse aufkleben.**

Der Labrador Retriever

Den Labrador Retriever erkennt man an seinem breiten Kopf mit den herunterhängenden Ohren. Er hat kurzes, dichtes Fell, das oft hell ist, aber auch dunkelbraun oder schwarz sein kann. Er kann bis zu 57 cm groß werden und wiegt zwischen 34 und 40 kg. Sein Körper ist kräftig gebaut. Der Labrador Retriever hat viele positive Eigenschaften. Er ist gutmütig, kinderlieb und aufgeschlossen. Deshalb nutzt man ihn oft als Familienhund. Aber auch als Blindenhund wird er oft verwendet. Er benötigt viel Auslauf.

Der Dobermann

Der Dobermann hat einen schlanken Kopf mit lang gezogener Schnauze und herunterhängenden Ohren. Er ist an seinem schwarzen und braunen kurzen Fell zu erkennen. Er wird bis zu 72 cm groß und wiegt bis zu 45 kg. Sein Körper ist schlank, aber kräftig gebaut. Der Dobermann hat viele positive Eigenschaften: Er ist z. B. aufgeschlossen und mutig. Deshalb verwendet man ihn oft als Polizei- und Wachhund. Allerdings können sich bei falscher Erziehung auch negative Eigenschaften zeigen. Dann kann er aggressiv werden. Er benötigt viel Auslauf.

Der Golden Retriever

Der Golden Retriever besitzt einen breiten Kopf mit herunterhängenden Ohren. Er ist nach seinem Aussehen benannt: Sein mittellanges Fell hat oft eine goldene Farbe. Der Golden Retriever kann bis zu 61 cm groß und bis zu 40 kg schwer werden. Sein Körper ist kräftig und muskulös gebaut. Der Golden Retriever hat viele positive Eigenschaften: Er hat ein gutmütiges und verspieltes Wesen und ist sehr kinderlieb. Daher verwendet man ihn oft als Familienhund. Aber auch als Blinden-, Jagd- und Rettungshund wird er oft genutzt. Er benötigt viel Auslauf.

Praxishandbuch Sprachbildung Biologie
Sprachsensibel unterrichten – Sprache fördern
ISBN 978-3-12-666852-1

Der Dackel

Der Dackel zeichnet sich durch sein furchtloses, ausdauerndes und gelehriges Wesen aus. Deshalb nutzt man ihn oft als Jagdhund. Mit seiner Größe von bis zu 27 cm passt er gut in einen Dachs- oder Fuchsbau. Der niedrige und lange Körper des Dackels ist kräftig gebaut. Er wird 6 bis 9 kg schwer. Man erkennt den Dackel an seinem schmalen Kopf mit der länglichen Schnauze und den herunterhängenden Ohren. Außerdem hat der Dackel auffallend kurze Beine. Sein Fell ist kurz oder lang und kann verschiedene Farben haben z. B. schwarz, braun oder rötlich. Er benötigt nur mäßig viel Auslauf.

Der Bullterrier

Der Bullterrier ist an seinem großen, eiförmigen Kopf mit den aufrecht stehenden Ohren zu erkennen. Sein kurzes, dichtes und glattes Fell ist oft weiß, kann aber auch schwarz oder schwarz-weiß sein. Der Bullterrier wird bis zu 48 cm groß und bis zu 38 kg schwer. Sein Körper ist kräftig und muskulös gebaut. Er benötigt viel Auslauf. Man nutzt den Bullterrier oft als Wachhund. Er kann auch aggressiv sein. Daher steht er in vielen deutschen Bundesländern auf der Liste der gefährlichen Hunde. Bei richtiger Erziehung kann er aber auch als Familienhund verwendet werden, weil er ein lebhaftes, verspieltes Wesen hat.

Der Chihuahua

Der Chihuahua ist mit seiner Größe von ca. 20 cm und seinem niedrigen und schlanken Körperbau die kleinste Hunderasse der Welt. Auch sein Gewicht ist gering: Er wiegt nur 1,5 bis 3 kg. Zu erkennen ist er zudem an seinem apfelförmigen Kopf mit der kurzen, spitzen Schnauze und den großen, aufgerichteten Ohren. Sein Fell kann sowohl kurz als auch lang sein und ist oft braun oder weiß. Der Chihuahua benötigt nur wenig Auslauf. Er hat ein lebhaftes Wesen und wird daher oft als Familienhund gehalten. Allerdings ist er sehr anhänglich und bleibt daher nicht gerne alleine.

Der Husky

Der Husky ist als Schlittenhund bekannt, da er über einen ausgeprägten Orientierungssinn verfügt und in der Lage ist, große Lasten zu ziehen. Er lebt gerne mit anderen Hunden zusammen und hat ein aufmerksames und neugieriges Wesen. Zudem ist er sehr bewegungsfreudig und ausdauernd. Daher benötigt er viel Auslauf. Wenn man genug mit ihm spazieren geht, kann er auch als Familienhund genutzt werden. Sein Körper ist kräftig gebaut. Der Husky hat einen mittelgroßen Kopf mit einer länglichen Schnauze und aufrecht stehenden Ohren. Besonders auffällig sind seine Augen, die oft blau sind. Er besitzt ein kurzes bis mittellanges und sehr robustes Fell, das oft schwarz-weiß ist. Der Husky kann bis zu 60 cm groß und bis zu 28 kg schwer werden.

Praxishandbuch Sprachbildung Biologie
Sprachsensibel unterrichten – Sprache fördern
ISBN 978-3-12-666852-1

Schlüsselwörter erkennen

1 Zu welchen Kategorien gehören diese Sätze? Ordne zu.

Sein Fell ist oft … oder …, kann aber auch andere Farben haben.	
Man nutzt ihn oft als …	
Er wiegt zwischen … und … kg.	Aussehen
Man erkennt ihn an …	Größe
Er benötigt viel Auslauf.	Gewicht
Er kann bis zu … cm groß werden.	Körperbau
Sein Körper ist … gebaut.	Eigenschaften
Der … hat ein lebhaftes Wesen.	Verwendung
Er besitzt einen … Kopf.	Auslauf
Er ist an … zu erkennen.	
Er kann bis zu … kg schwer werden.	
Der … zeichnet sich durch sein … Wesen aus.	
Bei richtiger Erziehung kann … auch als Familienhund verwendet werden.	

2 Zu welchen Kategorien gehören die Informationen? Ordne zu.

Größe	Gewicht	Körperbau	Verwendung	Eigenschaften
....	bis zu 28 kg	....	....	....
....	....	....	....	....
....	....	....	....	....

~~bis zu 28 kg~~ Schlittenhund bis zu 48 cm groß neugierig kräftig
Familienhund bis zu 60 cm groß schlank 1,5 bis 3 kg verspielt
Jagdhund bis zu 40 kg ca. 20 cm anhänglich niedrig

Praxishandbuch Sprachbildung Biologie
Sprachsensibel unterrichten – Sprache fördern
ISBN 978-3-12-666852-1

Welcher Hund passt am besten?

1 Seht euch die Plakate zu allen Hunderassen an. Welche Hunderassen passen am besten zu den Wünschen im Steckbrief „Unser Wunschhund"?

Steckbrief: Unser Wunschhund

Aussehen:
- Kopf: egal, schön und süß ☺
- Fell: kurz, schwarz (auch schwarz-braun oder schwarz-weiß)

Größe: etwa 45 bis 65 cm
Gewicht: etwa 25 bis 40 kg
Körperbau: kräftig
Eigenschaften: z. B. treu, lebhaft, neugierig, mutig und kinderlieb, nicht aggressiv
Verwendung: Familienhund
Auslauf: mäßig viel bis viel

	Labrador Retriever	Dober-mann	Dackel	Golden Retriever	Bullterrier	Chihuahua	Husky
Aussehen							
• Kopf	☒	☒	☒	☒	☒	☒	☒
• Fell	☐	☐	☐	☐	☐	☐	☐
Größe	☐	☐	☐	☐	☐	☐	☐
Gewicht	☐	☐	☐	☐	☐	☐	☐
Körperbau	☐	☐	☐	☐	☐	☐	☐
Eigenschaften	☐	☐	☐	☐	☐	☐	☐
Verwendung	☐	☐	☐	☐	☐	☐	☐
Auslauf	☐	☐	☐	☐	☐	☐	☐

2 Zu welchem Ergebnis seid ihr gekommen? Ergänzt euer Ergebnis in dem Brief.

Liebe Anna, lieber Jakob,

wir haben Informationen über viele Hunderassen gesammelt. Jetzt können wir euch endlich unser Ergebnis mitteilen. Folgende Hunderassen passen zu eurer Familie:

____

Nun müsst ihr selbst entscheiden. Viel Spaß bei der Auswahl.

Viele Grüße

Praxishandbuch Sprachbildung Biologie
Sprachsensibel unterrichten – Sprache fördern
ISBN 978-3-12-666852-1

UNTERRICHTSEINHEIT

Nutztiere beschreiben und präsentieren 5/6

Basiskonzept Struktur und Funktion
Übergreifende Kompetenz Erkenntnisgewinnung (Beschreiben, Beobachten)
Textsorte(npaar) Steckbrief und Eigenschaftsbeschreibung
Thema Nutztiere

fachliche Lernziele

- die Nutztiere Hausschwein, Hauspferd und Hausrind in fachsprachlichen Kategorien beschreiben

sprachliche Lernziele

- sich Fachwortschatz mithilfe von Worterklärungen aneignen und ihn anwenden
- fachliche Kategorien verbalisieren
- Stichwörter aus einem Steckbrief ausformulieren
- ein Nutztier (mündlich) beschreiben

In dieser Unterrichtseinheit lernen die SuS, Nutztiere anhand von Steckbriefen zu beschreiben. Im sprachlichen Fokus stehen die in Steckbriefen verwendeten fachsprachlichen Kategorien zur Beschreibung von Tieren (z.B. *Aussehen, Größe, Gewicht, Lebensweise*) und deren Verbalisierung (z.B. *Gewicht → wiegen, Ernährung → ernähren sich von, Abstammung → stammen von ab*), die für ausformulierte Eigenschaftsbeschreibungen notwendig sind.
In Klasse 5/6 müssen die SuS die fachsprachlichen Kategorien noch nicht selbst bilden, sondern sie nur verstehen und logisch anordnen. Dazu werden die Kategorien zunächst über die Aktivierung des Vorwissens zum Haushuhn eingeführt und später in den Steckbriefen zu den anderen Nutztieren vorgegeben. In den Steckbriefen finden sich fachliche Informationen zu den jeweiligen Kategorien, die viele themenspezifische Fachwörter enthalten (z.B. *die Rangordnung, die Herde, sich suhlen*), welche sich die SuS mithilfe von Worterklärungen eigenständig erschließen sollen.
Im nächsten Schritt geht es darum, die Kategorien zu verbalisieren. Anhand von Beispielsätzen erarbeiten sich die SuS die fachsprachlichen Formulierungen, mit denen sie die Stichpunkte aus den Steckbriefen ausformulieren können. Anschließend präsentieren sich die SuS gegenseitig ein Nutztier, indem sie die zuvor erarbeitete Fachsprache verwenden. Dabei werden der neue Fachwortschatz und die fachlichen Informationen durch einen Hörauftrag sowie einen Lückentext gesichert.

1 Ein Nutztier beschreiben

Das Vorwissen zum Thema Nutztiere aktivieren

In einem ersten Schritt soll das Vorwissen der SuS zum Beschreiben von Nutztieren aktiviert werden. Dazu zeigt die Lehrkraft das Foto von Haushuhn und -hahn auf KV 1 auf dem OHP und lässt die SuS zunächst benennen, um welches Nutztier es sich handelt.
Anschließend wird das Arbeitsblatt ausgeteilt. Der Abschnitt unterhalb der gestrichelten Linie enthält zusätzliche Informationen zur Differenzierung und sollte daher zunächst nach hinten gefaltet oder abgeschnitten werden. Auf der KV geht es darum, das Vorwissen zu aktivieren, mit welchen Informationen man Tiere beschreibt, und mit den SuS die zum Beschreiben notwendigen Kategorien zu erarbeiten. Die SuS erhalten dazu Leitfragen (z.B. *Wie sehen die Tiere aus? Wie groß sind die Tiere? Wovon stammen die Tiere ab?*). Diese sollten zunächst gemeinsam besprochen werden, um sicherzustellen, dass der Wortschatz allen SuS bekannt ist. Dann bearbeiten die SuS das Arbeitsblatt in Einzelarbeit. Die Fragen sollten die SuS nach Möglichkeit mit ihrem fachlichen Vorwissen zu Haushühnern beantworten. Danach ordnen die SuS den Leitfragen die passenden Kategorien zu. Falls notwendig, sollte die Lehrkraft zunächst mit den SuS klären, was Kategorien sind (→ Werkzeug Kategorien bilden, S.174).

Arbeitsblätter:

KV Nr.	Thema	Sozialform	Intention
1	Nutztiere	👥👥👥, 👤	Vorwissen aktivieren, Kategorien erarbeiten
2	Steckbriefe von Nutztieren	👥👥👥	Gruppenbildung, Wiederholung, Inhalte erarbeiten
3	Worterklärungen	👤	Fachwortschatz selbstständig erarbeiten
4	Nutztiere beschreiben	👤	Satzbausteine für die Eigenschaftsbeschreibung erarbeiten
5	Eigenschaften ausformulieren	👤	Bausteine zu einem kohärenten Text zusammenfügen
6	Redekarten	👤, 👥👥👥	inhaltliche und sprachliche Hilfe für die Präsentation erstellen
7	Hörauftrag	👥👥👥	Informationen und Schlüsselwörter aus einer Präsentation heraushören

Möglichkeit zur Differenzierung

Da das Wissen über Haushühner bei den SuS wahrscheinlich unterschiedlich ausgeprägt ist, enthält KV 1 zur Differenzierung einen Abschnitt mit den gesuchten Informationen, die die SuS den passenden Leitfragen nur zuordnen müssen. Die Lehrkraft kann diese je nach inhaltlichem und sprachlichem Vorwissen der SuS flexibel zur Unterstützung einsetzen.

2.1, 2.2 Steckbriefe von Nutztieren 👤 👥👥👥

Steckbriefe verstehen und erstellen

Auf KV 2 befinden sich Abschnitte von Steckbriefen zu den drei Nutztierarten Hausschwein, Hausrind und Hauspferd. Die Lehrkraft schneidet die einzelnen Abschnitte aus, mischt sie und verteilt sie an die SuS. Jede/r bekommt nur einen Abschnitt eines Steckbriefs. Nun sollen die SuS Dreiergruppen bilden, indem sich immer drei SuS zusammenschließen, deren Teilsteckbriefe einen vollständigen Steckbrief zu einem Nutztier bilden. Durch diese Art der Gruppenfindung werden die SuS erneut mit den zuvor erarbeiteten Kategorien für die Steckbriefe von Nutztieren konfrontiert. Die Mitglieder der gebildeten Gruppen sind Experten für die Kategorien auf ihrem Teilsteckbrief. Daher sollen sie sich zunächst selbstständig in Einzelarbeit den Inhalt ihrer Kategorien mithilfe von Worterklärungen (KV 3) erarbeiten. Abschnitt A enthält nur zwei Kategorien, die allerdings inhaltlich anspruchsvoller sind. Daher kann dieser Abschnitt auch gezielt leistungsstarken SuS gegeben werden.

Wenn die Anzahl der SuS sich nicht komplett in Dreiergruppen aufteilen lässt, können besonders leistungsstarke SuS zu zweit an einem Steckbrief arbeiten. Sie erhalten dann nach der Gruppeneinteilung noch Abschnitt A des Steckbriefes, von dem jeder noch eine weitere Kategorie bearbeitet und erklärt.

Nachdem die SuS sich in Einzelarbeit die Inhalte ihrer Kategorien erarbeitet haben, tragen sie die Informationen zu einem gemeinsamen Steckbrief zu ihrem Nutztier zusammen. Dabei sollen sich die SuS auch eine sinnvolle Reihenfolge der Kategorien (vom Allgemeinen zum Speziellen) überlegen. Je nach Vorkenntnissen der SuS im Umgang mit Steckbriefen ist es notwendig, zu wiederholen, wie Steckbriefe aufgebaut sind. Dazu kann die Übersicht Steckbrief (→ Werkzeug Steckbrief und Eigenschaftsbeschreibung, S. 182) ausgeteilt und ggf. gemeinsam besprochen werden. Diese kann auch als Vorlage für ein Tafelbild dienen.

3 Worterklärungen

Fachwortschatz selbstständig erarbeiten

Da in den Steckbriefen viele unbekannte und komplexe Fachwörter vorkommen, wird als Hilfestellung eine Liste mit Worterklärungen zur Verfügung gestellt. Diese sollte in mehrfacher Ausführung im Klassenraum für alle SuS zugänglich sein, sodass sie sie im Bedarfsfall selbstständig verwenden können. Erklärungsbedürftig sind vor allem

- zusammengesetzte Wörter (z. B. *die Rangordnung*, *die Rückenhöhe*): Diese werden im Erklärungstext in ihre Bestandteile zerlegt und durch Beispielsätze im Kontext erklärt. So werden den SuS exemplarisch Erschließungsstrategien präsentiert. Die Zerlegung der Komposita in ihre Bestandteile verdeutlicht den SuS außerdem implizit, dass der Artikel durch das jeweilige Grundwort bestimmt wird (Komposition → S. 10).
- abgeleitete Wörter (z. B. *die Fleischgewinnung*): Deren Struktur bzw. Bildung wird den SuS transparent gemacht, indem das Grundwort mit Vor- und Endsilben angegeben wird (Derivation → S. 12).

- einfache Fachwörter, die nicht aus dem Kontext erschlossen werden können: Dazu gehören Nomen (z. B. *die Mähne, die Herde*), aber auch Fachverben (z. B. *sich suhlen*). Diese Wörter werden anhand einer Definition erklärt. Manchmal kann es auch sinnvoll sein, das Verständnis durch Illustrationen zu unterstützen.

4.1, 4.2 Nutztiere beschreiben

Steckbriefe ausformulieren und Nutztiere präsentieren

Wenn die SuS einen Steckbrief formulieren, sollen sie natürlich nicht einfach die Kategorien und die passenden Informationen vorlesen, sondern vollständige Sätze formulieren und die entsprechende Fachsprache verwenden. Dazu sollen sich die SuS im nächsten Schritt die Redemittel erarbeiten, mit denen die Kategorien verbalisiert und vollständige Sätze gebildet werden können. Für manche SuS stellt gerade das mündliche Präsentieren vor der Klasse eine Herausforderung dar. Daher sollte dies sorgfältig vorbereitet werden (→ S. 35).

Die Tabelle auf KV 4 enthält die Kategorien aus dem Steckbrief sowie Fragen, die zu den Kategorien passen. Die SuS haben die Aufgabe, den Kategorien und Fragen passende Informationen zuzuordnen. Für jedes Nutztier sind fünf Sätze vorgegeben, die selbstständig den Kategorien zugeordnet werden sollen. Im Anschluss markieren die SuS in den Beispielsätzen die Satzbausteine, die sich auch für die Beschreibung von anderen (Nutz-)Tieren verwenden lassen.

Die Sicherung der Satzbausteine sollte gemeinsam stattfinden, um ggf. auftretende Schwierigkeiten zu besprechen und falsche Formulierungen zu vermeiden. Dazu ist es sinnvoll, ein Plakat mit den Kategorien, Satzbausteinen und Beispielsätzen anzufertigen. Dafür bietet die Übersicht „Tiere beschreiben" (→ S. 185 f.) eine Vorlage. Das Plakat kann natürlich auch um weitere Formulierungen ergänzt werden.

5 Eigenschaften ausformulieren

Die Präsentation schriftlich ausarbeiten

Je nach sprachlichem Leistungsniveau der SuS kann zur weiteren Vorbereitung der Präsentation unterschiedlich vorgegangen werden. Während für sprachstarke SuS das im Klassenzimmer aufgehängte Lernplakat mit den Formulierungshilfen ausreicht, an dem sie sich bei Bedarf orientieren können, sollten SuS mit sprachlichen Herausforderungen die korrekte Anwendung der Formulierungen mehrfach üben und so automatisieren. Für sie ist es hilfreich, den Steckbrief zunächst komplett schriftlich auszuformulieren und nach einer sprachlichen Kontrolle durch die Lehrkraft mehrfach zu lesen. So können sie sich die Formulierungen korrekt einprägen. Hierbei kann KV 5 unterstützen. Um zu verhindern, dass die SuS die zuvor erarbeiteten einzelnen Sätze bzw. Satzbausteine zu ihrem Nutztier einfach aneinanderreihen, enthält die KV Hinweise, wie ein kohärenter Text erstellt wird: Anstatt immer wieder das Subjekt (*Hauspferde, Hausschweine …*) zu wiederholen, sollen die SuS Pronomen verwenden. Außerdem werden sie zur Verwendung von Satzverknüpfern wie *außerdem, zudem, des Weiteren, darüber hinaus, weiterhin* angeregt. Hierbei ist besonders auf die Inversion, d. h. auf die Änderung der Satzstellung zu achten (*Hauspferde fressen Heu → Zudem fressen Hauspferde Heu*).

6 Redekarten

Die Präsentation vorbereiten

Für die Präsentation können sich die SuS nach den Beispielen auf KV 6 Redekarten erstellen. Dazu kann die Lehrkraft KV 6 auf dickeres Papier kopieren oder kleine Karteikarten austeilen. Auf diesen dürfen die SuS sich inhaltliche Stichpunkte, wichtige Formulierungen, aber auch ganze Sätze, mit denen sie Schwierigkeiten haben, notieren. Die SuS schreiben inhaltliche Stichpunkte auf die Vorderseite und die passenden Redemittel auf die Rückseite. Wenn die SuS bei der Formulierung unsicher sind, können sie die Karte umdrehen und haben eine Formulierungshilfe. Für manche SuS kann eine zweiseitige Redekarte allerdings eine zusätzliche Herausforderung darstellen, da auf dieser Inhalt sowie sprachliches Gerüst getrennt voneinander stehen. Wenn sie sich sehr auf die Sprache konzentrieren müssen, kann es vorkommen, dass sie durch das Umdrehen der Karte zwar die sprachliche Hilfe haben, allerdings den Inhalt vergessen haben und wieder drehen müssen. Diese SuS können die inhaltlichen Informationen und die sprachlichen Hilfen auf eine Seite schreiben.

Nachdem die SuS sich eigene Redekarten angefertigt haben, können sie ihre Präsentation mit einem Partner oder in Kleingruppen üben. Auch dies trägt dazu bei, dass die Formulierungen automatisiert werden. Wichtig ist, die SuS darauf hinzuweisen, dass die Redekarten vor der Präsentation in die richtige Reihenfolge gebracht werden müssen.

7 Hörauftrag

Ein Nutztier präsentieren; Informationen in einer Präsentation identifizieren

Nachdem die Präsentationen vorbereitet wurden, präsentieren sich die SuS in Dreiergruppen die Nutztiere. Jede Dreiergruppe besteht aus je einem Lernenden mit dem Nutztier Hausschwein, Hauspferd und Hausrind. Die SuS sind Experten für ihre Nutztiere und stehen für Fragen und Erklärungen zur Verfügung. SuS mit sprachlichen Herausforderungen können für die Präsentation natürlich die zuvor erstellten Redekarten verwenden.

Während der erste Lernende sein Tier vorstellt, hören die anderen aufmerksam zu und füllen den Lückentext zu dem präsentierten Nutztier auf KV 7 aus. Bei dem Lückentext handelt es sich um einen Steckbrief. Durch die Lücken wird die Aufmerksamkeit der SuS beim Zuhören besonders auf wichtige Fachwörter und die Verbalisierung der Kategorien gelenkt. Daher fehlen im Steckbrief

- *Kategorien:* Diese müssen von den SuS mithilfe ihres bereits erworbenen Wissens ergänzt werden. Sie kommen in den Präsentationen nur in verbalisierter Form vor.
- *komplette Fachwörter oder Teile von Fachwörtern:* Die SuS werden dazu angehalten, bei unbekannten Fachwörtern nachzufragen und um eine Erklärung zu bitten.
- *inhaltliche Informationen:* Um diese herauszuhören, müssen die SuS besonders auf die Verbalisierungen der Kategorien, bei denen die Informationen fehlen, achten.

Nach jeder Präsentation sollte Zeit sein, um Fragen zu stellen und um Erklärungen zu bitten, um noch leere Lücken auszufüllen.

Neben der Sicherung der Inhalte bietet ein Hörauftrag auch den Vorteil, dass die SuS, die der Präsentation zuhören, wirklich aufmerksam sein müssen, um die Informationen herauszuhören. Darüber hinaus ist es gerade für SuS mit anderen Muttersprachen wichtig, das Hörverstehen gezielt durch Übungen zu schulen.

Nutztiere

1 Sieh dir das Foto an. Wie heißt dieses Nutztier?

2 Beschreibe das Tier. Beantworte dazu die Fragen in den Kästchen.

3 Ordne den Fragen jeweils die passende Kategorie zu:

Gewicht, Aussehen, Haltung, Größe, Abstammung, Ernährung, Nutzung, Lebensweise

Wie sehen die Tiere aus?

....

....

Kategorie: ....

Wie groß sind die Tiere?

....

....

Kategorie: ....

Wie schwer sind die Tiere?

....

....

Kategorie: ....

Wovon stammen die Tiere ab?

....

....

Kategorie: ....

Wie leben die Tiere?

....

....

Kategorie: ....

Was nutzt der Mensch von den Tieren?

....

....

Kategorie: ....

Wo hält der Mensch die Tiere?

....

....

Kategorie: ....

Wovon ernähren sich die Tiere?

....

....

Kategorie: ....

Stall, Wiese	1,5 bis 5,5 kg schwer	Fleisch, Eier
30 bis 40 cm groß	leben in Hühnerschar, scharren auf dem Boden nach Futter	
asiatisches Bankivahuhn	Würmer, Insekten, Samen, Körner	
Hahn: prächtiges buntes Gefieder, lange Schwanzfedern, großer roter Kamm Henne: weißes, braunes und/oder schwarzes Gefieder, roter Kamm		

Praxishandbuch Sprachbildung Biologie
Sprachsensibel unterrichten – Sprache fördern
ISBN 978-3-12-666852-1

Steckbriefe von Nutztieren

Das Hausschwein (A)

Aussehen: oft rosafarbige Haut, auch schwarze oder gescheckte Haut, Ringelschwanz, Borstenhaare

Lebensweise: Rotten mit Rangordnung, durchwühlen die Erde, suhlen sich auf dem Boden

Das Hausschwein (B)

Größe: bis zu 120 cm Rückenhöhe

Nutzung: Fleischgewinnung

Abstammung: Wildschwein

Das Hausschwein (C)

Haltung: Stall, Weide

Ernährung: pflanzliche und tierische Nahrung wie Wurzeln, Gras, Kleintiere

Gewicht: bis zu 350 kg

Das Hauspferd (A)

Aussehen: langer Hals, Mähne, Fell in verschiedenen Farben (z. B. braun, schwarz, weiß, rötlich), auch gechecktes Fell

Lebensweise: Herden mit Rangordnung

Praxishandbuch Sprachbildung Biologie
Sprachsensibel unterrichten – Sprache fördern
ISBN 978-3-12-666852-1

Das Hauspferd (B)

Größe: bis zu 200 cm Rückenhöhe

Nutzung: Reittier, Zugtier und Lasttier, selten Fleischgewinnung

Abstammung: Wildpferd

Das Hauspferd (C)

Haltung: Stall, Weide

Ernährung: pflanzliche Nahrung, wie Gras, Heu, Stroh, Hafer, Karotten

Gewicht: bis zu 1000 kg

Das Hausrind (A)

Aussehen: Fell in verschiedenen Farben (z. B. braun, weiß, schwarz), auch geschecktes Fell, Euter zwischen den Hinterbeinen der Kuh

Lebensweise: Herden mit Rangordnung

Das Hausrind (B)

Größe: bis zu 145 cm Rückenhöhe

Nutzung: Milchgewinnung, Fleischgewinnung, Leder (aus der Haut)

Abstammung: Auerochse

Das Hausrind (C)

Haltung: Stall, Weide

Ernährung: pflanzliche Nahrung wie Gras, Heu

Gewicht: bis zu 1200 kg

ISBN 978-3-12-666852-1

Worterklärungen

die **Rangordnung**, Plural: die Rangordnungen
der Rang + die Ordnung (ordn~~en~~ + ung)
Eine *Rangordnung* ordnet die Tiere nach ihrem Rang, also nach ihrer Stellung in einer Gruppe (z. B. Herde, Rotte). Starke oder alte, erfahrene Tiere haben oft einen höheren Rang als andere Tiere.

durchwühlen (durchwühlte, durchgewühlt)
etwas absuchen oder genau durchsuchen
Tiere *durchwühlen* den Boden, um nach Nahrung zu suchen.

das **Euter**, Plural: die Euter
Mit dem *Euter* gibt das weibliche Rind (die Kuh) Milch.
Das Euter hat Zitzen, aus denen die Milch kommt.

die **Herde**, Plural: die Herden
Mehrere Tiere (z. B. Pferde oder Rinder) leben in einer Gruppe zusammen.

das **Borstenhaar**, Plural: die Borstenhaare
die Borste + das Haar
Die Haare sind dick, hart und steif. Auch ein Pinsel hat Borsten.

das **Lasttier**, Plural: die Lasttiere
die Last + das Tier
Ein *Lasttier* trägt ein hohes Gewicht, z. B. einen schweren Sack oder einen Holzstamm.

die **Mähne**, Plural: die Mähnen
das lange und dichte Nackenhaar von Tieren

das **Heu** (kein Plural)
getrocknetes Gras

der **Ringelschwanz**, Plural: die Ringelschwänze
ringel~~n~~ + der Schwanz
Der Schwanz ist geringelt. Der Schwanz hat die Form von einem Ring.

die **Rotte**, Plural: die Rotten
eine große Gruppe von Schweinen

die **Rückenhöhe**, Plural: die Rückenhöhen
der Rücken + die Höhe
die *Höhe* eines Tieres bis zum *Rücken*

sich suhlen (suhlte, gesuhlt)
sich auf schlammigem Boden hin und her drehen, sich auf dem Boden wälzen
Schweine *suhlen sich* im Schlamm, um sich vor Insektenstichen zu schützen oder um sich abzukühlen.

das **Stroh** (kein Plural)
Als *Stroh* bezeichnet man getrocknete Halme von Getreide. *Stroh* verwendet man als Futter für Tiere. Im Stall liegt oft *Stroh* auf dem Boden.

die **Weide**, Plural: die Weiden
eine Wiese, auf der Tiere Gras fressen
Die *Weide* wird von Landwirten genutzt, um dort Tiere (z. B. Rinder, Pferde) zu halten.

das **Zugtier**, Plural: die Zugtiere
der Zug + das Tier
Ein *Zugtier* ist ein Tier, das ein großes Gewicht zieht, z. B. eine Kutsche oder Baumstämme.

gescheckt
gefleckt
Ponys haben oft ein gescheckte Fell.

die **Fleischgewinnung** (kein Plural)
das Fleisch + die Gewinnung (gewinn~~en~~ + ung)
Rinder und Schweine dienen der Fleischgewinnung. Der Mensch isst das Fleisch der Tiere.

Praxishandbuch Sprachbildung Biologie
Sprachsensibel unterrichten – Sprache fördern
ISBN 978-3-12-666852-1

Nutztiere beschreiben

Kategorie im Steckbrief	Frage	Beispielsatz
Aussehen	Wie sehen die Tiere aus? / Woran erkennt man die Tiere? Welche Farbe hat das Fell/die Haut der Tiere?	
Größe	Welche Rückenhöhe erreichen die Tiere? Wie groß sind die Tiere?	
Gewicht	Wie viel wiegen die Tiere? Wie schwer sind die Tiere?	
Lebensweise	Wie leben die Tiere?	
Haltung	Wo hält der Mensch die Tiere?	Der Mensch hält Hausschweine im Stall oder auf der Weide.
Ernährung	Wovon ernähren sich die Tiere? Was fressen die Tiere?	
Nutzung	Wie nutzt der Mensch die Tiere? Was nutzt der Mensch von den Tieren? Wozu dienen die Tiere? Was stellt man aus den Tieren her?	
Abstammung	Wovon stammen die Tiere ab?	

ISBN 978-3-12-666852-1

1 Ordne die Sätze den Kategorien und den Fragen in der Tabelle zu.

~~Der Mensch hält Hausschweine im Stall oder auf der Weide.~~
Der Mensch nutzt Hauspferde als Reittiere, als Lasttiere und als Zugtiere.
Hauspferde wiegen bis zu 1000 kg.
Hausrinder erreichen eine Rückenhöhe von bis zu 145 cm.
Hausschweine stammen vom Wildschwein ab.
Hauspferde leben in Herden mit Rangordnung.
Hauspferde erkennt man an ihrem langen Hals und der Mähne.
Hausschweine ernähren sich von pflanzlicher Nahrung und tierischer Nahrung.
Hausschweine besitzen oft eine rosafarbige Haut mit Borstenhaaren.
Hausschweine dienen dem Menschen zur Fleischgewinnung.
Hausrinder fressen pflanzliche Nahrung wie Gras und Heu.
Der Mensch nutzt vom Hausrind die Milch.
Man stellt aus der Haut der Hausrinder Leder her.
Hausrinder werden bis zu 1200 kg schwer.
Hauspferde werden bis zu 200 cm groß.

2 In den Sätzen findest du Satzbausteine, die du auch für die Beschreibung von anderen Tierarten verwenden kannst. Unterstreiche diese Satzbausteine in der Tabelle. Beispiele:

Hauspferde wiegen bis zu 1000 kg.
Mit den unterstrichenen Wörtern kannst du z. B. auch das Gewicht von Hausschweinen beschreiben:
Hausschweine wiegen bis zu 350 kg.

Hausschweine ernähren sich von pflanzlicher und tierischer Nahrung.
Mit den unterstrichenen Wortern kannst du z. B. auch die Ernährung von Hauspferden beschreiben:
Hauspferde ernähren sich von pflanzlicher Nahrung wie Gras, Heu und Stroh.

Praxishandbuch Sprachbildung Biologie
Sprachsensibel unterrichten – Sprache fördern
ISBN 978-3-12-666852-1

Eigenschaften ausformulieren

Beschreibe dein Nutztier mit den Satzbausteinen von AB 4. Alle Informationen aus dem Steckbrief müssen enthalten sein.

	Ich beschreibe euch das Nutztier ....
Aussehen	....
Größe	....
Gewicht	....
Lebensweise	....
Haltung	....
Ernährung	....
Nutzung	....
Abstammung	....

Achte beim Schreiben darauf, dass die Sätze nicht immer gleich anfangen oder gleich aufgebaut sind.

- **Verwende Pronomen!**

Haushühner erreichen eine Größe von 30 bis 40 cm. Sie werden 1,5 bis 5,5 kg schwer.

- **Verwende Satzverknüpfer!**

Wenn es zu einem Thema mehrere Informationen gibt, verbinde die einzelnen Sätze miteinander.
Verwende diese Wörter: *außerdem, zudem, des Weiteren, darüber hinaus, weiterhin*
Achtung: Beachte die Satzstellung!

Beispiel:
Der Mensch nutzt vom Huhn das Fleisch.
Außerdem nutzt der Mensch die Eier.

Praxishandbuch Sprachbildung Biologie
Sprachsensibel unterrichten – Sprache fördern
ISBN 978-3-12-666852-1

Redekarten

1 Sieh dir diese Redekarten an.

Redekarten helfen dir, bei deiner Präsentation nicht den Faden zu verlieren. Auf die Vorderseite schreibst du die Informationen zu dem Tier. Auf die Rückseite kannst du wichtige Wörter und Redewendungen schreiben.

Vorderseite	Rückseite
Größe: bis zu 110 cm Rückenhöhe	... erreichen eine Rückenhöhe von ... ... werden bis zu ... groß.
Ernährung: pflanzliche Nahrung wie Gras, Heu	... fressen ... ... ernähren sich von ...

2 Schreibe Redekarten für deine Präsentation. Bringe sie in die richtige Reihenfolge.

Praxishandbuch Sprachbildung Biologie
Sprachsensibel unterrichten – Sprache fördern
ISBN 978-3-12-666852-1

Hörauftrag

Dein Gruppenmitglied präsentiert dir nun sein Nutztier. Höre aufmerksam zu und ergänze die fehlenden Wörter. Wenn du ein Wort nicht kennst oder nicht verstehst, frage nach. Dein Gruppenmitglied ist Experte für sein Nutztier.

Das Hauschwein

Aussehen:	oft .... farbige, schwarze oder gescheckte Haut, Ringelschwanz, Borstenhaare
............:	bis zu 120 cm Rückenhöhe
Gewicht:	bis zu .... kg
Lebensweise:	.... mit Rangordnung, durchwühlen den Boden, suhlen sich auf dem Boden
............:	pflanzliche und .... Nahrung wie Wurzeln, Gras, Kleintiere
Haltung:	Stall, Weide
............:	Fleischgewinnung
Abstammung:	............schwein

Das Hauspferd

Aussehen:	Kopf mit langer ...., langer Hals, Fell in verschiedenen Farben z. B. ...., schwarz, weiß, rötlich, auch geschecktes Fell
............:	bis zu 200 cm Rückenhöhe
Gewicht:	bis zu .... kg
............:	Herden mit ....
Ernährung:	pflanzliche Nahrung wie Gras, ... , Stroh, Karotten
Haltung:	Stall, Weide
Nutzung:	Reittier, Zugtier und ....tier, selten Fleischgewinnung
............:	Wildpferd

Das Hausrind

Aussehen:	Fell in verschiedenen Farben (z. B. ...., weiß, schwarz), auch geschecktes Fell, ... zwischen den Hinterbeinen weiblicher Rinder
Größe:	bis zu .... cm Rückenhöhe
............:	bis zu .... kg
Lebensweise:	.... mit Rangordnung
............:	pflanzliche Nahrung wie Gras, Heu
Haltung:	Stall, ...
Nutzung:	............gewinnung, Fleischgewinnung, Leder (aus der Haut)
............:	Auerochse

Praxishandbuch Sprachbildung Biologie
Sprachsensibel unterrichten – Sprache fördern
ISBN 978-3-12-666852-1

Tabellen und Vergleichstexte

Vergleichen ist eine für den Biologieunterricht grundlegende Kompetenz, die der Erkenntnisgewinnung dient. Beim Vergleichen werden Gemeinsamkeiten, Ähnlichkeiten und Unterschiede zwischen zwei oder mehreren Vergleichsobjekten beschrieben. Das Vergleichen baut auf dem Beschreiben von Eigenschaften und Prozessen auf. Ziel des kriteriengeleiteten Vergleichens ist das Ordnen, d.h. das Zusammenfassen von Objekten zu bestimmten Klassen oder Kategorien.

Darstellungsformen

Mögliche Darstellungsformen des Vergleichens sind Tabellen oder zusammenhängende Vergleichstexte. Beide Darstellungsformen können auch miteinander kombiniert werden: So stellt ein vergleichender Lehrbuchtext oft die Basis für einen tabellarischen Vergleich dar und die Tabelle dient als Grundlage für das Verfassen eines Vergleichstexts. Die verschiedenen Darstellungsformen haben eine wichtige kognitive Funktion: Der tabellarische Vergleich systematisiert die Informationen zu den Vergleichsobjekten hinsichtlich der Vergleichskategorien. Einen Vergleichstext zu formulieren, regt die SuS dazu an, fachliche Schlussfolgerungen aus dem Vergleich zu ziehen, weil Gemeinsamkeiten und Unterschiede sprachlich präzise dargestellt werden müssen.

Sprachliche Anforderungen

Um eine **Vergleichstabelle** zu erstellen, müssen zunächst die relevanten Informationen in einem beschreibenden oder vergleichenden Text identifiziert werden. Wenn die Vergleichsobjekte sowie die Vergleichskategorien nicht vorgegeben sind, müssen die SuS diese selbst aus der Informationsquelle ableiten. Das ist anspruchsvoll, da sie meist nicht direkt als Nomen im Text stehen, sondern mithilfe von Wortbildungsverfahren gebildet werden müssen. So stellt neben der Identifikation der Vergleichskategorien vor allem das eigenständige Bilden der Vergleichskategorien hohe kognitive und sprachliche Anforderungen an die SuS. Die Vergleichskategorien sind elementar für das kriteriengeleitete Vergleichen, da sie dessen Ziel und Ergebnis bestimmen. Umso wichtiger ist es, die SuS zur eigenständigen Bildung von Vergleichskategorien zu befähigen und ihnen entsprechende Wortbildungskompetenzen zu vermitteln (→ Werkzeug Kategorien bilden, S. 174). Zudem müssen die zu den Vergleichskategorien passenden Informationen im Text identifiziert und in Form von Stichpunkten in der Tabelle notiert werden.

Um einen **Vergleichstext** zu erstellen, müssen den SuS zunächst Zweck und Aufbau der Textsorte bekannt sein. In Vergleichstexten werden außerdem bestimmte Formulierungen verwendet, um Gemeinsamkeiten und Unterschiede auszudrücken. Dass die SuS diese kennen und sie auch richtig verwenden, kann nicht vorausgesetzt werden. Sie müssen als Teil der biologischen Fachsprache im Unterricht erarbeitet werden. Typische Formulierungen, um Gemeinsamkeiten auszudrücken, sind z.B. mehrteilige Konjunktionen (*sowohl ... als auch ..., nicht nur ..., sondern auch ...*), Adverbien (*ebenfalls*) oder die Konjunktion *wie* (*wie, genauso wie, so wie*). Um Unterschiede auszudrücken, werden vor allem adversative Adverbien (*dagegen, jedoch, demgegenüber*), die Konjunktion *während* oder Ausdrücke mit Präposition (*im Vergleich/ Gegensatz/Unterschied zu*) verwendet. Solche Formulierungen zu trainieren, trägt enorm zum fachlichen Verständnis bei, da die SuS mit ihrer Hilfe Zusammenhänge erst verstehen können (→ Werkzeug Vergleichstext, S. 189).

Eine Herausforderung beim Verfassen eines Vergleichstexts stellt oft auch das Ausformulieren der Vergleichskategorien dar: Diese werden in Vergleichstexten oft nicht mehr als Nomen (z.B. *Bestandteile, Größe*), sondern in Form von Verben (z.B. *bestehen aus, enthalten*) und Adjektiven (z.B. *groß*) verwendet. Wenn Eigenschaften wie z.B. die Größe verglichen werden, müssen Steigerungsformen von Adjektiven verwendet werden. Mit dem Komparativ bzw. dem Superlativ kann ausgedrückt werden, dass bestimmte Merkmale bei den Vergleichsobjekten in unterschiedlicher Ausprägung vorhanden sind (z.B. Komparativ: *Die Vakuolen sind größer als die Chloroplasten.* Superlativ: *Die Vakuolen sind am größten*). Die Bildung der Steigerungsformen ist bei einigen Adjektiven unregelmäßig, sodass die SuS zur korrekten Bildung Unterstützung benötigen. Allerdings findet der Vergleich unterschiedlicher Merkmalsausprägungen in der Biologie selten statt, da die meisten Vergleiche sich darauf beziehen, ob ein Merkmal vorhanden ist oder nicht.

Progression

Aufgrund der Fülle der sprachlichen Anforderungen ist es sinnvoll, die sprachlichen Kompetenzen bei den SuS systematisch und progressiv zu fördern. So bietet

sich in den Jahrgangsstufen 5/6 die Konzentration auf den tabellarischen Vergleich an. Im Fokus kann die Einführung der Textsorte Tabelle sowie die Informationsentnahme aus vergleichenden und beschreibenden Fachtexten stehen. Dabei sollten die SuS durch die Vorgabe der Vergleichsobjekte und Vergleichskategorien entlastet werden.

In den Jahrgangsstufen 7/8 kann die Kompetenz zur eigenständigen Identifikation der Vergleichskategorien aufgebaut werden. Dazu bietet es sich an, zunächst Texte zu verwenden, in denen die Vergleichskategorien bereits als Nomen im Text vorkommen. Zudem sollte die Kompetenz zum Verfassen eines Vergleichstextes angebahnt werden. Dazu kann zunächst der Aufbau eines Vergleichstextes besprochen werden. Auch sollten schrittweise typische Formulierungen eingeführt werden, um Gemeinsamkeiten und Unterschiede auszudrücken. Da gerade die Formulierungen für Unterschiede komplex sind, sollten zunächst nur einige Adverbien sowie Ausdrücke mit Präposition eingeführt werden.

In den Jahrgangsstufen 9/10 wird die Kompetenz zum Verfassen von Vergleichstexten vertieft. So können hier weitere Redemittel wie die adversative Konjunktion *während* eingeführt werden. Im Mittelpunkt sollte nun vor allem die eigenständige Bildung von Vergleichskategorien stehen.

UNTERRICHTSEINHEIT

Vergleich von Pflanzen- und Tierzellen 7/8

Basiskonzept Struktur und Funktion
Übergreifende Kompetenz Erkenntnisgewinnung (Vergleichen und Ordnen)
Textsorte(npaar) Tabellarischer Vergleich, (mündlicher und schriftlicher) Vergleichstext
Themen Pflanzen- und Tierzellen

fachliche Lernziele

- die Bestandteile von Pflanzen- und Tierzellen benennen und in einem Schaubild zuordnen
- die Funktionen der Bestandteile von Pflanzen- und Tierzellen benennen und vergleichen

sprachliche Lernziele

- sich die Bestandteile von Pflanzen- und Tierzellen und deren Funktionen aus zwei beschreibenden Texten mithilfe von Schlüsselwörtern lesend erschließen
- die Bestandteile und Funktionen von Pflanzen- und Tierzellen unter Verwendung der Fachsprache und unter Angabe von Formulierungshilfen mündlich vergleichen
- einen fachsprachlichen Vergleichstext zu Pflanzen- und Tierzellen verfassen und überarbeiten

Die Unterrichtseinheit im Überblick

In dieser Unterrichtseinheit sollen die SuS dabei unterstützt werden, Informationen aus beschreibenden Texten in eine Vergleichstabelle einzutragen, diese auszuwerten und Gemeinsamkeiten und Unterschiede mit den passenden Formulierungen in einem Vergleichstext darzustellen.
Die Identifikation der Vergleichskategorien – hier die Bestandteile der Pflanzen- und Tierzelle – wird vorentlastet, indem die SuS zwei Abbildungen von Zellen beschreiben und die Zellart identifizieren sollen. Hierbei können die SuS an ihr fachliches und sprachliches Vorwissen aus den Jahrgangsstufen 5/6 anknüpfen und ggf. schon einige Bestandteile benennen.
Die SuS identifizieren die Bestandteile der Zellen anhand von vorgegebenen Schlüsselwörtern in zwei beschreibenden Texten zur Pflanzen- und Tierzelle. Die Texte liegen zur Differenzierung in zwei unterschiedlichen sprachlichen Schwierigkeitsgraden vor; außerdem hilft eine Wortliste bei der selbstständigen Erschließung der Texte. Die SuS beschriften zunächst anhand der Informationen aus dem Text die Abbildungen der Zellen. In einem zweiten Lesedurchgang tragen die SuS die Bestandteile und ihre Funktionen in eine Tabelle ein. Auch für diese Aufgabe werden Schlüsselwörter als Hilfe vorgegeben. Bei den Schlüsselwörtern handelt es sich meist um Fachverben, die typischerweise verwendet werden, um Bestandteile (Verben wie *enthalten* oder *bestehen aus*) und deren Funktionen (z. B. *dienen zu*, *die Funktion haben*) zu benennen. Diese werden zur Beschreibung von Aufbau, Struktur und Funktionen in der Biologie immer wieder verwendet und stellen für die SuS so ein wertvolles Werkzeug zur Texterschließung dar.
Anschließend geht es darum, aus den Informationen in der Vergleichstabelle einen Vergleichstext zu erstellen. Bei dieser anspruchsvollen Aufgabe kann das Werkzeug Vergleichstext (→ S. 189) zuhilfe genommen werden. Vorgegebene Arbeitsschritte leiten die SuS zu einem methodischen Vorgehen an: Gemeinsamkeiten und Unterschiede werden zunächst farblich markiert, um die Orientierung zu erleichtern. Dann werden Formulierungen für Vergleiche zunächst mündlich erprobt, bevor die SuS einen schriftlichen Vergleichstext erstellen. Dieser wird in Partnerarbeit und anhand eines Mustertextes korrigiert und überarbeitet.

1 Worum geht es heute?
Vorwissen aktivieren
Zum Einstieg in die Unterrichtseinheit präsentiert die Lehrkraft jeweils eine Abbildung einer Pflanzen- und einer Tierzelle als stummen Impuls. Anhand der Abbildungen sollen die SuS ermitteln, um welches Thema es in der Unterrichtseinheit geht. Wenn die SuS das Thema Zellen schon in der 5./6. Klasse behandelt haben, sollten sie erkennen, dass es sich bei den Bildern um Zellen handelt. Idealerweise können die SuS auch schon angeben, dass es sich bei den

Arbeitsblätter

KV Nr.	Thema	Sozialform	Intention
1	Worum geht es heute?	👤👤👤	fachliches und sprachliches Vorwissen zu Zellen aktivieren
2/2*	Bestandteile von Pflanzen- und Tierzellen	👤	Bestandteile und Funktionen in einem beschreibenden Text identifizieren und in einer Tabelle darstellen
3	Wortliste „Bestandteile von Pflanzen- und Tierzellen"		Den Fachwortschatz mithilfe von Definitionen und Beispielen erschließen
4	Funktionen der Bestandteile	👤	Den Bestandteilen ihre Funktion zuordnen
5	Vergleich von Pflanzen- und Tierzellen	👤, 👤👤	Einen Vergleichstext verfassen und überarbeiten
6	Mustertext	👤	Einen Text mithilfe eines Mustertextes überarbeiten

Abbildungen um eine Pflanzen- und eine Tierzelle handelt. Im Anschluss formulieren die SuS in eigenen Worten, welche Unterschiede sie bei den beiden Zellen erkennen, dabei können sie ggf. auch schon Bestandteile beider Zellen benennen. Diese Einführung ist aus zwei Gründen empfehlenswert:

- Die SuS können neues fachliches und sprachliches Wissen mit ihrem Vorwissen verknüpfen (kognitive Funktion).
- Die Lehrkraft kann die in der Klasse vorhandenen fachlichen und sprachlichen Vorkenntnisse feststellen (diagnostische Funktion).

Im Sinne der Lernstandsanalyse des Scaffolding (→ S. 37) sollte der sprachliche Schwerpunkt der Unterrichtseinheit etwas über dem aktuellen Sprachstand der SuS liegen.

2 und 2* Bestandteile von Pflanzen- und Tierzelle 👤

Bestandteile und Funktionen im Text identifizieren und in einer Tabelle darstellen

Um den Textzugang für alle SuS zu erleichtern, wurden die Texte auf KV 2/KV 2* in zwei Schwierigkeitsstufen gestaltet: Sprachlich stärkere SuS bearbeiten KV 2, sprachlich schwächere SuS KV 2*. Dieses Vorgehen empfiehlt sich besonders dann, wenn das Lösen der anschließenden Aufgaben ein detaillierteres Textverständnis erfordert.

Der Text auf KV 2* wurde folgendermaßen entlastet:

- Nomen werden nicht durch Pronomen ersetzt.
- Satzstrukturen enthalten keine Relativsätze.

  KV 2: *Die Pflanzenzelle wird von einer Zellwand, die überwiegend aus Zellulose besteht, nach außen abgegrenzt.*
  KV 2*: *Die Pflanzenzelle wird von einer Zellwand nach außen abgegrenzt. Die Zellwand besteht überwiegend aus Zellulose.*

- Fachwörter und Wörter, die die SuS aus der Alltagssprache kaum kennen, sind unterstrichen und werden in einer Wortliste (KV 3) erklärt.
  Die Zellwand besteht überwiegend aus Zellulose.
  Statt *besteht … aus* würde man in diesem Fall alltagssprachlich eher *ist … aus* verwenden.

In den beschreibenden Texten zur Pflanzen- und Tierzelle sollen die SuS die Bestandteile der Zellen (Vergleichskategorien) sowie deren Funktionen (zu den Vergleichskategorien gehörende Informationen) identifizieren. Dazu lesen sie die Texte zweimal, wobei jeweils unterschiedliche Lesetechniken angewandt werden. Beim ersten Lesevorgang geht es darum, die Bestandteile beider Zellen im Text zu finden und einzukreisen. Hierfür ist es nicht notwendig, dass die SuS jedes Detail des Textes verstehen (suchendes Lesen → S. 29). Die Identifikation der Bestandteile wird dadurch erleichtert, dass diese schon in verwendbarer Form in den Texten vorkommen, d.h. die SuS keine Wortbildungsverfahren anwenden müssen. Außerdem werden die SuS angeleitet, nach bestimmten Fachverben im Text zu suchen, die häufig Schlüsselwörter für die Benennung von Bestandteilen sind (z. B. *enthalten, bestehen aus*). Dann sollen die Bestandteile den Abbildungen auf dem Arbeitsblatt zugeordnet werden.

Möglichkeit zur Differenzierung

Die Bestandteile können auch im Vorfeld durch die Lehrkraft in den Texten markiert werden, sodass die SuS wissen, welche Begriffe sie in die Abbildungen eintragen müssen.

3 Wortliste

Wortschatz selbstständig erschließen

Die Wortliste auf KV 3 enthält selten verwendete Wörter der Alltagssprache und Fachwörter aus den Texten

von KV 2/KV 2*. Die Reihenfolge der Wörter in der Wortliste entspricht ihrem Vorkommen im Text von KV 2*. Die Lehrkraft kann die Wortliste selbstverständlich – gemeinsam mit den SuS – ergänzen.
Wortlisten können im Gegensatz zu Glossaren (→ S. 18) auch Wörter enthalten, die keine Fachwörter sind. Das ist empfehlenswert, da Fachlehrkräfte gewohnt sind, Fachbegriffe ohnehin einzuführen und zu erklären, selten verwendete Begriffe der Alltagssprache aber oft als bekannt voraussetzen.
Eine Wortliste sollte folgende Informationen enthalten:

- Nomen sollten in Wortlisten grundsätzlich mit Artikel und Plural aufgeführt werden.
- Bei Verben sollten unregelmäßige und komplizierte Formen (z. B. *besteht – bestand – hat bestanden*) angegeben werden.
- Trennbare Verben sollten markiert (*auf/lösen*) sein.
- Mit dem Verb verwendete Präpositionen sollten ggf. mit nachfolgendem Kasus (*bestehen aus* + Dativ) angegeben werden.

Worterklärungen können folgendermaßen gestaltet werden:

- Angabe eines Synonyms (z. B. *überwiegend – vor allem*),
- allgemeinsprachliche Verben für Fachverben im Satzkontext (*sich befinden – In der Zellwand sind kleine Poren*),
- Erklärungen durch Beispiele aus dem Alltagskontext (*zähflüssig – weder flüssig noch fest, wie Haargel*)

Wenn die SuS zum ersten Mal mit einer solchen Wortliste arbeiten, ist es empfehlenswert, gemeinsam die Bedeutung der einzelnen Informationen anhand von Beispielen zu besprechen.

4.1, 4.2 Funktionen der Bestandteile

Den Bestandteilen ihre Funktion zuordnen

Die SuS erhalten nun die Aufgabe, Bestandteile und Funktionen der beiden Zellen in eine Tabelle einzutragen. Falls die Textsorte noch nicht bekannt ist, sollte zur Einführung im Unterrichtsgespräch erarbeitet werden, wie eine Vergleichstabelle aufgebaut ist und warum sie sich besonders gut eignet, um Objekte miteinander zu vergleichen. Die Übersicht Tabellarischer Vergleich (→ S. 188) kann hierbei als Vorlage für das Tafelbild dienen.
Die SuS übertragen zunächst die herausgearbeiteten Bestandteile der Tier- und der Pflanzenzelle von KV 2 jeweils in eine vorgegebene Tabelle. Eine vergleichende Darstellung der Bestandteile und Funktionen beider Zellen innerhalb einer Tabelle wäre sehr komplex und unübersichtlich und wird daher nicht gefordert. Dann werden den Bestandteilen ihre Funktionen zugeordnet. Die Identifikation der Funktionen erfolgt wiederum mithilfe von Schlüsselwörtern, die für die Beschreibung von Funktionen typisch sind (→ Werkzeug Basiskonzepte, S. 158) wie *dazu dienen, die Aufgabe haben* usw. Die SuS sollen diese zunächst im Text markieren, bevor sie die so identifizierten Aufgaben dem entsprechenden Bestandteil in der Tabelle zuordnen.

5 Vergleich von Pflanzenzelle und Tierzelle

Einen Vergleichstext verfassen und überarbeiten

Auf Grundlage der Vergleichstabellen sollen die SuS nun einen schriftlichen Vergleichstext verfassen und diesen überarbeiten. Hierzu werden zunächst die Möglichkeiten, um Unterschiede und Gemeinsamkeiten zu formulieren (z. B. *sowohl … als auch …; im Gegensatz zu …*; s. Liste auf KV 5), an der Tafel zusammengetragen. Im Plenum sollten außerdem einige Beispielsätze gebildet werden.
Da die folgende Aufgabe sehr komplex ist und hohe sprachliche Anforderungen an die SuS stellt, wird sie in fünf Teilschritte unterteilt, die den SuS auf KV 5 vorgegeben werden. Im ersten Schritt markieren die SuS in Einzelarbeit in den Tabellen (KV 4) Gemeinsamkeiten und Unterschiede von Pflanzen- und Tierzelle in verschiedenen Farben. Dadurch können sie diese schneller erkennen und die Tabellen werden übersichtlicher.
Im zweiten Schritt bilden die SuS mit einem Partner abwechselnd Vergleichssätze. Diese können inhaltlich richtig oder falsch sein. Der Partner hat die Aufgabe, die Korrektheit der Sätze zu beurteilen sowie auf die korrekte Formulierung der Vergleiche zu achten. Die SuS können dazu die Formulierungshilfen auf KV 5 verwenden. In diesem Schritt geht es vor allem darum, die Formulierungen für Gemeinsamkeiten und Unterschiede einzuüben. Durch das mündliche Einüben werden die sprachlichen Strukturen vorentlastet, die später auch im Vergleichstext verwendet werden sollen. Um die SuS nicht zu überfordern, enthält KV 5 nur einige Redemittel zum Ausdrücken von Gemeinsamkeiten und Unterschieden. Die Redemittel können von der Lehrkraft nach Bedarf ergänzt werden. Eine ausführliche Übersicht findet sich im Werkzeug Vergleichstext (→ S. 189).
Bevor die SuS schließlich im dritten Schritt in Einzelarbeit einen Vergleichstext verfassen, sollte die Lehrkraft Zweck und Aufbau der Textsorte mit den SuS besprechen. Grundlage für das Tafelbild kann die Übersicht Vergleichstext (→ S. 190) bilden, die alle notwendigen Informationen zu der Textsorte beinhaltet. Die Übersicht dient den SuS auch als Unterstützung

für die anschließende Kontrolle der Texte in Korrekturteams (Schritt 4). Eine Peer-Korrektur hat den Vorteil, dass die SuS Verbesserungsvorschläge von Mitschülern oft besser annehmen als Korrekturen der Lehrkraft. Allerdings sollte bei der Zusammenstellung der Teams darauf geachtet werden, dass die jeweiligen SuS produktiv miteinander arbeiten können und die Korrektur des anderen anerkennen.
Auf der Basis des Feedbacks überarbeiten die SuS im fünften Schritt noch einmal ihren eigenen Text. Die Überarbeitung ist ein wichtiger Schritt im Schreibprozess und hilft dabei, Schreibprodukte zu reflektieren und diese zu verbessern.

6 Mustertext

Den eigenen Text mithilfe eines Mustertexts überarbeiten

Als zusätzliche Hilfe kann den SuS an dieser Stelle der Mustertext zur Verfügung gestellt werden. Dies ist vor allem dann sinnvoll, wenn die SuS zuvor noch nie einen Vergleichstext geschrieben haben oder große Schwierigkeiten beim Verfassen des Textes hatten.
Die Überarbeitung mithilfe des Modelltextes verdeutlicht den SuS zum einen noch einmal den Aufbau eines Vergleichstexts und zeigt zum anderen die Verwendung der zuvor erarbeiteten Formulierungen im Kontext. Besonders SuS mit sprachlichen Herausforderungen hilft es bei der Überarbeitung ihrer Texte, komplette Sätze als Formulierungsmuster zu bekommen.

Worum geht es heute?

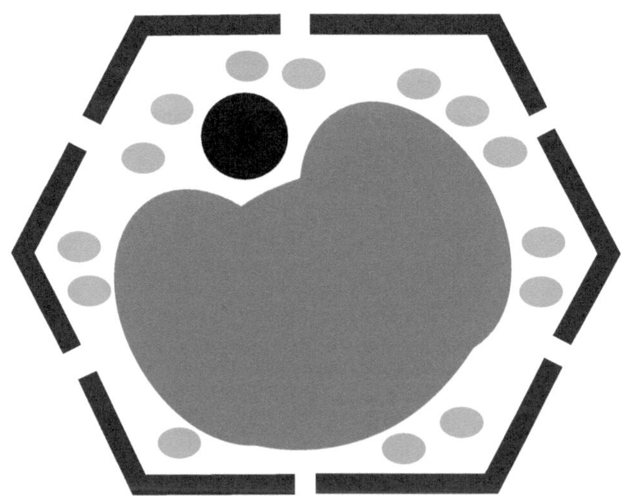

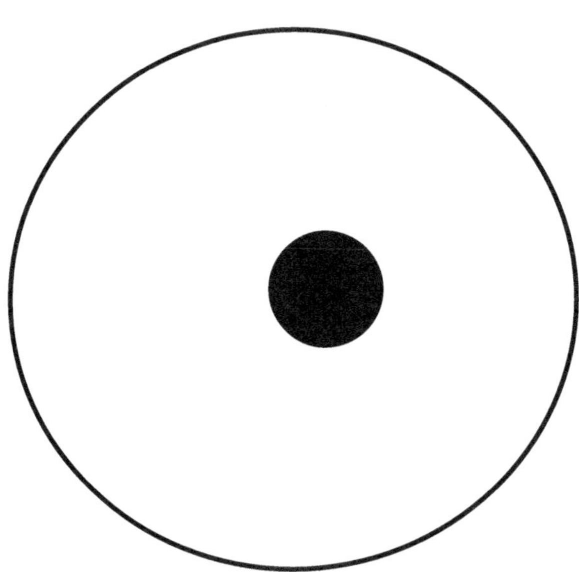

ISBN 978-3-12-666852-1

Bestandteile von Pflanzen- und Tierzellen

1 Lies die Texte über die Pflanzen- und die Tierzelle. Woraus bestehen die Zellen? Kreise die Bestandteile im Text ein.

Die folgenden Schlüsselwörter helfen dir beim Suchen nach den Bestandteilen. Diese Fachverben verwendet man oft, wenn es um Bestandteile geht.

- besitzen
- sich befinden
- bestehen aus
- enthalten

Markiere diese Wörter im Text.

Die Pflanzenzelle
Die Pflanzenzelle besitzt eine Zellwand, die überwiegend aus Zellulose besteht und die Pflanzenzelle nach außen abgrenzt. Durch die Zellwand erhält die Pflanzenzelle Festigkeit. In der Zellwand befinden sich kleine Poren, die als Tüpfel bezeichnet werden. Sie dienen dazu, die Zellen miteinander zu verbinden. Die Pflanzenzelle enthält eine Zellmembran, die dicht an der Zellwand ist. Sie ist ein dünnes Häutchen, das nur von bestimmten Stoffen durchdrungen werden kann. Die Zellmembran hat die Funktion, den Stoffaustausch zwischen den Zellen zu regulieren.
Das Innere der Pflanzenzelle besteht aus Zellplasma, einer zähflüssigen Substanz, die dem Transport der Stoffe in der Zelle dient. Im Zellplasma befindet sich der Zellkern, der die Erbinformation trägt und die Aufgabe hat, die Vorgänge in der Zelle zu steuern. Er ist von einer Doppelmembran umgeben. Außerdem befinden sich im Zellplasma andere sogenannte Organellen, wie die Chloroplasten, die den grünen Farbstoff Chlorophyll enthalten. Die Chloroplasten sind für die Fotosynthese zuständig, bei der mithilfe des Sonnenlichts Nährstoffe hergestellt werden. Auch die größere Zentralvakuole befindet sich im Zellplasma. Sie dient unter anderem der Lagerung von Abfallstoffen und Farbstoffen, die nicht nach außen transportiert werden können.

Die Tierzelle
Die Tierzelle ist von einer Zellmembran umgeben, die dazu dient, die Zelle nach außen abzuschließen. Die Tierzelle besitzt keine Zellwand. Deshalb ist sie verformbar. Der Stoffaustausch wird durch die Zellmembran kontrolliert. Im Inneren der Tierzelle befindet sich das zähflüssige Zellplasma, das hauptsächlich aus Wasser besteht, die Zelle ausfüllt und als Transportmedium dient. Das Zellplasma enthält unter anderem den Zellkern, der die Erbinformation trägt und die Funktion hat, alle Zellvorgänge zu regeln. Er ist von einer Doppelmembran umgeben.

2 Beschrifte die Abbildungen mit den Namen der Bestandteile.

Praxishandbuch Sprachbildung Biologie
Sprachsensibel unterrichten – Sprache fördern
ISBN 978-3-12-666852-1

Bestandteile von Pflanzen- und Tierzellen

1 Lies die Texte über die Pflanzen- und die Tierzelle. Woraus bestehen die Zellen? Kreise die Bestandteile im Text ein.

Die folgenden Schlüsselwörter helfen dir beim Suchen nach den Bestandteilen. Diese Fachverben verwendet man oft, wenn es um Bestandteile geht.

- besitzen
- sich befinden
- bestehen aus
- enthalten

Markiere diese Wörter im Text.

Die Pflanzenzelle

Die Pflanzenzelle besitzt eine Zellwand. Die Zellwand grenzt die Pflanzenzelle nach außen ab und besteht überwiegend aus Zellulose. Durch die Zellwand erhält die Pflanzenzelle Festigkeit. In der Zellwand befinden sich kleine Poren. Die Poren werden Tüpfel genannt. Die Tüpfel dienen dazu, die Zellen miteinander zu verbinden. Die Pflanzenzelle enthält eine Zellmembran. Die Zellmembran liegt dicht an der Zellwand. Die Zellmembran ist ein dünnes Häutchen. Nur bestimmte Stoffe können die Zellmembran durchdringen. Die Zellmembran hat die Funktion, den Stoffaustausch zwischen den Zellen zu regulieren. Das Innere der Pflanzenzelle besteht aus Zellplasma. Das Zellplasma ist eine zähflüssige Substanz. Das Zellplasma dient dem Transport der Stoffe in der Zelle. Im Zellplasma befindet sich der Zellkern. Der Zellkern hat die Aufgabe, die Vorgänge in der Zelle zu steuern. Der Zellkern ist von einer Doppelmembran umgeben und trägt die Erbinformationen. Außerdem befinden sich im Zellplasma andere sogenannte Organellen, wie die Chloroplasten. Die Chloroplasten enthalten den grünen Farbstoff Chlorophyll. Die Chloroplasten sind für die Fotosynthese zuständig. Bei der Fotosynthese stellen die Chloroplasten mithilfe des Sonnenlichts Nährstoffe her. Auch die größere Zentralvakuole befindet sich im Zellplasma. Die Zentralvakuole dient unter anderem der Lagerung von Abfallstoffen und Farbstoffen. Die Abfall- und Farbstoffe können nicht nach außen transportiert werden.

Die Tierzelle

Die Tierzelle ist von einer Zellmembran umgeben. Die Zellmembran dient dazu, die Zelle nach außen abzuschließen. Die Tierzelle besitzt keine Zellwand. Daher ist die Tierzelle verformbar. Der Stoffaustausch wird durch die Zellmembran kontrolliert. Im Inneren der Tierzelle befindet sich das Zellplasma. Das Zellplasma ist zähflüssig, füllt die Zelle aus und besteht hauptsächlich aus Wasser. Das Zellplasma dient als Transportmedium und enthält unter anderem den Zellkern. Der Zellkern trägt die Erbinformationen. Der Zellkern hat zudem die Funktion, alle Zellvorgänge zu regeln. Der Zellkern ist von einer Doppelmembran umgeben.

2 Beschrifte die Abbildungen mit den Namen der Bestandteile.

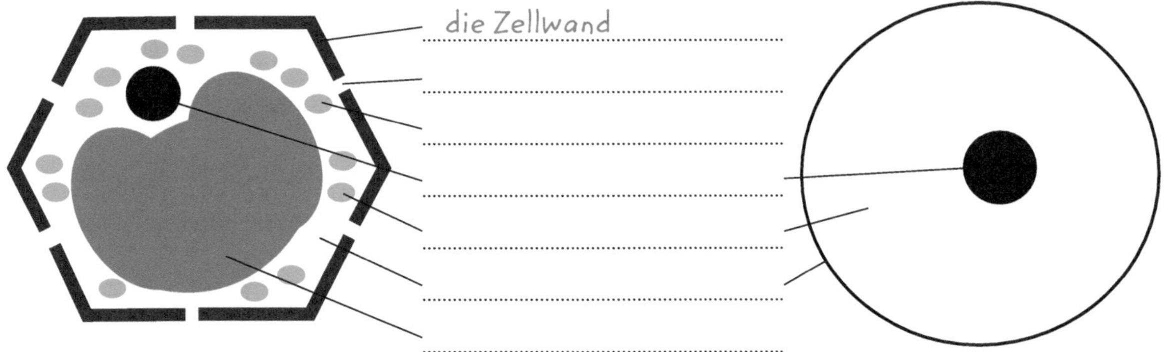

Praxishandbuch Sprachbildung Biologie
Sprachsensibel unterrichten – Sprache fördern
ISBN 978-3-12-666852-1

Wortliste „Bestandteile von Pflanzen- und Tierzellen“

nach außen ab/grenzen	Die Zellwand ist *die Grenze* zwischen dem Inneren der Pflanzenzelle und der Umgebung. Die Zellwand *trennt* das Innere der Pflanzenzelle von der Umgebung *ab*.
bestehen aus *besteht – bestand – hat bestanden*	Die Zellwände von Pflanzenzellen *sind aus* Zellulose. Zellulose *ist ein Bestandteil* von Pflanzenzellen.
überwiegend	*vor allem*
die Festigkeit (kein Plural)	Durch die Zellwand ist die Pflanzenzelle *fest*.
sich befinden (in) *befindet sich – befand sich – hat sich befunden*	In der Zellwand *sind* kleine Poren.
enthalten *enthält – enthielt – hat enthalten*	In der Pflanzenzelle *ist* ein Zellkern.
die Pore (Plural: die Poren)	*eine sehr kleine Öffnung*
dicht	hier: *in der Nähe von, nahe bei*
das Häutchen (Plural: die Häutchen)	*eine dünne, kleine Haut*
der Stoff (Plural: die Stoffe)	hier: Substanz/Materie
durchdringen *durchdringt – durchdrang – hat durchdrungen*	Wasser und gelöste Stoffe können *durch* die Zellmembran *kommen*.
regulieren	Die Zellmembran *steuert/regelt* den Stoffaustausch.
zähflüssig	weder flüssig noch fest; wie Haargel
von etwas umgeben sein	etwas ist um etwas herum, z. B.: Eine Insel ist von Wasser umgeben.
die Doppelmembran (Plural: die Doppelmembranen)	Die Doppelmembran besteht aus *zwei Häutchen*, die dicht nebeneinander liegen.
verformbar	Die Form kann verändert werden, z. B.: Knete ist verformbar.
das Transportmedium (Plural: die Transportmedien)	Mit einem Transportmedium wird etwas von einem Ort zu einem anderen Ort gebracht.

Praxishandbuch Sprachbildung Biologie
Sprachsensibel unterrichten – Sprache fördern
ISBN 978-3-12-666852-1

Funktionen der Bestandteile

Fülle die Tabelle aus.

Schritt 1: **Übertrage die Bestandteile von Pflanzen- und Tierzelle von Arbeitsblatt 2 in die Tabelle.**

Schritt 2: **Lies die Texte auf Arbeitsblatt 2 noch einmal und achte auf die Funktionen der einzelnen Bestandteile. Ergänze sie in der Tabelle in Stichpunkten.**

Um die Funktionen der Bestandteile zu finden, können dir bestimmte Schlüsselwörter und Ausdrücke helfen. Diese werden verwendet, um Funktionen zu benennen.

- durch …
- zu/zur …
- dazu dienen / … dienen / dienen als
- die Funktion haben …
- die Aufgabe haben …
- zuständig sein für …

Markiere diese Wörter im Text. Verwende eine andere Farbe als für die Bestandteile.

Bestandteile der Pflanzenzelle	Funktionen
die Zellwand	grenzt nach außen ab gibt der Pflanzenzelle Festigkeit
die Zentralvakuole	

Bestandteile der Tierzelle	Funktionen
die Zellmembran	

Praxishandbuch Sprachbildung Biologie
Sprachsensibel unterrichten – Sprache fördern
ISBN 978-3-12-666852-1

Pflanzen- und Tierzellen vergleichen

Vergleiche die Pflanzenzelle und die Tierzelle miteinander. Gehe dabei folgendermaßen vor:

Schritt 1: **Einzelarbeit: Unterstreiche in den Tabellen auf Arbeitsblatt 4 die Gemeinsamkeiten blau und die Unterschiede rot.**

Schritt 2: **Partnerarbeit: Bildet abwechselnd Sätze zu Gemeinsamkeiten und Unterschieden von Pflanzen- und Tierzellen und den Funktionen der Bestandteile. Um euren Partner auf die Probe zu stellen, könnt ihr auch inhaltlich falsche Sätze bilden. Euer Partner muss beurteilen, ob die Sätze richtig oder falsch sind.**

Verwendet die folgenden Formulierungen und Fachverben. Kontrolliert auch, ob euer Partner die Formulierungen und Fachverben richtig verwendet.

- **Gemeinsamkeiten formulieren**

Sowohl die Pflanzenzelle **als auch** die Tierzelle besitzt …
In der Pflanzenzelle **genauso wie** in der Tierzelle befindet sich …
Die Pflanzenzelle besitzt **ebenfalls** …
Die Tierzelle enthält **auch** …

- **Unterschiede formulieren**

Im Gegensatz zur Pflanzenzelle besitzt die Tierzelle …
Im Vergleich zur Tierzelle enthält die Pflanzenzelle …
Im Unterschied zur Pflanzenzelle befindet sich in der Tierzelle …
Demgegenüber besteht die Pflanzenzelle aus …
Dagegen besitzt die Tierzelle …

- **Funktionen beschreiben**

… dient dazu, … zu …
… dient zum/zur …
… hat die Funktion, … zu …
… hat die Aufgaben, … zu …
… ist dafür zuständig, dass …
… ist dafür zuständig, … zu …

Schritt 3: **Einzelarbeit: Schreibe einen Vergleichstext über die Pflanzenzelle und die Tierzelle.**

TIPP: Du kannst den Hauptteil deines Vergleichstexts so **gliedern**:
Benenne zunächst alle Gemeinsamkeiten zwischen Pflanzen- und Tierzelle. Benenne dann alle Unterschiede. Denk daran, bei allen Bestandteilen auch immer ihre Funktionen anzugeben!

Schritt 4: **Partnerarbeit: Tausche deinen Text mit deinem Partner. Überprüft eure Texte gegenseitig.**

Schritt 5: **Gib deinem Partner seinen Text zurück. Verbessere nun in deinem Text die Punkte, die dein Partner angestrichen hat. Für deine Verbesserung kannst du auch den Mustertext zuhilfe nehmen.**

Mustertext

	Aufbau
Vergleich von Pflanzenzelle und Tierzelle	Überschrift
Wenn man Pflanzen- und Tierzelle miteinander vergleicht, kann man feststellen, dass die Zellen Gemeinsamkeiten und Unterschiede besitzen.	Anfangssatz
Sowohl die Tierzelle als auch die Pflanzenzelle enthalten eine Zellmembran. Die Zellmembran hat die Funktion, den Stoffaustausch zwischen den Zellen zu regulieren. Beide Zellen besitzen einen Zellkern. Der Zellkern ist bei der Pflanzenzelle genauso wie bei der Tierzelle dafür zuständig, die Vorgänge in der Zelle zu steuern. In der Pflanzenzelle befindet sich Zellplasma. Die Tierzelle enthält ebenfalls Zellplasma. Das Zellplasma dient in der Tierzelle ebenso wie in der Pflanzenzelle dazu, Stoffe in der Zelle zu transportieren.	Hauptteil Vergleich der Gemeinsamkeiten
Im Vergleich zur Tierzelle besitzt die Pflanzenzelle eine Zellwand. Durch die Zellwand erhält die Pflanzenzelle Festigkeit. Dagegen ist die Tierzelle verformbar. Im Gegensatz zur Tierzelle enthält die Pflanzenzelle Chloroplasten. Die Chloroplasten bestehen aus Chlorophyll und dienen der Fotosynthese. Außerdem befindet sich in der Pflanzenzelle auch die größere Zentralvakuole. Die Zentralvakuole hat die Aufgabe, Abfall- und Farbstoffe zu lagern. Demgegenüber enthalten die meisten Tierzellen keine Vakuolen.	Vergleich der Unterschiede
Aus dem Vergleich von Pflanzen- und Tierzelle wird deutlich, dass die Pflanzenzelle mehr Bestandteile als die Tierzelle besitzt.	Schlusssatz mit Vergleichsergebnis

Praxishandbuch Sprachbildung Biologie
Sprachsensibel unterrichten – Sprache fördern
ISBN 978-3-12-666852-1

UNTERRICHTSEINHEIT

Wirbeltiere im Vergleich 9/10

Basiskonzept Entwicklung
Übergreifende Kompetenz Erkenntnisgewinnung (Vergleichen und Ordnen)
Textsorte(npaar) tabellarischer Vergleich und Vergleichstext
Themen Wirbeltierklassen

fachliche Lernziele

- Wirbeltierklassen anhand von Merkmalen in den Kategorien Körperbau, Körperbedeckung, Atmung, Lebensraum, Körpertemperatur und Fortpflanzung vergleichen

sprachliche Lernziele

- verschiedene Wortbildungsverfahren bei der Kategoriebildung anwenden
- Formulierungen für Vergleiche aus einem Vergleichstext herausarbeiten
- einen Vergleichstext verfassen und überarbeiten

Die Unterrichtseinheit im Überblick

Kategorien zu bilden, ist sprachlich anspruchsvoll, weil zunächst die für die Kategoriebildung relevanten Wörter im Text identifiziert werden müssen und dann das passende Wortbildungsverfahren angewandt werden muss (→ Werkzeug Kategorien bilden, S. 174). Daher werden die verschiedenen Verfahren zunächst vorgestellt und anhand von Beispielen mit den SuS geübt. In beschreibenden Texten zu verschiedenen Wirbeltierklassen haben die SuS dann die Aufgabe, selbstständig Kategorien zu bilden, passende Informationen im Text zu identifizieren und diese tabellarisch darzustellen.
Die SuS stellen sich die Wirbeltierklassen gegenseitig vor. Die anderen haben dabei jeweils den Hörauftrag, aus den Präsentationen bestimmte Informationen zu den einzelnen Kategorien herauszuhören und in eine Übersichtstabelle einzutragen. Für das Vergleichen sind sprachliche Formulierungen zum Ausdrücken von Gemeinsamkeiten und Unterschieden notwendig. Diese sollten die SuS höherer Jahrgangsstufen in verschiedenen sprachlichen Variationen sowohl rezeptiv als auch produktiv beherrschen. Daher arbeiten die SuS die Formulierungen aus einem Mustertext, der die Wirbeltierklassen Vögel und Säugetiere miteinander vergleicht, heraus und systematisieren sie in Bezug auf Formulierungen für Gemeinsamkeiten und Unterschiede. Vor dem Verfassen eines eigenen Vergleichstexts wird die Anwendung der Formulierungsmöglichkeiten erprobt. Eine abschließende Zuordnungsaufgabe zum Stammbaum der Wirbeltiere ordnet die erworbenen Kenntnisse in einen größeren Zusammenhang ein.

1 Welches Tier ist das?
Vorwissen aktivieren
Der obere Abschnitt der KV kann auf Folie kopiert und im Plenum präsentiert werden, um das Vorwissen der SuS zu aktivieren. Zunächst sollen die SuS das Tier auf dem Foto benennen (Wal) und es mithilfe von Leitfragen (Wo lebt das Tier? Wie ist der Körper des Tieres gebaut? Wie atmet das Tier? usw.) mündlich beschreiben. Die Leitfragen beziehen sich dabei auf die Kategorien, die für den Vergleich von Wirbeltieren notwendig sind, sodass sowohl das fachliche als auch das sprachliche Vorwissen hierzu aktiviert wird. Wenn alle Fragen beantwortet wurden, fragt die Lehrkraft die SuS, zu welcher Wirbeltierklasse der Wal gehört. Wenn die SuS bereits wissen, dass der Wal zu den Säugetieren gehört, sollen sie dies begründen. Hier können sie idealerweise bereits Merkmale, die die Zuordnung belegen und zu den Vergleichskategorien der Wirbeltiere passen, benennen (z. B. *Atmung: Lungenatmung, Fortpflanzung: lebend gebärend, Körpertemperatur: gleichwarm*). Die Lehrkraft kann kurz auf die stammesgeschichtliche Entwicklung des Wals und seine Rückkehr ins Wasser eingehen. Falls die SuS vermuten, dass der Wal zu den Fischen gehört, sollte die Frage zunächst zurückgestellt und erst am Ende der Unterrichtseinheit wieder aufgegriffen werden; zu diesem Zweck wird dann die untere Hälfte der KV bearbeitet.
Als Grundlage für die anschließende Arbeit mit den einzelnen Wirbeltierklassen sollte die Lehrkraft den SuS erklären, dass Tiere, die zu einer Wirbeltierklasse gehören, miteinander verwandt sind. Diese Verwandtschaft zeigt sich in gemeinsamen Merkmalen, die man wiederum in **Kategorien** zusammenfassen kann.

Arbeitsblätter

KV Nr.	Thema	Sozialform	Intention
1	Welches Tier ist das?		Fachliches und sprachliches Vorwissen aktivieren
2	Kategorien bilden	,	Kategorien bilden und Merkmale zuordnen
3	Fachwörter erklären		Den Fachwortschatz sichern
4	Merkmale von Wirbeltieren		Kategorien bilden und Merkmale in einem Text identifizieren
5	Merkmale in Worte fassen	,	Satzmuster und Formulierungen den Vergleichskategorien zuordnen
6	Wirbeltierklassen beschreiben	,	Merkmale und Kategorien aus mündlichen Präsentationen heraushören
7	Vögel und Säugetiere im Vergleich		Formulierungen aus einem Mustertext herausarbeiten; Textaufbau bewusst machen
8	Gemeinsamkeiten und Unterschiede formulieren		Gemeinsamkeiten und Unterschiede in einer Tabelle identifizieren und versprachlichen
9	Stammbaum der Wirbeltiere		Merkmale im Stammbaum der Wirbeltiere zuordnen

2 Kategorien bilden oder

Kategorien bilden und Merkmale zuordnen

Die Bildung von Kategorien ist sprachlich anspruchsvoll und sollte mit den SuS geübt werden. Dazu müssen die SuS zunächst wissen, was Kategorien sind. Indem im Plenum die verschiedenen Fortbewegungsarten von Tieren gesammelt werden (*laufen, schwimmen, fliegen, kriechen, springen*), kann die Kategorie „Fortbewegung" erarbeitet werden. Leistungsstarke SuS können versuchen, den Begriff „Kategorie" selbst zu erklären. Sonst kann die Definition aus dem Werkzeug Kategorien bilden (→ S. 174) verwendet werden. Anschließend sollten die verschiedenen Bildungsprinzipien anhand der Beispielsätze aus dem Werkzeug gemeinsam besprochen werden. Die Lehrkraft kann sie dazu an die Tafel oder auf eine Folie schreiben, die entsprechenden Wörter im Text markieren und die SuS zur Bildung der Kategorie anregen.

Beispiel:
Bei Vögeln ist die Temperatur des Körpers konstant. → Körpertemperatur
Schlangen bewegen sich schlängelnd auf dem Boden fort. → Fortbewegung

Die SuS beschreiben in eigenen Worten, wie jeweils die verschiedenen Kategorien gebildet werden (z. B. indem zwei Wörter zusammengesetzt werden). Dies wird an der Tafel/auf Folie festgehalten, sodass eine Übersicht wie im Werkzeug entsteht. Die Übersicht über die Bildungsprinzipien aus dem Werkzeug wird den SuS im Anschluss zur Verfügung gestellt und die Bildung von Kategorien auf KV 2 geübt. Dazu sollen die SuS in Beispielsätzen zu verschiedenen Tieren zunächst die zur Bildung der Kategorien notwendigen Wörter erkennen und diese unterstreichen. Anschließend bilden sie die Kategorien und identifizieren das Bildungsprinzip. Die Ergebnisse werden im Plenum besprochen.

Lösung zu KV 2

1. Amseln ernähren sich im Sommer vor allem von Regenwürmern und Insekten. → die Ernährung (ernähr~~en~~ + ung), Bildungsprinzip 3
2. Bachforellen leben in Bächen und Flüssen, in denen das Wasser kalt, sauber und sauerstoffreich ist. → der Lebensraum (das Leben + s + der Raum), Bildungsprinzip 2
3. Die Amsel baut in ihrem Revier ein Nest. → der Nestbau (bauen → der Bau, das Nest + der Bau) Bildungsprinzip 4 und 1
4. Der Hecht wird 50–150 cm lang. → die Länge (lang → die Länge), Bildungsprinzip 5
5. Rennmäuse leben meistens als Paare oder in Familien zusammen. → die Lebensweise (das Leben + s + die Weise), Bildungsprinzip 2
6. Die Wildkatze sieht ähnlich aus wie eine braungrau gemusterte Hauskatze. aussehen → das Aussehen, Bildungsprinzip 4
7. Das Hausrind stammt vom Auerochsen ab. → Abstammung (abstamm~~en~~ + ung), Bildungsprinzip 3
8. Der Körper der Bachforelle ist stromlinienförmig. → die Körperform (förmig → die Form, der Körper + die Form), Bildungsprinzip 5 und 1

3 Fachwörter erklären

Den Fachwortschatz sichern

Im Folgenden lesen die SuS Texte über verschiedene Wirbeltierklassen. Dabei sollen sie die Kategorien im Text finden und diesen die passenden Informationen zuordnen. Bevor die Texte von den SuS gelesen werden, wird der Wortschatz mithilfe einer Zuordnungsaufgabe entlastet. Die SuS sollen den wichtigsten Fachwörtern aus den Texten Definitionen, Erklärungen und Beispiele zuordnen. Manche der Wörter kommen nicht in allen Beschreibungstexten vor, sind aber relevant für die weitere Arbeit. Die Zuordnung sollte zuerst mit dem Sitznachbarn verglichen, dann im Plenum gesichert werden.

4 Merkmale von Wirbeltieren

Kategorien bilden und Merkmale in einem Text identifizieren

Die SuS suchen sich eine/n Partnerin/Partner. Die folgende Partnerarbeit stellt die erste Phase eines Gruppenpuzzles (→ Methodenglossar, S. 194) dar. Jedes Schülerpaar erhält einen Beschreibungstext zu einer Wirbeltierklasse, wobei jeder Text mindestens von einem Paar bearbeitet werden sollte. Die Texte auf der zweiten Seite von KV 4 können hierfür an der entsprechenden Stelle (über den Text zu den Fischen) aufgeklebt werden. Die SuS lesen ihren Text und bilden in einem ersten Schritt Kategorien für ihre Wirbeltierklasse. Diese werden in die vorgegebene Tabelle eingetragen. Die Anzahl der Zeilen unterstützt die SuS, indem sie bereits die Anzahl der Kategorien vorgibt, die gebildet werden müssen. Im zweiten Schritt haben die SuS die Aufgabe, den Kategorien die entsprechenden Merkmale, die ebenfalls im Text stehen, zuzuordnen.

Die Lehrkraft unterstützt die einzelnen Schülerpaare bei Bedarf bei der Kategoriebildung. Für die weitere Arbeit sollten die Kategorien Körperbau, Körperbedeckung, Atmung, Lebensraum, Körpertemperatur und Fortpflanzung im Plenum gesichert werden. Die zugeordneten Merkmale sollten an dieser Stelle noch nicht besprochen werden, da deren Sicherung im Folgenden durch die SuS stattfindet.

5 Merkmale in Worte fassen oder

Satzmuster und Formulierungen den Vergleichskategorien zuordnen

Um die sehr anspruchsvolle mündliche Vorstellung der Merkmale der einzelnen Wirbeltierklassen, die im nächsten Schritt erfolgt, vorzuentlasten, erarbeiten sich die SuS auf KV 5 Satzmuster und Formulierungen, um die Informationen zu den Kategorien zu versprachlichen. Dazu ordnen sie die vorgegebenen Sätze den Wortigeln zu. Dies kann auch in Partnerarbeit geschehen, sodass die SuS über die Zuordnung diskutieren können.

Das Ergebnis wird an der Tafel oder auf dem OHP gesichert. Anhand eines Beispiels sollte gemeinsam sichergestellt werden, dass die SuS wissen, wie sie die Satzmuster für die einzelnen Wirbeltierklassen verwenden. Die Wortigel dürfen selbstverständlich für die folgenden Arbeitsschritte als Hilfestellung eingesetzt werden.

6 Wirbeltierklassen beschreiben und

Merkmale und Kategorien aus mündlichen Präsentationen heraushören

Nachdem die Kategorien gesichert wurden, füllen die SuS auf KV 6 die Tabelle zunächst für die von ihnen zuvor bearbeitete Wirbeltierklasse aus. Die unterschiedlichen Merkmale pro Kategorie sind in der ersten Spalte der Tabelle aufgelistet. So können die SuS ihre eigenen Angaben von KV 4 abgleichen. Zudem lernen die SuS durch das Eintragen des ihnen bereits bekannten Wirbeltieres, sich in der komplexen Vergleichstabelle zu orientieren. Als Hilfe sollen sie die gesamte Spalte, die zu ihrem Wirbeltier gehört, mit Buntstift oder Textmarker markieren. Ggf. kann das Lesen einer Vergleichstabelle auch an einem vereinfachten Beispiel an der Tafel oder auf dem OHP demonstriert werden. Die Orientierung in der Tabelle ist für die Bearbeitung der zweiten Phase des Gruppenpuzzles sehr wichtig.

In dieser zweiten Phase werden Fünfergruppen gebildet, in denen je ein/e Lernende/r die Rolle des Experten für die Wirbeltierklasse übernimmt, die er sich in der ersten Phase erarbeitet hat. So sind in einer Gruppe alle Wirbeltierklassen vertreten. Nun präsentieren sich die SuS die Wirbeltierklassen gegenseitig mithilfe der Tabelle von KV 4. Dabei sollte darauf geachtet werden, dass die SuS sich nicht die ausgeteilten Beschreibungstexte gegenseitig vorlesen, sondern die Kategorien ausformulieren. Das mündliche Beschreiben des Wirbeltiers ist eine Vorbereitung für das Erstellen des Vergleichstexts.

Während der Präsentation erhalten die übrigen SuS den Hörauftrag, in der Tabelle die Merkmale der anderen Wirbeltiere anzukreuzen. Dabei muss die Verbalisierung der Kategorien im Hörtext identifiziert und der passenden nominalisierten Kategorie in der Tabelle zugeordnet werden. Durch das mehrmalige Hören der Verbalisierungen der Kategorien werden diese für die spätere Verwendung im Vergleichstext eingeschliffen.

Die Sicherung der Höraufträge erfolgt über das Ankreuzen, da sich die SuS dadurch auf das Hörverstehen konzentrieren können und dieses nicht durch die Produktion von Stichpunkten oder ganzen Sätzen gestört wird. Die ausgefüllte Tabelle stellt die Merkmale der verschiedenen Wirbeltierklassen übersichtlich und vergleichend dar und bildet die inhaltliche Grundlage für die Erstellung eines Vergleichstexts. Um sicherzustellen, dass alle SuS die Tabelle richtig ausgefüllt haben, kann diese im Plenum noch einmal gesichert oder eine korrekt ausgefüllte Tabelle an die SuS verteilt werden.

TIPP
Regelmäßig vielfältige Hörverstehensaufgaben mit fachsprachlichen Inhalten (z. B. durch Präsentationen) zu integrieren, ist unerlässlich für den sprachsensiblen Unterricht. Je nach Schwierigkeit der Höraufgabe und Leistungsstand der SuS können die Lösungen durch Ankreuzen von Multiple-Choice- oder Richtig-Falsch-Aufgaben bzw. durch das Notieren von Stichpunkten oder Antwortsätzen festgehalten werden.

7 Vögel und Säugetiere im Vergleich

Formulierungen zum Vergleichen aus einem Mustertext herausarbeiten
Die SuS erhalten einen Mustertext, in dem die Wirbeltierklassen Vögel und Säugetiere beispielhaft verglichen werden. Sie haben die Aufgabe, die Formulierungen, mit denen Gemeinsamkeiten und Unterschiede dargestellt werden, im Text zu markieren und in eine Tabelle einzutragen. Außerdem sollen sie die verschiedenen Textabschnitte benennen und sich so den Aufbau eines Vergleichstextes verdeutlichen.

8 Gemeinsamkeiten und Unterschiede formulieren

Merkmale von Wirbeltierklassen vergleichen
Bevor die SuS einen eigenen zusammenhängenden Vergleichstext zu zwei Wirbeltierklassen ihrer Wahl verfassen, wird zum einen die Orientierung in Vergleichstabellen, zum anderen die korrekte Formulierung von Gemeinsamkeiten und Unterschieden vertieft. In den Beispielen auf KV 8 müssen die SuS zu den Merkmalen von jeweils zwei Wirbeltierklassen Vergleichssätze mit den vorgegebenen Wörtern bilden. Für den Fall, dass die Bildung korrekter Sätze manchen SuS noch Schwierigkeiten bereitet, bietet die KV eine Differenzierungsmöglichkeit: Die untere Hälfte der Seite kann abgetrennt und bei Bedarf ausgeteilt werden. Sie enthält passende Vergleichssätze in Form von Lückentexten, in die die SuS die fehlenden Wörter eintragen müssen. Durch die vorgegebenen Satzanfänge wird die korrekte Satzstellung angeregt. Nun suchen sich die SuS aus der Tabelle auf KV 6 zwei Wirbeltierklassen aus, zu denen sie einen Vergleichstext schreiben wollen. Die Texte werden in Partnerarbeit korrigiert und überarbeitet. Zur Sicherung des Gelernten können einzelne Texte im Plenum vorgelesen und besprochen werden.

9 Stammbaum der Wirbeltiere

Merkmale im Stammbaum der Wirbeltiere zuordnen
Um das in der Unterrichtseinheit Gelernte zu festigen und anzuwenden, erhalten die SuS auf KV 9 eine Abbildung des Stammbaums der Wirbeltiere. In diesem sind Zahlen eingetragen, die für verschiedene Merkmale stehen, über die nur einzelne Wirbeltiere verfügen oder die sich im Laufe der Evaluation entwickelt haben und die mehrere Wirbeltiere gemeinsam haben. Mithilfe einer Zuordnungsaufgabe sollen die Merkmale den Zahlen aus der Abbildung in Partnerarbeit zugeordnet werden, sodass die SuS über ihre Vermutungen diskutieren können. Die Lehrkraft sollte ggf. noch einmal darauf hinweisen, dass die Merkmale zu den meisten Tieren einer Wirbeltierklasse passen, es allerdings auch immer Ausnahmen gibt (z. B. lebendgebärende Reptilien wie manche Schlangen oder Eier legende Säugetiere wie Kloakentiere). Die Ergebnisse werden verglichen, was eine gute Gelegenheit bietet, das Formulieren von Gemeinsamkeiten und Unterschieden noch einmal aufzugreifen. Des Weiteren kann zum Abschluss noch einmal das Beispiel aus der Aktivierung des Vorwissens (KV 1) aufgegriffen und die Klassifizierung des Wals als Säugetier besprochen werden. Dazu wird der untere Abschnitt von KV 1 ausgeteilt.

Welches Tier ist das?

1 Um welches Tier handelt es sich?

....

2 Beschreibe das Tier. Dabei kannst du auf die folgenden Fragen eingehen:

- Wo lebt es?
- Wie lebt es?
- Wie sieht es aus?
- Wie ist sein Körper gebaut?
- Wie bewegt es sich fort?
- Wie atmet es?
- Wie pflanzt es sich fort?

....

....

....

....

3 Zu welcher Wirbeltierklasse gehört das Tier? Begründe deine Vermutung.

....

....

Um welches Wirbeltier handelt es sich?

Tier: ____________________ Wirbeltierklasse: ________________________________

Körperbau:	stromlinienförmiger Körper mit Flossen
Körperbedeckung:	wasserdichte, glatte Haut mit dicker Speckschicht und Milchdrüsen
Atmung:	Lungenatmung
Lebensraum:	Wasser
Körpertemperatur:	gleichwarm
Fortpflanzung:	innere Befruchtung, Entwicklung des Embryos im Mutterleib, immer lebend gebärend, Säugen der Jungen, Brutpflege

Praxishandbuch Sprachbildung Biologie
Sprachsensibel unterrichten – Sprache fördern
ISBN 978-3-12-666852-1

Kategorien bilden

Bilde die passenden Kategorien zu den Sätzen.

1 Unterstreiche dazu zuerst im Satz die Wörter, die du zur Bildung der Kategorie benötigst.

2 Schreibe dann die Kategorie auf.

3 Ordne die Bildung anschließend einem der fünf Bildungsprinzipien für Kategorien zu.

a. Amseln ernähren sich im Sommer vor allem von Regenwürmern und Insekten.

Kategorie	Ernährung
Bildungsprinzip	3 (ernähren → -ung)

b. Bachforellen leben in Bächen und Flüssen, in denen das Wasser kalt, sauber und sauerstoffreich ist.

Kategorie	
Bildungsprinzip	

c. Die Amsel baut in ihrem Revier ein Nest.

Kategorie	
Bildungsprinzip	

d. Der Hecht wird 50–150 cm lang.

Kategorie	
Bildungsprinzip	

e. Rennmäuse leben meistens als Paare oder in Familien zusammen.

Kategorie	
Bildungsprinzip	

f. Die Wildkatze sieht ähnlich aus wie eine braun-grau gemusterte Hauskatze.

Kategorie	
Bildungsprinzip	

g. Das Hausrind stammt vom Auerochsen ab.

Kategorie	
Bildungsprinzip	

h. Der Körper der Bachforelle ist stromlinienförmig.

Kategorie	
Bildungsprinzip	

Praxishandbuch Sprachbildung Biologie
Sprachsensibel unterrichten – Sprache fördern
ISBN 978-3-12-666852-1

Fachwörter erklären

Ordne die Wörter den Definitionen zu.

das Horn	sich z. B. aus einem Ei herauslösen / aus einem Ei kommen
die Schleimhaut	Organ, das Milch nach außen absondert oder abgibt
schlüpfen	z. B. Arme, Beine, Flügel oder Flossen
die Gliedmaßen (Plural)	hartes Material, das aus abgestorbenen Hautzellen besteht
ausbrüten	Ein so geformter Körper hat im Wasser oder in der Luft besonders wenig Widerstand und kann sich daher gut fortbewegen.
die Brutpflege	den Nachwuchs mit Milch aus z. B. der Brust oder einem Euter füttern
stromlinienförmig	die äußere Hülle/Haut abstoßen
säugen	Durch Wärme entwickelt sich ein befruchtetes Ei zum fertigen Jungtier. Die Wärme liefert meistens ein Elternteil, das auf dem Ei sitzt, oder die Sonne.
die Schuppe	kleines hartes Plättchen, das bei Wirbeltieren aus der Haut gebildet wird
gebären	eine Haut, die nicht trocken, sondern mit Schleimstoffen bedeckt ist
die Milchdrüse	Die Eltern kümmern sich nach der Geburt um ihren Nachwuchs.
sich häuten	Nachwuchs bekommen durch eine Geburt

ISBN 978-3-12-666852-1

Merkmale von Wirbeltieren

Partnerarbeit: Lest den Text über das Wirbeltier. Füllt dann die Tabelle aus. Geht dabei folgendermaßen vor:

1. **Bildet zuerst die Kategorien und tragt sie in die erste Spalte der Tabelle ein.**
2. **Unterstreicht die passenden Merkmale zu den Kategorien. Tragt sie in Stichpunkten in die zweite Spalte der Tabelle ein.**

Fische
Der Körper der Fische ist stromlinienförmig mit einer lang gestreckten Wirbelsäule. Er ist in Kopf, Rumpf und vier Gliedmaßen unterteilt. Die Gliedmaßen sind Flossen, mit denen die Fische an das Leben im Wasser angepasst sind. Außerdem besitzen die meisten Fische eine Schwimmblase, mit der sie im Wasser schweben können. Der Körper der meisten Fische ist mit einer aus Knochenschuppen bestehenden schleimigen Haut bedeckt, die die Fische vor allem vor Krankheitserregern schützt. Fische atmen mit den Kiemen. Sie sind wechselwarm, sodass die Temperatur ihres Körpers sich der Umgebungstemperatur anpasst. Viele Fische pflanzen sich fort, indem das Fischweibchen zunächst seine Eier, die man auch Laich nennt, in das Wasser ablegt. Danach findet die äußere Befruchtung statt, bei der das Männchen die Eier mit Spermienflüssigkeit befruchtet.

Kategorie	Merkmale
Körperbau	

Praxishandbuch Sprachbildung Biologie
Sprachsensibel unterrichten – Sprache fördern
ISBN 978-3-12-666852-1

Merkmale von Wirbeltieren

Amphibien
Der Körper der meisten Amphibien ist in Kopf, Rumpf und vier Gliedmaßen, die Zehen haben, unterteilt. Er wird durch eine Wirbelsäule gestützt. Der Körper der Amphibien ist von einer feuchten Schleimhaut bedeckt. Diese bietet ihnen Schutz vor Austrocknung. Das ist wichtig, da sie auf dem Land und im Wasser leben. Die aus dem Ei geschlüpften Larven leben oft im Wasser und atmen mit Kiemen. Erwachsene Tiere atmen im Gegensatz dazu mit Lungen. Man kann Amphibien in Frosch-, Schwanz- und Schleichlurche unterteilen. Amphibien sind wechselwarm. Das bedeutet, dass sich die Temperatur ihres Körpers der Umgebungstemperatur anpasst. Bei Froschlurchen und Schleichlurchen findet eine äußere Befruchtung statt, während bei den meisten Schwanzlurchen eine innere Befruchtung erfolgt.

Reptilien
Der Körper der Reptilien ist in Kopf, Rumpf und vier Gliedmaßen, die Zehen haben, unterteilt. Er wird durch eine Wirbelsäule gestützt. Auch Schlangen gehören zu den Reptilien, aber sie besitzen keine Gliedmaßen mehr, da sich diese zurückentwickelt haben. Der Körper der Reptilien ist von Hornschuppen bedeckt. Die Hornschuppen schützen vor Verletzungen und Austrocknung. Reptilien haben eine trockene Haut. Die meisten Reptilien häuten sich. Dabei stoßen sie ihre alte Haut ab, da diese nicht mitwächst.
Reptilien atmen mit Lungen und leben sowohl im Wasser als auch an Land. Reptilien sind wechselwarm. Das bedeutet, dass sich die Temperatur ihres Körpers der Umgebungstemperatur anpasst. Die meisten Reptilien pflanzen sich durch innere Befruchtung fort und legen Eier. Viele Reptilien legen ihre Eier nach der Befruchtung auf dem Boden ab und vergraben sie an sonnigen Orten. Durch die Wärme der Sonne werden die Eier ausgebrütet, sodass die Jungen nach einigen Wochen schlüpfen.

Vögel
Der Körper der Vögel ist in Kopf, Rumpf und vier Gliedmaßen unterteilt und wird durch eine Wirbelsäule gestützt. Vögel besitzen Flügel, Beine mit Zehen und einen Hornschnabel. An den Beinen haben sie Hornschuppen. Der Körper der Vögel ist mit Federn bedeckt, die ihnen als Schutz vor Hitze, Kälte und Nässe dienen. Somit sind die Vögel gut an ihre Lebensbedingungen angepasst, da manche Arten im Wasser und manche Arten auf dem Land leben.
Sie atmen mit Lungen und sind gleichwarm. Das bedeutet, dass die Temperatur ihres Körpers konstant bleibt und sich nicht an die Umgebungstemperatur anpasst. Sie pflanzen sich fort, indem das Weibchen von innen befruchtet wird. Die Eiablage findet meistens in einem Nest statt, wo die Eier dann von den Vögeln ausgebrütet werden. Die Brutpflege setzt sich nach dem Schlüpfen fort, indem die Vögel ihre Jungen mit Nahrung versorgen.

Säugetiere
Der Körper der Säugetiere ist in Kopf, Rumpf und vier Gliedmaßen unterteilt und wird durch eine Wirbelsäule gestützt. An ihren Gliedmaßen besitzen die meisten Säugetiere Zehen oder Finger. Ihr Körper ist meistens von Fell bedeckt und die obere Hautschicht ist verhornt. Sie atmen mit Lungen und sind gleichwarm. Das bedeutet, dass die Temperatur ihres Körpers konstant bleibt. Säugetiere leben sowohl im Wasser als auch auf dem Land. Sie werden von innen befruchtet und die Embryos entwickeln sich im Mutterleib. Zudem sind fast alle Säugetiere lebend gebärend und betreiben Brutpflege. Das bedeutet, dass sie sich nach der Geburt um ihren Nachwuchs kümmern. So säugen sie ihre Jungen nach der Geburt mit Milch, die sie in ihren Milchdrüsen bilden.

Praxishandbuch Sprachbildung Biologie
Sprachsensibel unterrichten – Sprache fördern
ISBN 978-3-12-666852-1

Merkmale in Worte fassen

Mit folgenden Sätzen kannst du Wirbeltiere beschreiben. Ordne die Sätze den passenden Kategorien zu.

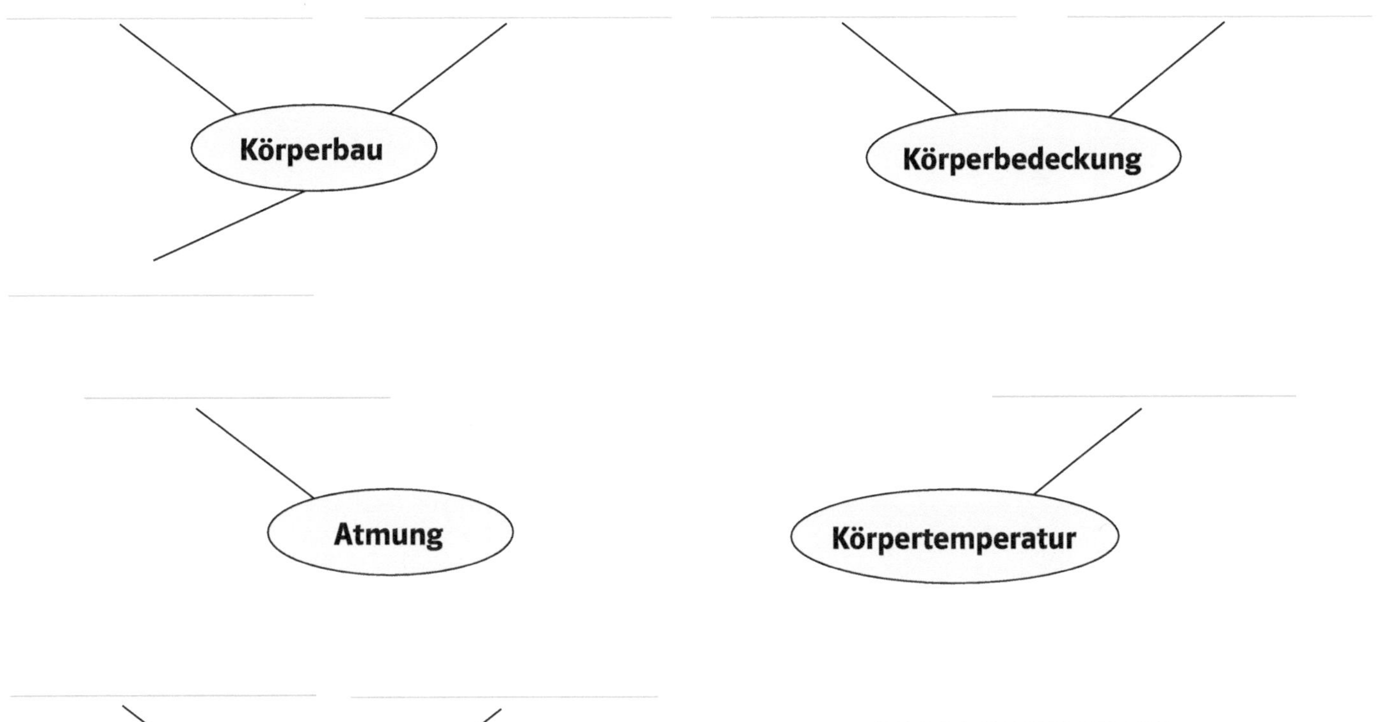

Körperbau

Körperbedeckung

Atmung

Körpertemperatur

Lebensraum

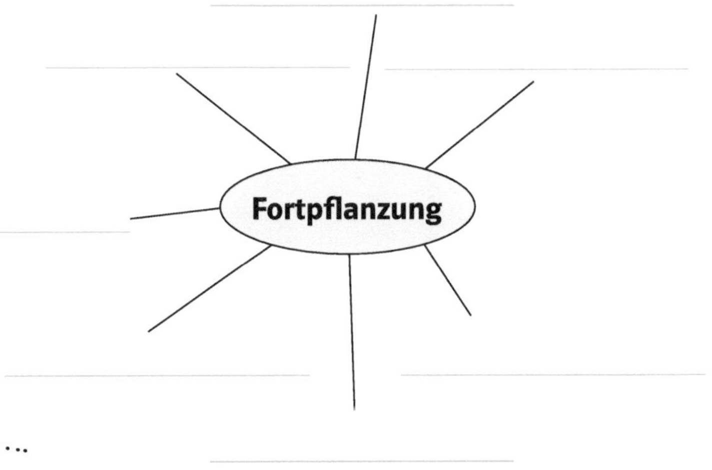

Fortpflanzung

Der Körper ist in … unterteilt.

… verfügen über …

Der Körper besteht aus ….

… atmen mit …

… leben im Wasser.

… brüten ihre Eier aus.

Bei … findet eine äußere/innere Befruchtung statt.

… säugen ihre Jungen.

… leben an Land.

… betreiben Brutpflege.

Der Körper ist von/mit … bedeckt.

… legen ihre Eier im Wasser/auf dem Boden ab.

… werden von innen/außen befruchtet.

… sind lebend gebärend.

… sind wechselwarm/gleichwarm.

Die Haut besteht aus …

Praxishandbuch Sprachbildung Biologie
Sprachsensibel unterrichten – Sprache fördern
ISBN 978-3-12-666852-1

Wirbeltierklassen beschreiben

1 **Kreuze an, welche Merkmale deine Wirbeltierklasse in den sechs Kategorien aufweist.**

2 **Berichte über deine Wirbeltierklasse.**

3 **Höre den Beschreibungen der anderen Wirbeltierklassen aufmerksam zu. Kreuze an, welche Merkmale sie aufweisen.**

Kategorie	Merkmale	Fische	Amphibien	Reptilien	Vögel	Säugetiere
Körperbau	Wirbelsäule					
	Gliederung in Kopf, Rumpf und 4 Gliedmaßen					
	Gliedmaßen ohne Zehen (z. B. Flossen/Flügel)					
	Gliedmaßen mit Zehen					
Körperbedeckung	Schleimhaut mit Knochenschuppen					
	feuchte Schleimhaut					
	verhornte obere Hautschicht					
	Hornschuppen					
	Federn					
	Fell/Haare					
Atmung	Kiemenatmung					
	Lungenatmung					
Lebensraum	Wasser					
	Land					
Körpertemperatur	wechselwarm					
	gleichwarm					
Fortpflanzung	innere Befruchtung					
	äußere Befruchtung					
	Eiablage					
	Säugen					
	Brutpflege					
	lebend gebärend					

Klett

ISBN 978-3-12-666852-1

Vögel und Säugetiere im Vergleich

1 Lies den Vergleichstext zu Vögeln und Säugetieren.

	Aufbau
Vergleich von Vögeln und Säugetieren Beim Vergleich von Vögeln und Säugetieren stellt man fest, dass sie gemeinsame und unterschiedliche Merkmale besitzen. Sowohl der Körper der Vögel als auch der Körper der Säugetiere besteht aus einem Kopf, einem Rumpf und vier Gliedmaßen. Vögel verfügen über ein Paar Beine mit Zehen als Gliedmaßen und über ein Paar Flügel. Dahingegen besitzen die meisten Säugetiere vier Gliedmaßen mit Zehen. Während der Körper der Vögel von Hornschuppen und Federn bedeckt ist, besteht die Körperbedeckung der Säugetiere meistens aus Fell. Die oberste Hautschicht der Vögel ist verhornt. Gleichermaßen verfügen auch die Säugetiere über eine verhornte oberste Hautschicht. Ebenso wie Vögel atmen Säugetiere mit Lungen. Zudem leben Vögel genauso wie Säugetiere, je nach Art, im Wasser und auf dem Land. Darüber hinaus sind nicht nur Vögel, sondern auch Säugetiere gleichwarme Tiere, denn die Temperatur ihres Körpers bleibt konstant. Vögel pflanzen sich wie Säugetiere durch innere Befruchtung fort. Vögel legen ihre Eier meistens in einem Nest ab und brüten diese aus. Im Gegensatz dazu sind die meisten Säugetiere lebend gebärend. Nach dem Schlüpfen versorgen die meisten Vögel ihre Jungen mit Nahrung. Säugetiere betreiben ebenfalls Brutpflege. Im Unterschied zu Vögeln säugen Säugetiere ihre Jungen nach der Geburt. Zusammenfassend lässt sich feststellen, dass Vögel und Säugetiere viele Gemeinsamkeiten haben.	

2 Unterstreiche im Text die Formulierungen, die Gemeinsamkeiten und Unterschiede beschreiben. Trage sie in die Tabelle ein.

Formulierungen für Gemeinsamkeiten	Formulierungen für Unterschiede
• sowohl … als auch …	• dahingegen
....	....
....	....
....	....
....	
....	
....	

3 Ordne den Abschnitten des Vergleichstextes in der Spalte neben dem Text folgende Bezeichnungen zu:

Schlusssatz mit Vergleichsergebnis • Hauptteil • Überschrift • Anfangssatz

Praxishandbuch Sprachbildung Biologie
Sprachsensibel unterrichten – Sprache fördern
ISBN 978-3-12-666852-1

Gemeinsamkeiten und Unterschiede formulieren

1 **Vergleiche die Wirbeltierarten in der angegebenen Kategorie. Verwende die angegebenen Ausdrücke, um Sätze zu Gemeinsamkeiten und Unterschiede zu schreiben.**

1. *im Gegensatz dazu*

	Fische	**Säugetiere**
Atmung	Kiemenatmung	Lungenatmung

2. *dagegen*

	Vögel	**Fische**
Körperbedeckung	Federn, an den Beinen Hornschuppen	Schleimhaut mit Knochenschuppen

3. *während*

	Amphibien	**Säugetiere**
Körpertemperatur	wechselwarm	gleichwarm

4. *hingegen*

	Reptilien	**Fische**
Lebensraum	Wasser und Land	Wasser

5. *sowohl – als auch*

	Vögel	**Säugetiere**
Atmung	Lungenatmung	Lungenatmung

2 **Schreibe nun einen Vergleichstext zu zwei Wirbeltierklassen. Gliedere deinen Text wie den Vergleichstext zu Vögeln und Säugetieren. Verwende auch die Formulierungen aus der Tabelle auf KV 7.**

3 **Suche dir einen Partner. Korrigiert und überarbeitet eure Texte.**

Schreibe die passenden Wörter in die Lücken.

1. Fische atmen mit den Kiemen. **Im Gegensatz dazu** .... Säugetiere ....

2. Der Körper der Vögel ist .... bedeckt. An den Beinen haben sie .... **Dagegen** .... der Körper der Fische ....

3. **Während** Amphibien .... sind, sind ....

4. Reptilien leben ______________. **Hingegen** ______________ Fische _____ ______________.

5. **Sowohl** ______________ **als auch** ______________ atmen ______________.

Praxishandbuch Sprachbildung Biologie
Sprachsensibel unterrichten – Sprache fördern
ISBN 978-3-12-666852-1

Stammbaum der Wirbeltiere

In einem Stammbaum wird dargestellt, wie Wirbeltiere miteinander verwandt sind und wie sie sich mit der Zeit entwickelt haben.
An den markierten Stellen (Zahlen 1–8) in diesem Stammbaum verfügen die Wirbeltierklassen über bestimmte Merkmale, die sie mit anderen Wirbeltierklassen gemeinsam haben (1, 2, 3) oder die sie von anderen Wirbeltierklassen unterscheiden (4, 5, 6, 7, 8).

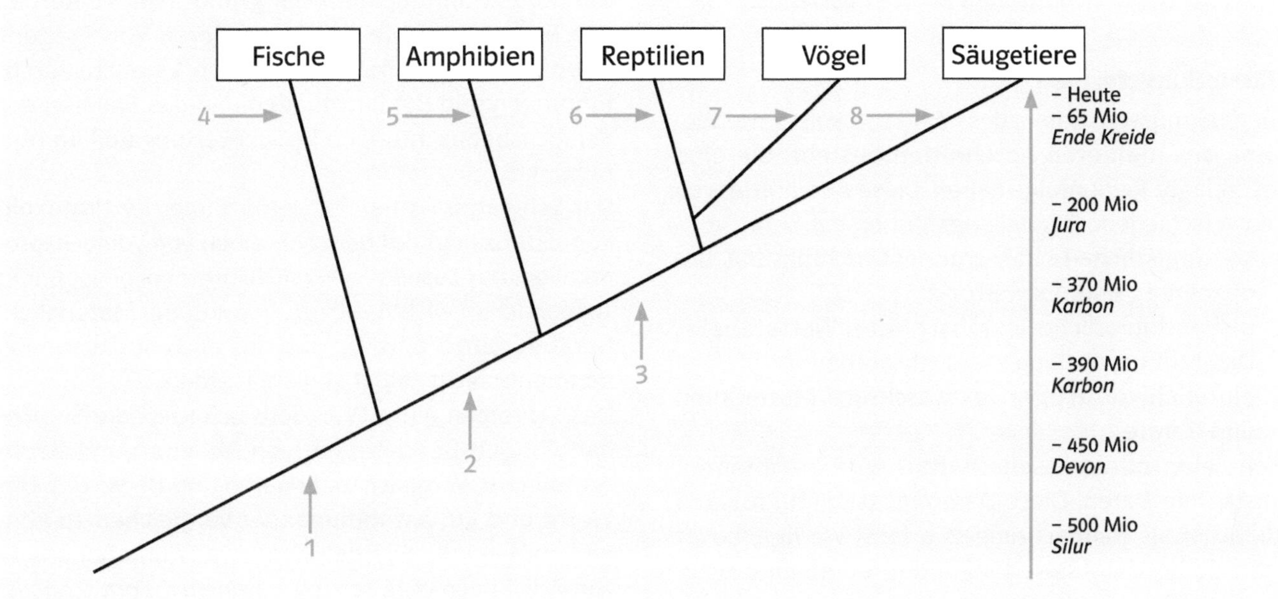

Ordne den Zahlen im Stammbaum die folgenden Merkmale zu.

1	Kiemen
2	Häutung
3	säugen, lebend gebärend
4	Lunge, innere Befruchtung
5	Wirbelsäule
6	Hornschuppen/ verhornte obere Hautschicht
7	Federn
8	Schleimhaut ohne Federn, Haare, Schuppen

Praxishandbuch Sprachbildung Biologie
Sprachsensibel unterrichten – Sprache fördern
ISBN 978-3-12-666852-1

Protokoll, Wertetabelle, Diagramm

Erster Ansatzpunkt für eine systematische Schulung der sprachlichen Kompetenzen im Bereich der Erkenntniskompetenz ist typischerweise die Textsorte Protokoll. Durch den Einbezug der Hypothese und den Rückbezug darauf am Ende des Protokolls eignen sich Protokolle auch zur Vermittlung und Dokumentation des naturwissenschaftlichen Erkenntnisweges.

Darstellungsformen

Die SuS müssen lernen, dass ein Protokoll in der Biologie aus mehreren Abschnitten besteht, die eine festgelegte Reihenfolge haben. Diese Abschnitte weisen verschiedene Darstellungsformen auf:

- kontinuierliche Textabschnitte: Durchführung, Beobachtung und Auswertung
- diskontinuierliche Textabschnitte: Wertetabelle, Diagramme, optional: Versuchsaufbau
- ein stichwortartiger Textabschnitt: Materialien und Geräte

Bei vielen naturwissenschaftlichen Experimenten misst man Daten. Diese Daten müssen im Protokoll zunächst als Beobachtungen erfasst werden, bevor man sie bei der Auswertung interpretiert. Eine Schulung der Protokollkompetenz umfasst deshalb auch die Textsorten Wertetabelle und Diagramme.

Sprachliche Anforderungen

Die einzelnen Abschnitte des Protokolls haben unterschiedliche sprachliche Anforderungen: Während die Hypothese in der ersten Person Singular oder Plural formuliert wird (*Ich denke / Wir denken, dass …*), muss der Rest des Protokolls in der unpersönlichen Form (*man* oder Passivkonstruktionen) verfasst werden. Die verwendeten Materialien werden stichwortartig aufgezählt, während die Beschreibung der Durchführung eine genaue und chronologisch exakte, durch Zeitadverbien gegliederte Beschreibung erfordert. Die SuS müssen daher wissen, was von ihnen in den verschiedenen Abschnitten gefordert ist.

Auf der anderen Seite sind die Formulierungen, die für die einzelnen Abschnitte verwendet werden, größtenteils standardisiert und daher überschaubar. Durch entsprechende Unterstützung beim Aneignen der sprachlichen Mittel und Übung im Protokollieren können die SuS hier schnell Sicherheit erlangen.

Bei der Einführung steht der grundsätzliche Aufbau der Textsorte sowie das Formulieren von Fragen/Hypothesen, das Beschreiben von Versuchsdurchführungen und Beobachtungen und das Erklären der Versuchsbeobachtungen im Auswertungsteil im Mittelpunkt.

Der Schwerpunkt bei der Vermittlung der Protokollkompetenz liegt auf dem Schreiben von Versuchsprotokollen. Das Lesen von Versuchsprotokollen ist nur in Teilbereichen wichtig (Frage, Vermutung, Materialien, Geräten, Durchführung) und das auch nur, wenn Experimente nicht selbst geplant werden.

Das Schreiben eines Protokolls erfordert die Sprachhandlungen Beschreiben (von Abläufen und Beobachtungen), Vergleichen, Erklären und Bewerten. Um Werte und Kurven miteinander vergleichen zu können, müssen die SuS den Komparativ und Superlativ von Adjektiven (z. B. *schnell – schneller – am schnellsten*) bilden können und die Struktur von Vergleichssätzen kennen (z. B. *Die Temperatur in Dose 1 sinkt schneller als die Temperatur in Dose 2*). Sprachlich sehr bedeutsam bei der Auswertung sind auch Konjunktionen, um etwas begründen oder Schlussfolgerungen ziehen zu können.

Progression

Es ist ratsam, eine schulweit geltende Textstruktur für Protokolle in den Jahrgängen 5/6 einzuführen. In höheren Jahrgangsstufen kann es erforderlich sein, die Textstruktur fachspezifisch anzupassen und zu ergänzen. Eine Fehlerbetrachtung kann erfahrungsgemäß erst in Klasse 9 sinnvoll mit einbezogen werden. Die folgende Tabelle bietet eine Übersicht darüber, wie sich die sprachlichen Kompetenzen im Verlauf der Sekundarstufe I aufbauen lassen.

Progression: Entwicklung der Protokollierkompetenz

	5/6	7/8	9/10
Allgemein	man-Form	man-Form; Passiv	Passiv
Problemfrage	Problemfrage formulieren: *Was …? Warum …? Wie …? Wodurch …?*		
Hypothese	Vermutungen angeben, was geschehen könnte *denken/vermuten* + dass-Satz: *Wir vermuten, dass …*		
Durchführung	zeitliche Abfolge: *Zunächst …/ Dann …/ Danach …* Zweck angeben durch finale Adverbien: *Dafür … / Dazu …*	temporaler Nebensatz: *Bevor/Nachdem …* modaler Nebensatz (Art und Weise): *…, indem …*	temporale Präposition mit nominalisiertem Verb: *Vor dem Eingießen …* *Während des Beobachtens …*
Beobachtung	Sinnesverben + dass-Satz: *Man beobachtet/sieht/ erkennt, dass …*	temporaler Nebensatz: *Bevor man …* konditionaler Nebensatz: *Wenn man …* uneingeleiteter Bedingungssatz: *Wird die Säure zugegeben, verfärbt sich …* Adverbien wie *hingegen, jedoch*	temporale Präposition mit nominalisiertem Verb: *Vor dem Zugeben …* *Während des Messens …* konditionaler Nebensatz: *Bei starker Erwärmung …*
	Tabellen zur übersichtlichen Darstellung von Ergebnissen		
Auswertung	kausaler Nebensatz (Begründung): *…, weil …* Konsekutivsatz (Folgesatz): *Deshalb / Aus diesem Grund …* Vergleichsstrukturen: *größer als / am größten* *Im Gegensatz zu …* *Beiden gemeinsam ist …*	kausaler Nebensatz: *… weil/ da …*	kausale Präposition mit nominalisiertem Verb: *Aufgrund des Temperaturanstiegs …* *Wegen der Erwärmung …*
	Verallgemeinerungen: *Das Experiment zeigt: Der Magnet zieht einige Metalle an.* *Magnete ziehen Gegenstände aus Eisen an.*		
	Säulen-/Kurvendiagramme	verschiedene Arten von Diagrammen	
Fehlerdiskussion (Ergebnisse, Planung)			Konjunktiv

UNTERRICHTSEINHEIT

Wie schützen sich Tiere vor Kälte? 5/6

Basiskonzept Struktur und Funktion
Übergreifende Kompetenz Erkenntnisgewinnung, Kommunikationskompetenz (Beschreiben, Vergleichen, Erklären)
Textsorten Protokoll, Wertetabelle, Diagramm
Thema Tiere in ihrem Lebensraum

fachliche Lernziele

- Prinzipien erklären, wie Tiere an das Leben in kalten Lebensräumen angepasst sind
- Experimente nach Anleitung durchführen und auswerten
- weitgehend selbstständig ein Protokoll mit Daten erstellen
- Daten aus einem Experiment in einer Wertetabelle erfassen
- eine Wertetabelle in ein Diagramm umwandeln

sprachliche Lernziele

- die einzelnen Abschnitte eines Versuchsprotokolls mit den jeweiligen sprachlichen Anforderungen umsetzen
- die Durchführung eines Versuchs chronologisch genau und in der unpersönlichen Form (*man*) beschreiben
- ein Kurvendiagramm beschreiben, Werte vergleichen und interpretieren

Die Unterrichtseinheit im Überblick

Im Mittelpunkt dieser Unterrichtseinheit stehen Modellexperimente, mit denen überprüft werden kann, ob Federn, Fett, Luft, kürzere Körperanhänge sowie größere Körperoberflächen für Tiere in kalten Lebensräumen ein wirksamer Kälteschutz sind. Dabei wird jeweils von konkreten Beispielen aus dem Tierreich ausgegangen. Das Thema eignet sich besonders gut, um die Protokollstruktur einzuüben, da sich mehrere, in ihrem Aufbau und der Durchführung ähnliche, einfach umzusetzende Modellversuche anbieten, um die einzelnen Strategien zu überprüfen. So haben die SuS nach der Einführung des Vorgehens die Gelegenheit, bei den Versuchen weitgehend selbstständig zu hantieren und das Schreiben eines Versuchsprotokolls mehrfach hintereinander zu erproben. Sie sind fachlich entlastet und können sich dadurch auf die Vermittlung der sprachlichen Aspekte konzentrieren.

Der Aufbau und die sprachlichen Anforderungen eines Protokolls erscheinen zwar auf den ersten Blick kompliziert, letztendlich sind sie jedoch immer wieder dieselben und daher überschaubar: Dadurch werden schnell Erfolgserlebnisse erreicht, was die Motivation der SuS erhöht.

Nach dem Prinzip des Scaffolding (→ S. 37) werden die Struktur und die sprachlichen Besonderheiten eines Protokolls anfangs gemeinsam erarbeitet. In der Folge werden die Hilfen allmählich reduziert, bis die SuS in der Lage sind, weitgehend selbstständig ein Protokoll zu erstellen bzw. sich bei Fragen oder Zweifeln gezielt Hilfe zu holen. In sehr heterogenen Lerngruppen besteht die Möglichkeit, über zusätzliche Hilfen entsprechend dem Lernvermögen der SuS zu differenzieren. Entscheidend für den Lernfortschritt ist, dass die eigenen Textprodukte zum Schluss überarbeitet werden: entweder von anderen SuS oder von der Verfasserin oder dem Verfasser selbst. Dazu eignet sich das Werkzeug Protokolle (→ S. 176) oder eine Schreibkonferenz.

1 Tiere in kalten Lebensräumen

Das Vorwissen aktivieren

Zunächst werden die fachlichen und sprachlichen Ziele der Unterrichtseinheit sowie das Vorwissen der Lernenden erarbeitet:

- Wie können Tiere im Winter bzw. in kalten Lebensräumen überleben?
- Wie unterscheiden sich Tiere derselben Art, die in kalten und in warmen Lebensräumen leben?

Dazu finden sich auf der KV Abbildungen mehrerer Tierpaare, die sich auf unterschiedliche Weise vor Kälte schützen. Diese Tiere spielen auch bei den späteren Versuchen eine Rolle. Zunächst bilden die SuS mit ihrem Sitznachbarn Hypothesen über die Lebensräume der Tiere: Welches der beiden Tiere lebt in

Arbeitsblätter

KV Nr.	Thema	Sozialform	Intention
1	Tiere in kalten Lebensräumen		Vorwissen zum Thema und Wortschatz erarbeiten
2	Musterprotokoll: Schützen Fett und Federn vor Kälte?		Struktur und Schreibweise eines Protokolls erarbeiten, ein Experiment durchführen
3	Die Durchführung – Handlungen beschreiben		Abfolgewörter anwenden, um Handlungen chronologisch darzustellen
4	Schützt Fell vor Kälte?		Durchführung mit Zeitadverbien strukturieren; Fachverben anwenden
5	Protokollpuzzle für ein Protokoll mit Daten		Struktur eines Protokolls mit Daten und Zweck der einzelnen Abschnitte vertiefen
6	Wertetabellen kennenlernen		Fachwortschatz zuordnen und anwenden
7	Eine Wertetabelle erstellen		Messungen versprachlichen, Messwerte in eine Tabelle eintragen
8	Diagramme beschreiben		Fachwortschatz zuordnen, Vergleiche von Werten und Kurven
9	Warum plustern sich Vögel auf?		mit sprachlicher Unterstützung (Lückentexte, Satzanfänge) ein Protokoll verfassen
10	Kleine Forscher		ein Experiment selbstständig durchführen; ein Protokoll selbstständig erstellen

einer kalten Umgebung? Wie schützt es sich vor der Kälte? In dieser Phase können die SuS auch ihre jeweilige Erstsprache mit einbeziehen, wenn ihnen der erforderliche Wortschatz im Deutschen noch fehlt. So können Verständnisprobleme geklärt und das fachliche Vorwissen aktiviert werden (→ S. 38) Die Lehrkraft sollte dazu explizit darauf hinweisen, dass es auch erlaubt ist, sich einen Partner mit derselben Erstsprache zu suchen.
Nach dieser Arbeitsphase werden die Vorschläge der SuS an der Tafel gesammelt. Dazu können die Bilder vergrößert kopiert und an die Tafel geheftet oder mit einem OHP an die Wand projiziert werden.

2.1, 2.2 Musterprotokoll: Schützen Fett und Federn vor Kälte?

Modellieren der Textsorten Protokoll, Wertetabelle und Diagramm

Im Folgenden sollen die verschiedenen Möglichkeiten der Tiere zum Schutz vor Kälte in verschiedenen Modellversuchen überprüft werden. Den Anfang macht der Versuch, ob Federn Vögel vor der Kälte schützen. Hier können noch einmal die Fotos der beiden Vögel in der obersten Reihe von KV 1 gezeigt werden, die einen Vogel mit Sommer- und einen Vogel mit Wintergefieder zeigen. Für den Versuch werden mit warmem Wasser gefüllte Dosen mit und ohne Feder-Umhüllungen in eine Schüssel mit kaltem Wasser gesetzt. Entsprechend den Sicherheitsvorschriften müssen für den Versuch gekaufte Federn verwendet werden. Mehrere Minuten lang wird nun die Temperatur gemessen und die Messdaten werden in eine Wertetabelle aufgenommen. Zum Schluss werden die Daten in ein Diagramm umgewandelt, verglichen und festgestellt, welche Umhüllung das warme Wasser am besten vor dem Auskühlen schützt.
Zunächst wird gemeinsam erarbeitet, zu welchem Zweck bei Versuchen in der Biologie ein Versuchsprotokoll erstellt wird: Um den Versuch für andere nachvollziehbar zu machen, kommt es darauf an, die einzelnen Schritte möglichst übersichtlich und detailliert zu dokumentieren. Dazu ist es notwendig, das Protokoll in einzelne Abschnitte zu unterteilen, die jeweils einen standardisierten Inhalt und Aufbau haben.
Nun sollen sich die SuS in einem Murmelgespräch (→ Methodenglossar S. 195) austauschen, aus welchen Teilen ein Protokoll bestehen muss. Die Ergebnisse werden an der Tafel gesammelt und strukturiert. So erhält die Lehrkraft auch einen Einblick, welche Vorkenntnisse zur Textsorte Protokoll die SuS bereits haben.
Um den Aufbau eines Versuchsprotokolls und dessen sprachliche Besonderheiten herauszuarbeiten, wird der Versuch als Demonstrationsversuch durchgeführt

und das Protokoll nach dem Muster von KV 2 an der Tafel oder auf dem OHP erstellt. Ein Musterprotokoll eignet sich gut, um die verschiedenen Teile eines Versuchsprotokolls und deren Abfolge kennenzulernen. Der Wortschatz (Fachverben, Materialien etc.) kann gemeinsam besprochen und ggf. erklärt werden. Außerdem haben die SuS so eine Vorlage, wenn sie später selbstständig Protokolle erstellen sollen. Im Protokoll wird bewusst kein Passiv verwendet, da dieses im Deutschunterricht erst in Jahrgang 7 oder 8 eingeführt wird. Als Brücke zum Passiv wird als unpersönliche Form stattdessen die „man-Form" eingesetzt.
Einige SuS unterstützen die Lehrkraft beim Messen und dem Protokollieren der Daten in der Wertetabelle an der Tafel. Gemeinsam wird danach an der Tafel das Diagramm erstellt, um das Vorgehen beim Erstellen von Diagrammen für alle vorzustellen. Die SuS übertragen die Daten auf KV 2. Hier sind bereits eine leere Wertetabelle und ein Koordinatensystem mit den entsprechenden Einheiten vorgegeben. Dies erleichtert den SuS den Einstieg in das Thema „Protokollieren mit Daten" erheblich.
Abschließend kann auf die Struktur des Protokolls eingegangen werden, indem die am Anfang der Stunde an der Tafel gesammelten Punkte gemeinsam geordnet und ggf. angepasst werden. Zur Übersicht sollten die SuS die Protokollstruktur in ihr Heft notieren.

3 Die Durchführung – Handlungen beschreiben

Abläufe chronologisch beschreiben

Im Abschnitt „Durchführung" soll der Ablauf eines Versuchs möglichst detailliert beschrieben werden, sodass eine andere Person diesen nachvollziehen kann. Besonders wichtig ist dabei, die Reihenfolge der Handlungen genau abzubilden. Dies geschieht mithilfe von Adverbien (*zuerst, dann, nun …*). Dafür müssen die SuS diese kennen und sie richtig einzusetzen wissen. Dazu wird auf KV 3 die Aufmerksamkeit auf die Adverbien gelenkt, indem die SuS diese im Mustertext unterstreichen und ihrer chronologischen Aussage nach in eine Tabelle einordnen.

4 Schützt Fell vor Kälte?

Ein Experiment detailliert beschreiben

Im nächsten Versuch geht es darum zu beweisen, dass Fell vor Kälte schützt. Die SuS erproben die chronologische Darstellung von Handlungen nun anhand eines Lückentexts. Außerdem haben sie auf dieser KV die Aufgabe, die experimentspezifischen Fachverben im Text zu markieren und diese jeweils dem Infinitiv zuzuordnen. Dadurch wird die Aufmerksamkeit zum einen auf die unpersönliche *man*-Form, zum anderen auf die Reihenfolge im Satz gelenkt: Wenn ein Satz mit Adverb beginnt, rückt das Verb vor das Subjekt (Inversion). Die Verben sollten unbedingt auch ins Glossar (→ S. 18) aufgenommen werden.

5 Protokollpuzzle

Die Protokollstruktur einüben

Anhand des Musterprotokolls wurde der Aufbau eines Protokolls bereits besprochen. Mithilfe dieser KV sollen die SuS sich diese Struktur noch einmal verdeutlichen, indem sie die Beschreibung und die Texte jeweils dem passenden Abschnitt des Protokolls zuordnen und diese dann in die richtige Reihenfolge bringen. Als Hilfestellung können die SuS das Musterprotokoll sowie die Übersicht Protokolle (→ S. 177) verwenden.
Es werden Gruppen von drei bis vier SuS gebildet. Jede Gruppe erhält KV 5, eine Schere und ein Blatt Papier, auf das die Textteile aufgeklebt werden können. Die SuS diskutieren den richtigen Aufbau des Protokolls und legen die Textteile entsprechend sortiert aus. Im Anschluss kann eine Gruppe ihr Protokoll vorstellen, die anderen ergänzen und berichtigen. Unklarheiten oder Probleme können so im Klassenverband geklärt werden. Der Versuch kann durchgeführt werden, muss es aber nicht.

Möglichkeit zur Differenzierung:

Die Felder der ersten und zweiten Spalte des Protokolls sind in verschiedenen Grautönen eingefärbt, um die Zuordnung zu erleichtern. Um die Aufgabe weiter zu vereinfachen, können zuerst nur zwei Spalten ausgeteilt werden – die linke und die mittlere oder die linke und die rechte, sodass den Abschnitten des Protokolls nur ihre Beschreibung bzw. die Inhalte zugeordnet werden müssen.

6 Wertetabellen kennenlernen

Fachwortschatz zuordnen und anwenden

Dem Eintragen der gemessenen Werte und deren Umwandlung in ein Diagramm sollte besondere Aufmerksamkeit geschenkt werden. Das Lesen und Entschlüsseln dieser diskontinuierlichen Textsorten verlangt bestimmte Strategien, die die SuS sich erst aneignen müssen (→ S. 25). Um sich über Wertetabellen austauschen und Werte richtig eintragen und zuordnen zu können, müssen die SuS außerdem eine Reihe von Fachbegriffen kennen. Dazu ist auf KV 6 eine Wertetabelle mit den angegebenen Begriffen abgebildet. Werden Wertetabellen zum ersten Mal thematisiert, sollte zuerst nur eine Darstellungsform eingeübt werden. In dieser Unterrichtseinheit wird aus diesem Grund zuerst die horizontal angelegte Tabelle gewählt. Wenn die SuS den Umgang mit ihr beherrschen, kann die vertikal angelegte Tabelle eingeübt werden. So können die SuS ihr Wissen auf diese Form übertragen.

Die SuS tauschen sich zunächst wieder in Partnerarbeit aus. Auch hier ist der Einbezug der Muttersprache sehr hilfreich. Nachdem die SuS ihr Vorwissen zu Wertetabellen und Diagrammen strukturiert haben, sollen die Ergebnisse und Hypothesen wieder im Plenum gesammelt werden. Dazu können die Wertetabelle und das Diagramm von KV 6 auf eine OHP-Folie kopiert oder auf einem Plakat skizziert werden. Die in diesem Zusammenhang relevanten Begriffe werden auf Folienschnipsel oder Wortkärtchen übertragen. Im Klassenverband werden die wichtigen Begriffe dann besprochen und zugeordnet.
Nach dieser Phase der Vorentlastung ist es sinnvoll, das gewonnene Vorwissen im Arbeitsheft der SuS festzuhalten. Dazu bietet es sich an, ein strukturiertes Tafelbild zu gestalten und für die weitere Arbeit das Werkzeug Diagramme (→ S. 170) auszuteilen.
Um den Wortschatz und das Beschreiben von Wertetabellen zu üben, sollen die SuS im Anschluss mehrere Aussagen zur Tabelle bewerten.

7 Eine Wertetabelle erstellen

Werte in eine Wertetabelle eintragen

Das Eintragen von Werten in eine Wertetabelle wird mit KV 7 geübt. Die KV wird in der Mitte zerschnitten. Auf jeder Hälfte befindet sich eine Wertetabelle, auf der jedoch jeweils unterschiedliche Werte fehlen. Jeweils zwei SuS arbeiten zusammen. Sie diktieren sich gegenseitig die Werte, die in ihrer Tabelle eingetragen sind. Die Werte werden ergänzt, zum Schluss werden die Tabellen verglichen, um festzustellen, ob alle Werte korrekt eingetragen wurden.
Durch diese Übung wird zum einen das Lesen und die Orientierung in der Wertetabelle geschult (Welche Angaben befinden sich in welcher Zeile? Wo stehen die entsprechenden Einheiten?), zum anderen wird das korrekte Formulieren der Angaben (*Nach zwei Minuten beträgt die Temperatur in der Dose 53°C.*) geübt.

8 Diagramme beschreiben

Kurven und Werte vergleichen

Die wichtigsten Begriffe und den Aufbau eines Diagramms haben die SuS bereits durch das Musterprotokoll kennengelernt. Nun sollen sie das Diagramm mit den wichtigsten Begriffen beschriften.
Um Werte und Kurven miteinander zu vergleichen, müssen die SuS den Komparativ und den Superlativ von Adjektiven (*schnell – schneller – am schnellsten*) verwenden können. Wenn die SuS damit noch Schwierigkeiten haben, sollte die Übung zunächst gemeinsam an der Tafel oder auf dem OHP durchgeführt werden.

9.1, 9.2 Warum plustern sich Vögel bei Kälte auf?

Üben von Protokollen mit Daten durch stark gelenktes Schreiben

Vögel schützen sich vor Kälte nicht nur durch ihr Federkleid, sondern auch durch Aufplustern. Zur Einführung dieses Phänomens kann das Bild eines aufgeplusterten Vogels auf KV 1 gezeigt werden. Die SuS überlegen zunächst einzeln, dann gemeinsam, warum sich Vögel aufplustern. Im Unterrichtsgespräch werden die Vermutungen zusammengetragen.
Dann führen die SuS das Experiment in Gruppen durch. Während des Experimentierens werden die Daten gemessen und protokolliert. Nach dem Experiment fertigen die SuS allein oder zusammen mit einem Partner stark gelenkt ein Protokoll an, um das Muster weiter einzuüben. Auf KV 9 sind für die einzelnen Abschnitte Satzanfänge vorgegeben, die die SuS bei der Strukturierung und der Bildung korrekter Sätze unterstützen.
Beim Erstellen des Diagramms und der Auswertung der Daten können sich die SuS zusätzliche Hilfe holen, wenn sie sich unsicher sind. Diese werden mehrfach kopiert, einzeln ausgeschnitten und während der Arbeitsphase auf dem Pult ausgelegt. Auf der KV ist jeweils angegeben, an welchen Stellen sich die SuS zusätzliche Hinweise holen können. Bei Bedarf können sich die SuS die Hinweise selbstständig besorgen. Die Lehrkraft kann auch gezielt darauf verweisen, wenn bestimmte SuS bei der Bearbeitung der Aufgaben Probleme haben.

- *Hinweis 1* hilft bei der Erstellung des Diagramms
- *Hinweise 2 bis 4* bestehen aus C-Texten zu Interpretation und Auswertung der Daten. Sie geben unsicheren SuS ein Gerüst vor.

Zum Schluss werden die Protokolle im Unterrichtsgespräch vorgestellt und besprochen.

10 Kleine Forscher oder

Sprachregister wechseln

Optional kann als letzter Schritt der Unterrichtseinheit KV 10 eingesetzt werden. Hier sollen die SuS zusammen mit einem Partner oder in Kleingruppen selbstständig ein Experiment planen und durchführen, mit dem die Gültigkeit der Bergmannschen Regel überprüft werden kann. Dabei erfolgen ungewöhnliche Wechsel:

- von einer ausformulierten Regel zur Planung, Durchführung und Auswertung eines Experiments,
- von der in der Regel verwendeten Fachsprache zur Alltagssprache, welche die Kinder bei der Planung und Durchführung der Experimente verwenden, zurück zur Bildungs- und Fachsprache beim Ausformulieren des Protokolls.

Diese letzte Phase der Unterrichtseinheit ist kognitiv sehr anspruchsvoll, aber für manche SuS gerade durch die selbstständige Arbeitsweise sehr reizvoll. Sie ist bewusst so offen formuliert, damit die SuS das Vorgehen eines Forschers oder einer Forscherin nachvollziehen können, indem sie ein Experiment selbst planen und die Problemfrage selbstständig beantworten. Damit alle SuS das Rätsel lösen können, erhalten sie optionale Unterstützung durch zahlreiche fachliche und sprachliche Hinweise. Die Aufgabe ist durch die vorher durchgeführten ähnlichen Versuche gut vorbereitet. Falls dieser Schritt an dieser Stelle als zu herausfordernd für die Lerngruppe angesehen wird, so könnte vorher ein weiterer Versuch eingeschoben werden, anhand dessen die SuS noch einmal das selbstständige Aufnehmen der Werte üben können.

- In *Hinweis 1* wird die Durchführung in Sätzen im Imperativ vorgegeben. Die SuS müssen sie nur noch umformulieren. Dazu bekommen sie den Verweis auf Zeitadverbien, die unpersönliche Form und die Benutzung des Präsens.
- *Hinweis 2* enthält Tipps für das Anlegen der Wertetabelle mit der entsprechenden Beschriftung.
- *Hinweis 3* unterstützt die SuS beim Zeichnen des Diagramms.
- In *Hinweis 4* finden sich Satzbausteine für die verschiedenen Teile der Auswertung, die den SuS dabei helfen, die Daten aus dem Diagramm zu beschreiben, zu erklären und zu vergleichen.

Außerdem kann natürlich jederzeit das Werkzeug Protokolle (→ S. 176) verwendet werden. Falls noch mehr Hilfe erforderlich ist, sollte die Lehrkraft mehrere zentrale Zwischenphasen mit Unterrichtsgesprächen einbauen. Sollte die Gruppe insgesamt noch mehr Hilfen benötigen, als sie auf dem Arbeitsmaterial erhält, so könnte vor diesem Experiment zusätzlich noch das auf dem Protokollpuzzle dargestellte Experiment (KV 5) im Unterricht durchgeführt und protokolliert werden. Dazu sollten zuvor die Werte aus der Tabelle entfernt werden.

Das fertige Protokoll wird mithilfe der Übersicht (→ S. 177) überarbeitet. Hier bietet sich der Selbstcheck an, die Protokolle können aber auch ausgetauscht werden. Im Anschluss wird das Protokoll eingesammelt und benotet. In der Klasse wird reflektiert, was den SuS beim Verfassen der Protokolle mit Daten gut gelungen ist und woran noch gearbeitet werden muss.

Das Versprachlichen von Daten sollte in einer weiteren Unterrichtseinheit noch einmal ausführlich geschult werden.

Tiere in kalten Lebensräumen

Auf den Bildern seht ihr Tiere, die in verschiedenen Lebensräumen leben.

1 Vergleicht die Tiere in der linken und in der rechten Spalte: Wie unterscheiden sie sich?

2 Stellt Vermutungen auf: Welche Tiere leben in warmen, welche in kalten Lebensräumen?

3 Stellt begründete Vermutungen auf: Wie verändert sich die Körpertemperatur der Tiere in kalten/ warmen Lebensräumen?

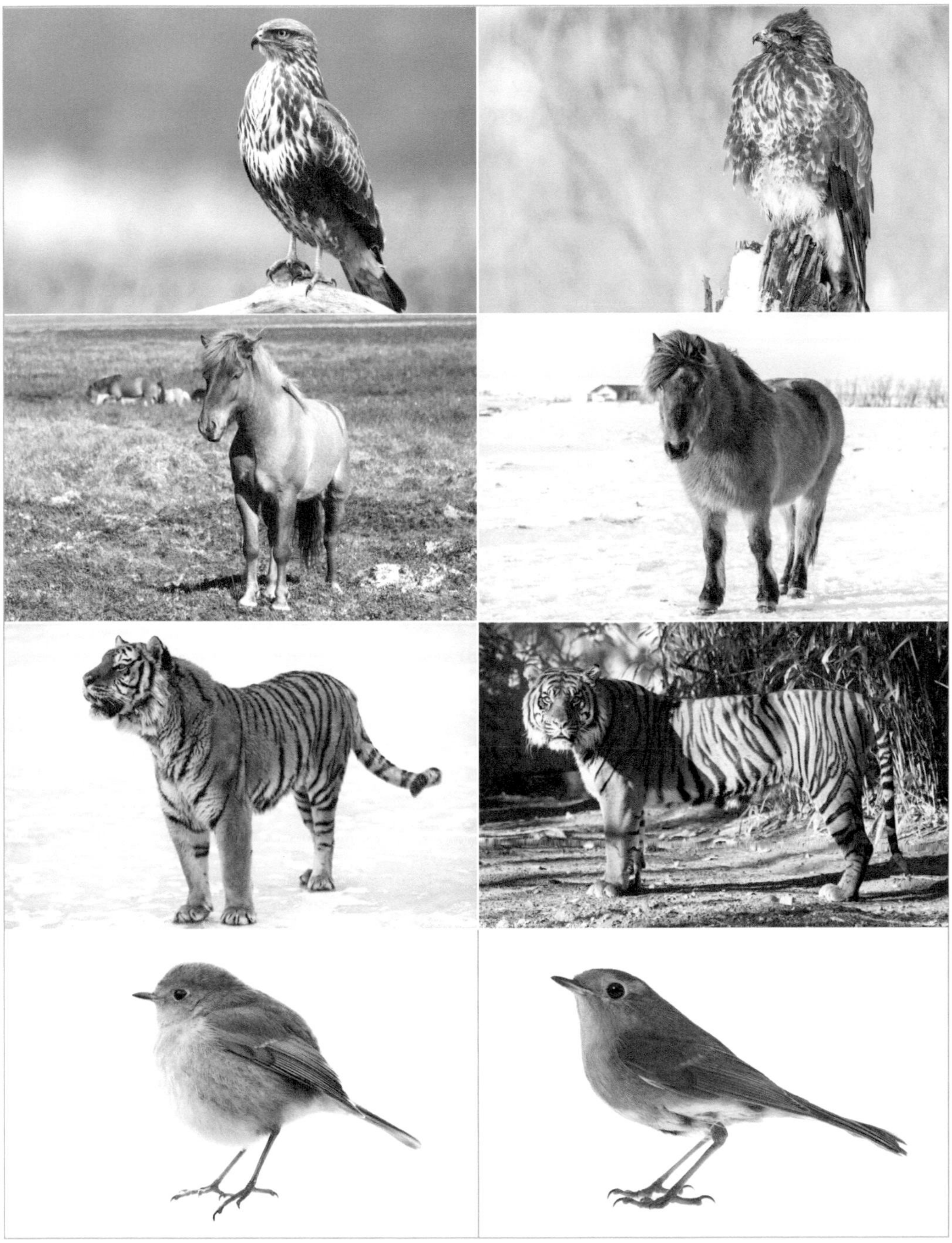

ISBN 978-3-12-666852-1

Musterprotokoll: Schützen Federn vor Kälte?

Die Problemfrage *das Thema/die Frage angeben*

Schützen Federn vor Kälte?

Die Hypothese *die Veränderung/ das erwartete Ergebnis vorhersagen*

Ich denke, dass Federn ....

Materialien und Geräte *Materialien und Geräte angeben*

1 Schüssel, 2 Dosen, Federn, 1 Stein, 1 kleine Plastiktüte, 1 Thermometer, warmes Wasser (ca. 45 °C) und kaltes Wasser (4° C), 1 Stoppuhr

Die Durchführung *Handlungen genau beschreiben*

Zuerst füllt man kaltes Wasser in die Schüssel. Es sollte so viel Wasser in der Schüssel sein, dass die Dosen zu 2/3 hineinpassen.

Dann füllt man in die erste Dose warmes Wasser und misst die Wassertemperatur.

Anschließend stellt man die Dose in die Schüssel. Wenn die Dose nicht auf dem Boden der Schüssel stehen bleibt, dann legt man den Stein in die Dose.

Nun misst man die Temperatur des Wassers in der Dose sechs Minuten lang jede Minute. Wichtig: Man hält das Thermometer immer ungefähr in die Mitte der Dose!

Danach wiederholt man den Versuch mit der zweiten Dose so:

Für die zweite Dose gibt man den Stein in die Tüte. Auf den Stein stellt man die Dose mit warmem Wasser. Um die Dose füllt man Federn. Die Dose sollte an den Seiten vollständig umhüllt sein.

Dann stellt man die zweite Dose mit der Hülle in die Schüssel, die mit kaltem Wasser gefüllt ist.

Zum Schluss ermittelt man ebenfalls sechsmal die Wassertemperatur.

Die Beobachtung

1. Daten aufnehmen: Werte messen und notieren (meist in einer Tabelle)

Zeit [Min]	0	1	2	3	4	5	6
1. Temperatur [° C] Dose ohne Hülle							
2. Temperatur [° C] Dose mit Federn							

Praxishandbuch Sprachbildung Biologie
Sprachsensibel unterrichten – Sprache fördern
ISBN 978-3-12-666852-1

2. *Daten in einem Diagramm darstellen. Für diesen Versuch zeichnet man ein Kurvendiagramm, weil sich die Daten im Verlauf der Zeit ändern.*

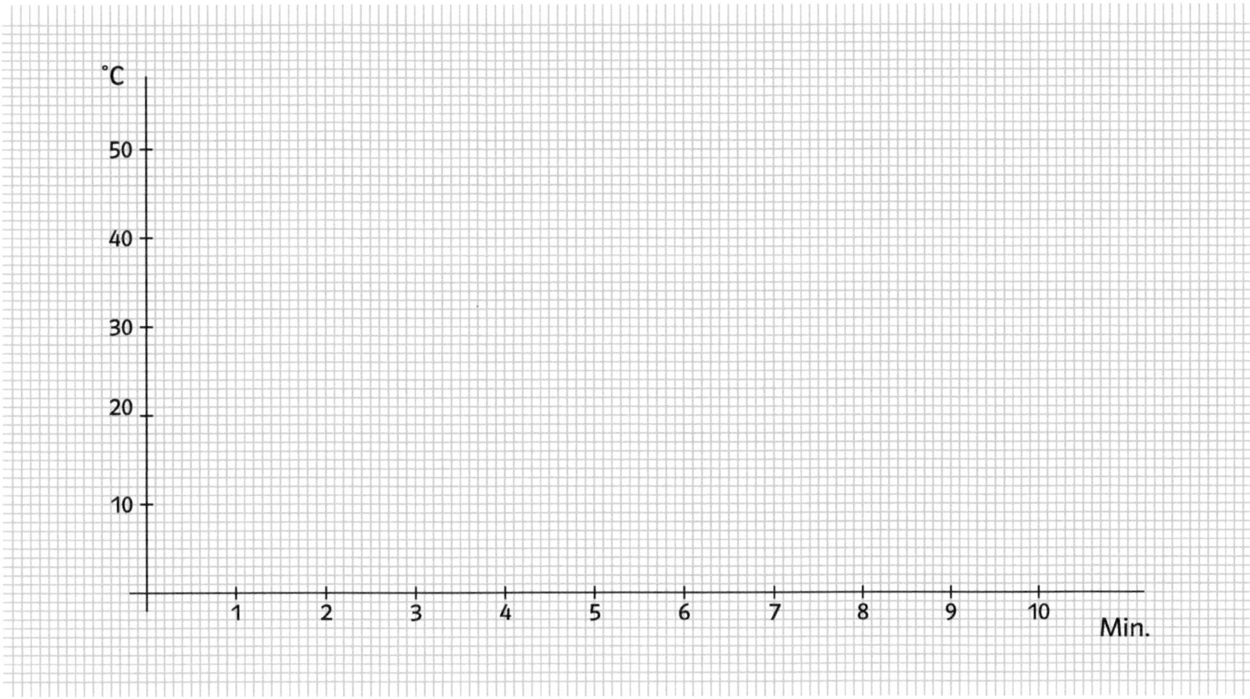

3. *Daten beschreiben: Man beschreibt, wie sich die Werte im Verlauf der Zeit ändern (steigen, sinken, gleich bleiben).*

   Die Wassertemperatur sinkt im Kontrollversuch in der Dose ohne Hülle im Verlauf von 6 Minuten

   um .... °C und in der mit Federn umhüllten Dose um .... °C.

4. *Daten vergleichen: Hat man verschiedene Messungen durchgeführt, vergleicht man den Verlauf der Kurven miteinander (stärker/gleichmäßig, sinken/steigen).*

   Streiche das Wort, das nicht passt, durch.
   In der Dose mit Federn sinkt die Wassertemperatur langsamer/schneller als in der Dose ohne Umhüllung.

Die Auswertung *Die Daten auswerten: Warum verändern sich die Werte? Was kann man daraus schließen? Die Hypothese beurteilen.*

Die Temperatur in der Dose .... sinkt schneller als in der Dose ....

Feder vor Kälte ....

Daher kann man sagen, dass Federn vor Kälte ....

Praxishandbuch Sprachbildung Biologie
Sprachsensibel unterrichten – Sprache fördern
ISBN 978-3-12-666852-1

Die Durchführung – Handlungen beschreiben

1 Lies die Durchführung. Bei einem Protokoll ist es wichtig, die genaue Reihenfolge anzugeben, in der man die einzelnen Schritte ausführt. Unterstreiche im Text die Wörter, die die Reihenfolge angeben, und trage sie in die Tabelle ein.

Zuerst füllt man kaltes Wasser in die Schüssel. Es sollte so viel Wasser in der Schüssel sein, dass die Dosen zu 2/3 hineinpassen.

Dann füllt man in die erste Dose warmes Wasser und misst die Wassertemperatur.

Anschließend stellt man die Dose in die Schüssel.

Nun misst man die Temperatur des Wassers in der Dose sechs Minuten lang jede Minute. Wichtig: Man hält das Thermometer immer ungefähr in die Mitte der Dose!

Danach wiederholt man den Versuch mit der zweiten Dose.

Für die zweite Dose gibt man den Stein in die Tüte. Auf den Stein stellt man die Dose mit warmem Wasser. Um die Dose füllt man Federn. Die Dose sollte an den Seiten vollständig umhüllt sein.

Dann stellt man die zweite Dose mit der Hülle in die Schüssel.

Zum Schluss ermittelt man ebenfalls sechsmal die Wassertemperatur.

Anfang des Experiments → Ende des Experiments

zuerst		

2 Es gibt noch mehr Wörter, die die Reihenfolge angeben. Ordne sie auch in die Tabelle ein.

weiterhin • am Anfang • zu Beginn • zuletzt • zunächst • schließlich

Praxishandbuch Sprachbildung Biologie
Sprachsensibel unterrichten – Sprache fördern
ISBN 978-3-12-666852-1

Schützt ein Winterfell vor Kälte?

Nazli und Ben wollen mit einem Experiment beweisen, dass ein Winterfell vor Kälte schützt. Sie haben ein Protokoll geschrieben.

Die Durchführung

.... füllt man kaltes Wasser in die Schüssel.

.... füllt man in die erste Dose warmes Wasser und misst die Wassertemperatur.

.... stellt man die Dose in die Schüssel.

.... misst man die Temperatur des Wassers in der Dose sechs Minuten lang jede Minute.

.... umwickelt man die zweite Dose mit Fell und füllt warmes Wasser hinein.

.... umhüllt man die Dose mit dem Fell mit einer Plastiktüte.

.... stellt man die zweite Dose mit der Hülle in die Schüssel.

.... ermittelt man ebenfalls sechsmal die Wassertemperatur.

1 Lies zuerst die Durchführung des Experiments.

2 Schreibe Wörter, die die Abfolge angeben, in die Lücken.

3 Lies jetzt den Abschnitt „Materialien und Geräte". Was fehlt? Vergleiche mit der Durchführung.

Materialien und Geräte

1 Schüssel, ... Dosen, Fell, 1 ...., warmes Wasser und kaltes Wasser, 1 Stoppuhr, 1 Plastiktüte

4 Unterstreiche die Verben in den Sätzen. (Du musst 10 Verben unterstreichen.)

5 Ordne die Verben den Infinitiven zu.

Infinitiv	Verb aus dem Text
füllen	man füllt
messen	
stellen	
umwickeln	
ermitteln	

Praxishandbuch Sprachbildung Biologie
Sprachsensibel unterrichten – Sprache fördern
ISBN 978-3-12-666852-1

Protokollpuzzle

Nazli und Ben haben ein Protokoll zu ihrem Versuch geschrieben, aber es ist durcheinander geraten. Könnt ihr es ordnen?

- **Die Problemfrage**
- **Die Durchführung**
- **Die Hypothese**
- **Die Beobachtung**
- **Materialien und Geräte**
- **Die Auswertung**

- **Materialien und Geräte angeben**
- **Daten auswerten, die Hypothese beurteilen**
- **Handlungen genau beschreiben**
- **das Thema/die Frage angeben**
- **Daten in einem Diagramm darstellen**
- **erwartetes Ergebnis vorhersagen**
- **Daten vergleichen**
- **Daten aufnehmen:** Werte messen und in einer Tabelle notieren
- **Daten beschreiben**

Wir denken, dass die Temperatur in der Dose ohne Fell schneller sinkt als in der Dose mit Fell.

Die Temperatur sinkt im Kontrollversuch in der Dose mit Fell im Verlauf von sechs Minuten um ....°C, in der Dose ohne Fell um ....°C.

1 Schüssel, 2 Dosen, Fell, 1 Plastiktüte, 1 Thermometer, warmes und kaltes Wasser, Stoppuhr

Zuerst füllt man kaltes Wasser in die Schüssel. Dann füllt man in die erste Dose warmes Wasser und misst die Wassertemperatur. Anschließend stellt man die Dose in die Schüssel. Nun misst man die Temperatur des Wassers in der Dose sechs Minuten lang jede Minute.
Danach umwickelt man die zweite Dose mit Fell. Dann umschließt man das Fell mit einer Plastiktüte und stellt die Dose mit der Hülle in die Schüssel. Nun ermittelt man ebenfalls sechsmal die Wassertemperatur.

Das Diagramm zeigt, wie sich die Wassertemperatur in einer Dose mit und in einer Dose ohne Fell verändert. In der Dose, die nicht von einem Fell umhüllt ist, sinkt die Temperatur innerhalb von sechs Minuten kontinuierlich von 50 auf 39°C. In der mit Fell umhüllten Dose sinkt die Temperatur von 50 auf 45°C.

Die Wassertemperatur in der Dose mit Fell sinkt langsamer als in der Dose ohne Fell.

Weil die Wassertemperatur in der Dose mit Fell langsamer sinkt als in der Dose ohne Fell, kann man sagen, dass Fell vor Auskühlung schützt. Unsere Vermutung war richtig.

Zeit [Min.]	0	1	2	3	4	5	6
Temperatur [°C] ohne Fell	50	47	44	42	41	40	39
Temperatur [°C] mit Fell	50	49	48	47	46	45	45

Wie können sich Tiere vor Kälte schützen?

ISBN 978-3-12-666852-1

Wertetabellen kennenlernen

1 Ordne die Begriffe der Wertetabelle zu.

Zeit [Min.]	0	1	2	3	4	5	6
Temperatur [°C] ohne Fell	50	47	44	42	41	40	39
Temperatur [°C] mit Fell	50	49	48	47	46	45	45

der Messwert
das Messwertepaar
die Spalte
die Zeile
die Einheit
die abhängige/beeinflusste Größe
die unabhängige/beinflussende Größe

2 Sind die Sätze über die Wertetabelle richtig oder falsch? Kreuze an.

	richtig	falsch
Die Tabelle hat 3 Spalten und 3 Zeilen.	☐	☐
Die Temperatur wird in Minuten gemessen.	☐	☐
Die Einheiten sind Minuten und Zentimeter.	☐	☐
Die Zeiten, wann gemessen wird, findet man in der 1. Zeile.	☐	☐
Nach 4 Minuten liegt die Temperatur bei der Dose ohne Fell bei 44°C.	☐	☐
Bei der Dose mit Fell liegt die Temperatur nach 5 Minuten bei 45°C.	☐	☐

3 Korrigiere die falschen Sätze und schreibe sie auf.

Praxishandbuch Sprachbildung Biologie
Sprachsensibel unterrichten – Sprache fördern
ISBN 978-3-12-666852-1

Eine Wertetabelle erstellen

PARTNER A

In deiner Wertetabelle fehlen Messwerte. Frage deinen Partner. Trage die Werte in die Tabelle ein.

Zeit [Min.]	0	1	2	3	4	5	6
Temperatur [°C] Dose ohne Fell	60	57		50	48	45	
Temperatur [°C] Dose mit Fell	60	58	56				47

„Wie viel Grad beträgt die Temperatur in der Dose mit Fell nach einer Minute?"

„**Nach** einer Minute **beträgt die Temperatur** 58°C."

PARTNER B

In deiner Wertetabelle fehlen Messwerte. Frage deinen Partner. Trage die Werte in die Tabelle ein.

Zeit [Min.]	0	1	2	3	4	5	6
Temperatur [°C] Dose ohne Fell	60	57	53				41
Temperatur [°C] Dose mit Fell	60	58		54	52	49	

„Wie viel Grad beträgt die Temperatur in der Dose ohne Fell nach einer Minute?"

„**Nach** einer Minute **beträgt die Temperatur** 57° C."

Praxishandbuch Sprachbildung Biologie
Sprachsensibel unterrichten – Sprache fördern
ISBN 978-3-12-666852-1

Diagramme beschreiben

1 Ordne die Begriffe dem Diagramm zu.

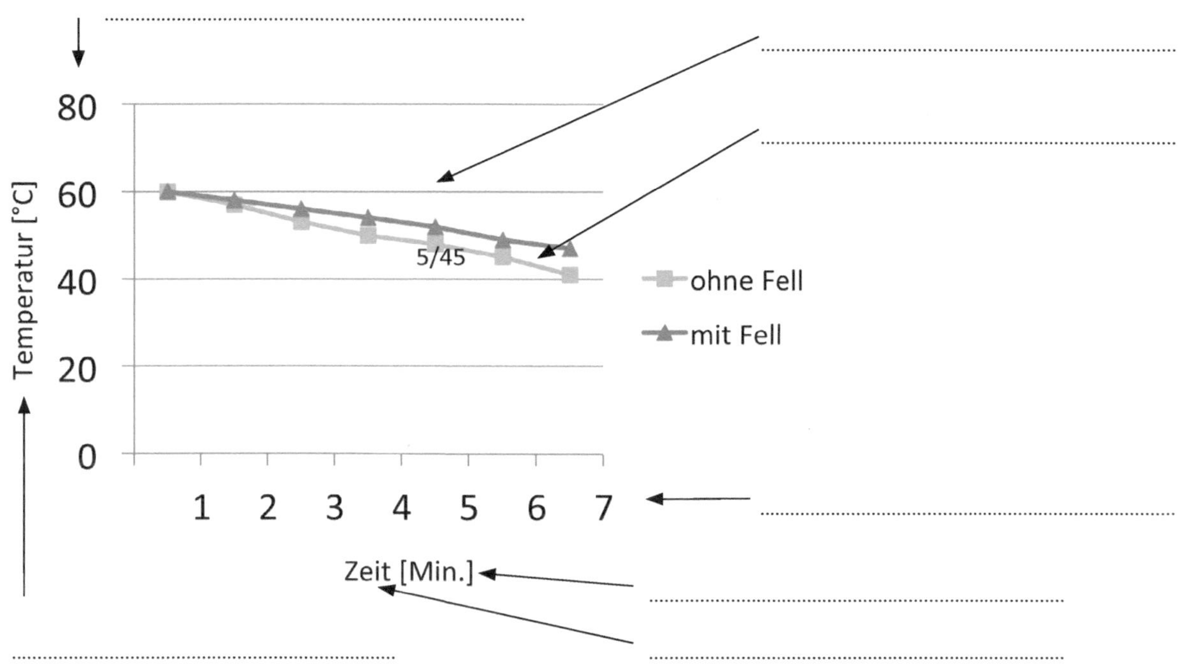

das Messwertepaar • die Einheit • die abhängige Größe
die unabhängige Größe • die x-Achse • die y-Achse • die Kurve

2 Beschreibe das Diagramm. Ordne zu.

Die Temperatur in der Dose ohne Fell

Die Temperatur in der Dose mit Fell

sinkt von 60° auf 41° C.

sinkt am schnellsten.

sinkt langsamer als die Temperatur in der anderen Dose.

sinkt von 60° auf 47° C.

sinkt schneller als die Temperatur in der anderen Dose.

Werte und Kurven vergleichen

schnell	schnell**er**	**am** schnell**sten**
langsam	langsam**er**	**am** langsam**sten**
hoch	**höher**	**am** höch**sten**

Die Temperatur in der großen Dose sinkt langsam**er** **als** die Temperatur in der kleinen Dose.
Die Temperatur in der großen Dose sinkt **am** langsam**sten**.

ISBN 978-3-12-666852-1

Warum plustern Vögel sich auf?

Wenn man Vögel im Winter beobachtet, dann fällt auf, dass sie ihr Federkleid häufig aufplustern. Das sieht ein bisschen so aus, als ob es aufgeblasen wäre. Warum plustern Vögel im Winter ihr Federkleid mit Luft auf?

Führe dazu ein Modellexperiment durch und ergänze das Protokoll.

Problemfrage
Warum plustern Vögel sich auf?

Hypothese
Vermute: Wie verändert sich etwas und warum?

Ich denke, dass ....

....

Material und Geräte
Ergänze das Material, das du für den Versuch brauchst.

1 Sch.................................., 2 kleine ...., 1 große Dose, 1 Thermo.................................,

kaltes Wasser, ... Wasser, 1 Stopp..................................

Durchführung

So geht der Versuch:

1. kaltes Wasser in die Schüssel füllen
2. in die erste kleine Dose warmes Wasser füllen; die Wassertemperatur in der Dose messen
3. die Dose in die Schüssel stellen
4. die Temperatur des Wassers in der Dose sechs Minuten lang jede Minute messen
5. in die zweite kleine Dose Wasser füllen, die Wassertemperatur in der Dose messen
6. die kleine Dose in die große Dose stellen
7. die große Dose in die Schüssel stellen
8. auch sechsmal die Wassertemperatur in der kleinen Dose ermitteln

Beschreibe die Durchführung in der korrekten Form.

Achtung: Achte auf die Satzstellung: **Man füllt** kaltes Wasser in die Schüssel.
→ Zuerst **füllt man** …

Zuerst füllt man kaltes Wasser in die Schüssel.

Dann füllt man ....

Danach ....

....

....

....

....

Beobachtung

Ergänze die fehlenden Einheiten und Zeitangaben in der Tabelle. Trage die gemessenen Werte in die Tabelle ein.

Zeit [ ]	0						
Temperatur [ ] ohne Luftumhüllung							
Temperatur [ ] mit Luftumhüllung							

Zeichne ein Diagramm in dein Heft und trage die Werte ein. Denke daran, das Diagramm zu beschriften. Falls du Hilfe benötigst, findest du vorne auf dem Pult Hinweise.

→ Hinweis 1

Beschreibe mithilfe der Satzanfänge deine Beobachtungen.

→ Hinweis 2

Die Temperatur in der Dose ohne .... sinkt um ....

Die Temperatur in der Dose mit ....

Vergleiche die gemessenen Werte miteinander.

→ Hinweis 3

Die Wassertemperatur in der Dose mit Luftumhüllung sinkt schneller/langsamer ....

....

Auswertung

Erkläre, warum sich die Werte so verändern.

→ Hinweis 4

Die Luft bewirkt, dass ....

....

Unsere ....

....

✂

Hinweis 1

x-Achse: Zeit, Achse 12 cm lang
y-Achse: Temperatur, 12 cm lang

Skala:
x-Achse: 2 Kästchen = 1 Minute
y-Achse: 2 Kästchen = 10 °C

Hinweis 2

Die Temperatur in der Dose oh_ _ Luftumhüllung sin_ _ um ....

Die _ _ _ _eratur in d_ _ Dose m_ _ Luftumhüllung sinkt dagegen u..... ....

Hinweis 3

Die Wassertempe_ _ _ _ _ in der Do_ _ ohne Lu_ _umhüllung sinkt lang_ _ _ _ _ als in der Dose m_ _ Luftumhüllung.

Hinweis 4

Die Luft bewirkt, dass weniger Wär_ _ abgegeben wird. Unsere _ _ _ _utung w_ _ richtig/falsch.

Praxishandbuch Sprachbildung Biologie
Sprachsensibel unterrichten – Sprache fördern
ISBN 978-3-12-666852-1

Kleine Forscher

Tuncay ist ein kleiner Forscher. Gemeinsam mit seiner Freundin Emilie experimentiert er oft in der Freizeit. In einem Biologiebuch seines Bruders Can, der Biologie studiert, findet er eine Regel des Biologen Carl Bergmann:

Bei gleichwarmen (homoiothermen) Tieren sind die Individuen einer Art in kalten Regionen größer als in warmen Gebieten.

Tuncay fragt Can, was das heißt. Can sagt: „Ein Beispiel für die Regel von Bergmann sind der Sibirische Tiger und der Sumatra-Tiger. Schau dir die Informationen zu den beiden Tigern an. Daraus kannst du eine Problemfrage und eine Vermutung formulieren, wie der Körper der Tiere und die Gebiete, in denen sie leben, zusammenhängen. Deine Problemfrage und die Vermutung kannst du mit einem Experiment überprüfen."

	Sibirischer Tiger	**Sumatra-Tiger**
Abbildung		
Lebensraum	Grenzgebiet zwischen Russland/Nordkorea/China	Insel Sumatra (Indonesien)
Gewicht [kg]	250	120
Körperlänge [cm]	300	230

Für einen Versuch zur Überprüfung deiner Vermutung benötigst du folgende Geräte und Materialien:
2 verschieden große leere Dosen, 2 Thermometer, 1 Schüssel, kaltes und warmes Wasser, 1 Stoppuhr

1. **Plant ein Experiment, mit dem ihr die Regel von Carl Bergmann überprüfen könnt. Wofür könnten die unterschiedlich großen Dosen ein Modell sein?**

2. **Führt das Experiment nach Rücksprache mit eurem Lehrer/eurer Lehrerin durch.**

3. **Schreibt ein Protokoll zu eurem Experiment.**

4. **Stellt einen Bezug zwischen eurem Experiment und der Regel von Bergmann her.**

Wenn ihr Hilfe beim Schreiben des Protokolls braucht, holt euch Hinweise zu folgenden Themen:
→ Hinweis 1 Beschreibung der Durchführung
→ Hinweis 2 Infos zur Tabelle
→ Hinweis 3 Hinweise zum Zeichnen des Diagramms
→ Hinweis 4 Wörter, die euch beim Beschreiben, Vergleichen und Erklären der Daten helfen

Hinweis 1
Füllt beide Dosen vollständig mit warmem Wasser. Stellt die gefüllten Dosen in eine Schüssel, die mit kaltem Wasser gefüllt ist. Achtung: Das kalte Wasser darf nicht in die Dosen fließen!
Stellt in jede Dose ein Thermometer und messt die Temperatur 10 Minuten lang jede Minute.

Hinweis 2
3 Zeilen, 11 Spalten
1. Zeile: Zeit [Min], 2. Zeile: Temperatur in der kleinen Dose, 3. Zeile: Temperatur in der großen Dose

Hinweis 3
x-Achse: Zeit, 20 cm lang, 2 Kästchen = 1 Minute
y-Achse: Temperatur, 10 cm lang, 2 Kästchen = 1 °C

Hinweis 4
Temperatur, sinken, steigen, schneller als, langsamer als, weniger/mehr Wärme abgeben, deshalb

Praxishandbuch Sprachbildung Biologie
Sprachsensibel unterrichten – Sprache fördern
ISBN 978-3-12-666852-1

Bestimmungsschlüssel

Darstellungsform

Das genaue Betrachten und Klassifizieren von Lebewesen ist eine zentrale Methode der Erkenntnisgewinnung in der Biologie. Ihr entspricht eine fachspezifische Textsorte, die auch nur in der Biologie existiert: der Bestimmungsschlüssel. Die SuS müssen daher lernen, zumindest mit einfachen Bestimmungsschlüsseln umzugehen.

Sprachliche Anforderungen

Bestimmungsschlüssel erfordern eine spezifische Lesestrategie, die die Lernenden erwerben müssen. Um einen Gegenstand zu bestimmen (z. B. ein Laubblatt), müssen sie lernen, sich innerhalb des Bestimmungsschlüssels stringent von Abzweigung zu Abzweigung und damit von Entscheidung zu Entscheidung zu bewegen. An jeder Abzweigung müssen sie die beschriebenen Eigenschaften verstehen, um dem Gegenstand die passende Eigenschaft zuzuordnen.

Eigenschaften werden in Bestimmungsschlüsseln meist mit fachlichen Adjektiven beschrieben, die in der Regel von Nomen abgeleitet (*Horn → gehörnt*; *Säge → gesägt*) und zudem teilweise aus zwei Wörtern zusammengesetzt werden (*acht Beine → achtbeinig*; *ganzer Rand → ganzrandig*). Es ist unmöglich, die Bedeutung von jedem einzelnen dieser zahlreichen Fachwörter auswendig zu lernen. Daher ist für den Einsatz von Bestimmungsschlüsseln entscheidend, dass die SuS sich die fachlichen Adjektive erschließen können. Im Wesentlichen erfolgt dies über vermittelbare Wortbildungsprinzipien (→ S. 10 ff.; → Werkzeug Bestimmungsschlüssel, S. 167). Indem im Unterricht Erschließungsstrategien für die fachlichen Adjektive vermittelt werden, erhalten die SuS fundamentale sprachliche Kompetenzen, die ihnen das Erschließen von Fachwörtern im Biologieunterricht grundsätzlich erleichtern.

UNTERRICHTSEINHEIT

Lebewesen mithilfe eines Bestimmungsschlüssels bestimmen 7/8

Übergreifende Kompetenz Erkenntnisgewinnung (Vergleichen und Ordnen)
Textsorte Bestimmungsschlüssel
Themen Bestimmung von Pflanzen und Tieren

fachliche Lernziele

- die für den Bestimmungsschlüssel relevanten Eigenschaften von Laubblättern und verschiedenen Tiergruppen erkennen und exakt beschreiben
- den Aufbau und die Funktionsweise von Bestimmungsschlüsseln beschreiben
- einen Bestimmungsschlüssel anwenden, um einen Baum bzw. ein Tier zu bestimmen

sprachliche Lernziele

- für die Textsorte Bestimmungsschlüssel relevante Wortbildungsprinzipien anwenden, um thematisch wichtige Adjektive zu erschließen und diese zu bilden
- die spezifische Lesestrategie für die Textsorte Bestimmungsschlüssel anwenden

Die Unterrichtseinheit im Überblick

Im Mittelpunkt dieser Unterrichtseinheit steht das genaue Betrachten und Klassifizieren von Lebewesen. Die SuS lernen die Textsorte Bestimmungsschlüssel als Hilfsmittel der Biologie kennen, um verschiedene Arten zu identifizieren. Die dazugehörige Lesestrategie sowie Erschließungsstrategien für fachliche Adjektive werden im Rahmen dieser Unterrichtseinheit gezielt eingeführt und geübt. Da es in erster Linie um die Aneignung dieser Strategien geht, liegt der Schwerpunkt dieser Unterrichtseinheit also nicht auf der Einführung von neuem fachlichen Wortschatz: Das vorrangige Ziel ist nicht, dass die SuS alle Tier- und Pflanzennamen oder Adjektive, die in der Unterrichtseinheit vorkommen, auswendig lernen. Vielmehr sollen sie lernen, einen Bestimmungsschlüssel anzuwenden und ihnen unbekannte Adjektive zu entschlüsseln. In der Unterrichtseinheit erkunden die SuS zunächst Blätter, indem sie eine fiktive Laubstreu mithilfe eines Bestimmungsschlüssels untersuchen. Danach vertiefen sie das Erlernte durch die angeleitete Erstellung eines Bestimmungsschlüssels für Tiere. Die Verwendung von Bestimmungsschlüsseln – eine Kompetenz, die die SuS in verschiedenen Unterrichtskontexten benötigen – wird themenunabhängig eingeführt und geübt. Die Unterrichtseinheit kann beispielsweise im Rahmen einer Unterrichtsreihe zu einheimischen Laub- und Nadelbäumen oder auch zur Ökologie des Waldes eingesetzt werden, in der mit Bestimmungsschlüsseln gearbeitet wird.

Um in dieser Unterrichtseinheit zunächst die Laubblätter zu bestimmen, müssen sich die SuS zwischen verschiedenen Eigenschaften der Blätter entscheiden (z. B. *gesägt, ganzrandig* oder *gelappt*). Dabei muss für die SuS im ersten Schritt erschließbar sein, was diese Adjektive überhaupt bedeuten. Anschließend erfassen sie, dass alle drei die Kategorie „Blattrand" beschreiben. Sie müssen daher den Rand des Blattes betrachten, um entscheiden zu können, welches der drei Adjektive zutreffend ist. Entsprechend ist dann der passenden Abzweigung im Bestimmungsschlüssel zu folgen.
Nachdem sie sich das Funktionsprinzip des Bestimmungsschlüssels und die Erschließung von Adjektiven aus den zugrundeliegenden Nomen erarbeitet haben, übertragen sie ihre Kenntnisse auf ein neues Thema, die Bestimmung von Gliedertieren und Säugetieren. Hier haben die SuS die Gelegenheit, die Bildung von Adjektiven selbstständig zu erproben und diese den passenden Abzweigungen im Bestimmungsschlüssel zuzuordnen.

1 Was ist ein Bestimmungsschlüssel?

Die Textsorte Bestimmungsschlüssel kennenlernen
Mit einem kurzen Text erfolgt die Einführung in das Thema „Bestimmungsschlüssel". Nachdem die SuS den Text gelesen und sich Gedanken zu den angegebenen Fragen gemacht haben, wird die Aufgabe im Klassenverband diskutiert. Bei einer sprachlich sehr schwachen Klasse kann die Einführung optional auch

Arbeitsblätter

KV Nr.	Thema	Sozialform	Intention
1	Was ist ein Bestimmungsschlüssel?		Einführung, Vorentlastung
2	Bestimmungsschlüssel Laubbäume		einen Bestimmungsschlüssel für Laubbäume kennenlernen, Hypothesen für Bildungsprinzipien für Adjektive aufstellen
3	Adjektive erschließen		Bildungsprinzipien von Adjektiven aus Nomen erkennen; Bedeutung von Adjektiven erschließen
4	Blätter beschreiben		Prinzip des Bestimmungsschlüssels verstehen; Adjektive den Merkmalen Form oder Rand zuordnen; ein Adjektiv selbst bilden
5	Zu welchen Bäumen gehören die Blätter?		Blättern die passenden Adjektive zur Beschreibung von Form und Rand zuordnen; ein weiteres Blatt in den Bestimmungsschlüssel einfügen: Prinzip der Abzweigungen verstehen
6	Tiere bestimmen		Adjektive aus Nomen ableiten
7	Einen Bestimmungsschlüssel erstellen		Adjektive passend in einen Bestimmungsschlüssel eintragen
8	Den Bestimmungsschlüssel überprüfen		Tiere mithilfe des selbst erstellten Bestimmungsschlüssels bestimmen

mündlich über einen kurzen Lehrervortrag mit anschließendem Gespräch im Klassenverband erfolgen. Sie soll ein erstes Verständnis dafür schaffen, warum in der Biologie mit Bestimmungsschlüsseln gearbeitet wird und welche zentrale Rolle die fachlichen Adjektive hierbei spielen.
Da es im Folgenden in erster Linie um Erschließungsstrategien geht, ist das Glossar für den aktiven Wortschatz in dieser UE sehr klein. Es beschränkt sich auf zwei Wörter, die explizit (z. B. an der Tafel und nach Möglichkeit in Vokabellisten der SuS) gesichert werden sollten:

der Bestimmungsschlüssel, die Bestimmungsschlüssel:
Bestimmungsschlüssel sind eine wichtige Textsorte der Biologie. In ihnen werden die Lebewesen anhand ihrer Eigenschaften sortiert. Wenn Biologen ein Lebewesen in der Natur finden, dann können sie mit dem Bestimmungsschlüssel herausfinden, zu welcher Art es gehört.
ein Lebewesen bestimmen (→ Man bestimmt ein Lebewesen.)
So bezeichnet man die biologische Arbeitsweise, wenn man die Eigenschaften eines Lebewesens exakt beschreibt und anhand dieser Beschreibung festlegen kann, zu welcher Art das Lebewesen gehört.

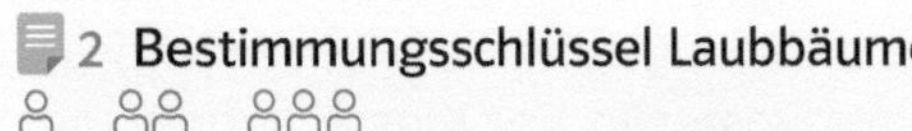

2 Bestimmungsschlüssel Laubbäume

Adjektive zur Beschreibung von Blättern erklären
Die SuS erhalten einen Bestimmungsschlüssel für einheimische Laubbäume, um einen ersten Eindruck zu erhalten, wie ein Bestimmungsschlüssel aussehen kann. Zunächst werden die SuS an Erschließungsstrategien für Adjektive herangeführt: Sie sollen in Einzelarbeit exemplarisch Adjektive aus dem Schaubild heraussuchen, überlegen, was diese bedeuten könnten, und in Partnerarbeit und anschließend im Klassenverband erläutern, wie sie auf diese Vermutung gekommen sind. Strategien der SuS werden dabei stichwortartig an der Tafel festgehalten.
Nun erst teilt die Lehrkraft die Übersicht „Fachadjektive bilden" (→ S. 169) aus und bespricht mit den SuS die unterschiedlichen Bildungsmöglichkeiten von Adjektiven. Die Lehrkraft fasst kurz die verschiedenen Bildungsarten zusammen, die im Werkzeug vorgestellt werden und widmet sich dann eingehender den zwei Bildungsarten, die in der Unterrichtsreihe eine zentrale Rolle spielen. Dabei handelt es sich einerseits um die Ableitung von Nomen über Partizipialkonstruktionen. Die Bildung wird an einem Adjektiv, das nicht in der Unterrichtsreihe vorkommt, besprochen, z. B. *gebuchtet*: Die Eigenschaft *gebuchtet* wird durch Voranstellen der Vorsilbe *ge-* und Anhängen der Nachsilbe *-et* von dem Nomen *Bucht* abgeleitet. Um das Adjektiv zu verstehen, muss der Prozess umgekehrt

werden: Hier muss von der Eigenschaft (*gebuchtet*) auf das Nomen (*Bucht*) geschlossen werden.
Beim zweiten Bildungsprinzip handelt es sich um Ausdrücke, die aus zwei Wörtern bestehen und zu einem Adjektiv zusammengesetzt werden. Auch dieses Bildungsprinzip wird an einem Adjektiv, das nicht in der Unterrichtseinheit vorkommt, vorgestellt, z. B. *kegelförmig*: Die Eigenschaft *kegelförmig* wird durch das Zusammenführen der Nomen *Kegel* und *Form* sowie durch Anhängen der Nachsilbe *-ig* gebildet. Um das Adjektiv zu verstehen, muss der Prozess umgekehrt werden: Hier muss von der Eigenschaft (*kegelförmig*) auf die Nomen (*Kegel* und *Form*) geschlossen werden und der richtige Zusammenhang zwischen den Nomen hergestellt werden.
Gemeinsam wird diese Strategie mit den Strategien der SuS verglichen, die eingangs an der Tafel festgehalten wurden. Die Lehrkraft sollte von Anfang an betonen, dass alle Erschließungsstrategien stets Grenzen haben. Nicht bei allen Adjektiven lässt sich die Bedeutung eindeutig erschließen. Beispiele hierfür werden den SuS im Lauf der Unterrichtseinheit begegnen.
Das ausgeteilte Werkzeug dient den SuS während der gesamten Unterrichtseinheit bei Bedarf als Hilfe zur Erschließung und Bildung von fachlichen Adjektiven. Es kann auch als Poster in der Klasse aufgehängt werden.

3 Adjektive erschließen

Bedeutung von Adjektiven erschließen

Auf KV 3 werden zwei Möglichkeiten der Ableitung von Adjektiven vorgestellt, die für die Erschließung der Adjektive im Bestimmungsschlüssel relevant sind: das Zusammensetzen von zwei Wörtern inklusive Anhängen der Endsilbe *-ig*, und die Bildung von Pseudopartizipien (→ S. 15) durch das Voranstellen von *ge-* und Anhängen von *-t/-et* an den Stamm des Nomens. Ein fachliches Adjektiv zur Beschreibung einer Blattsorte fehlt im Bestimmungsschlüssel auf KV 2: *gesägt*. Dieses sollen die SuS in Partnerarbeit selbst bilden. Es wird ihnen leichter fallen, die Bedeutung von Adjektiven in Bestimmungsschlüsseln zu erschließen, wenn sie diese selbst einmal bilden mussten. Die Aufgabe wird dadurch erleichtert, dass sich ein Bild des Nomens, von dem sich das Adjektiv ableitet, auf dem Arbeitsblatt befindet. Selbstverständlich kann es passieren, dass SuS eine andere Bildung vornehmen (z. B. *sägerandig*, *zersägt* oder *gesäget*). Dies gibt der Lehrkraft die Gelegenheit, erneut klarzustellen, dass es verschiedene mögliche Bildungsweisen gibt und es keine feste Regel dafür gibt, welche Alternative sich letztlich geschichtlich in der Sprache durchgesetzt hat.

Der zweite Teil der Aufgabe soll den Zusammenhang zwischen namensgebenden Nomen und Form des Blattrandes verdeutlichen. Denn hier sollen die SuS neben dem gesuchten Adjektiv *gesägt* das dazugehörige Bild eines gesägten Blattrandes zeichnen. Bei der anschließenden Besprechung im Klassenverband lohnt es sich nachzufragen, ob die SuS zunächst ein anderes Adjektiv gebildet hatten, und darauf zu verweisen, dass sie auf verschiedene Lösungen hätten kommen können.
Als Nächstes sollen die SuS in Einzelarbeit eine Auswahl von Adjektiven aus dem Bestimmungsschlüssel den passenden Bildungsprinzipien zuordnen und das zugrundeliegende Nomen finden. Das Ableiten der Nomen bereitet manchen SuS evtl. Schwierigkeiten, da die zugrundeliegenden Nomen teilweise Fachbegriffe (*Fieder, Lappen*) sind, die sie nicht kennen. Für diesen Fall befindet sich Hinweis 1 auf dem Arbeitsblatt, der als Differenzierung dienen kann. Hier finden die SuS die zugrundeliegenden Nomen, sie müssen sie nur noch dem passenden Adjektiv zuordnen.
Die SuS sollen die Bedeutung der Adjektive durchdringen. Daher sollen sie nicht nur die zugrundeliegenden Nomen identifizieren, sondern auch die Eigenschaft unter Verwendung des Hilfsverbs *haben* anders formulieren. Einigen SuS könnte dies, vor allem bei den aus mehreren Nomen zusammengesetzten Adjektiven, Schwierigkeiten bereiten. Für diesen Fall kann auch hier eine Differenzierung (Hinweis 2) angeboten werden, bei der die SuS bereits formulierte Ausdrücke nur noch den passenden Adjektiven zuordnen müssen. Beide Hinweise können auch als Selbstkontrolle nach eigenständiger Bearbeitung der Aufgabe eingesetzt werden.

4 2* Blätter beschreiben

Entschlüsselungsstrategien anwenden, Begriffe festen Kategorien zuordnen

Auf KV 4 geht es darum, ein Grundprinzip des Bestimmungsschlüssels zu durchschauen: An jeder Abzweigung wird nur nach *einem* Kriterium / *einer* Kategorie unterschieden, nie nach zwei Kategorien gleichzeitig: also entweder nach dem Blattrand oder nach der Blattform. Mithilfe des Werkzeuges zur Adjektivbildung erschließen sich die SuS in Einzelarbeit die Bedeutung der im Bestimmungsschlüssel enthaltenen Adjektive und entscheiden, ob diese die Blatt<u>form</u> oder den Blatt<u>rand</u> beschreiben. Dies ist eine anspruchsvolle Erschließungsaufgabe, bei der die SuS z. B. vom Adjektiv *handförmig* darauf schließen müssen, dass es die Form des Blattes beschreibt. Ihre Ergebnisse notieren sie in der Tabelle.
Sollte diese Teilaufgabe für einige SuS zu schwer sein, können sie den Bestimmungsschlüssel in einer vereinfachten Version erhalten (KV 2*): Bei dieser Varian-

te ist bei jeder Abzweigung angegeben, um welches Merkmal es sich handelt. Wie immer bei Lernhilfen sollten die SuS selber entscheiden, ob und wann sie diese Hilfestellung nutzen. Bei der anschließenden Partnerarbeit sollte darauf geachtet werden, dass immer gleiche Paare zusammenarbeiten, also zwei SuS, die die Lernhilfe genutzt haben, bzw. zwei, die sie nicht genutzt haben.
SuS, die mit der Lernhilfe arbeiten, haben dieselbe Herausforderung bei der Erschließung der Adjektive; hierbei hilft ihnen KV 2* nicht. Die Lernhilfe reduziert jedoch den kognitiven Anspruch der Aufgabe an der zweiten zentralen Stelle: Die SuS erfahren bereits vorab, an welcher Abzweigung der Blattrand und an welcher die Blattform betrachtet wird. Sie müssen nun nur noch richtig erfassen, dass alle Linien unter einer Abzweigung zur gleichen Kategorie gehören und können dann die Adjektive adäquat in die Tabelle auf KV 3 eintragen.
Bei der gemeinsamen Besprechung sollte die Lehrkraft auf dieses elementare Prinzip explizit hinweisen und den Aufbau und die für das Lesen relevanten spezifischen Merkmale der Textsorte Bestimmungsschlüssel mit den SuS klar herausarbeiten.

5 Zu welchen Bäumen gehören die Blätter?

Blätter anhand fachlicher Adjektive kategorisieren und den Bestimmungsschlüssel erweitern

Nachdem die Adjektive zur Beschreibung von Form und Rand gesammelt und systematisiert wurden, ordnen die SuS den Abbildungen der einzelnen Blätter die passenden Adjektive zu. Im Mittelpunkt dieser Aufgabe stehen das genaue Betrachten der Blätter und deren angemessene Beschreibung. Die SuS üben auf diese Weise das Abstrahieren von den Zufälligkeiten jedes Blattes und damit das Klassifizieren. Zugleich erhalten sie zu der rein sprachlichen Bedeutungserschließung eine visuelle Vorstellung der fachlichen Adjektive.
Nachdem zunächst v. a. die sprachlichen Grundlagen gesichert wurden, befasst sich dieser Schritt konkret mit dem Aufbau und der Funktionsweise eines Bestimmungsschlüssels. Um das Vorgehen zu demonstrieren, sollte zunächst eine Blattbestimmung exemplarisch mit der Klasse gemeinsam durchgeführt werden (z. B. auf dem OHP), wobei die Lehrkraft jede Entscheidung und damit jede Abzweigung im Bestimmungsschlüssel für alle sichtbar einzeichnet. Dabei kann das Prinzip, dass bei jeder Abzweigung nur nach einer Kategorie gefragt wird, noch einmal verdeutlicht werden.
Nun bestimmen die SuS in Einzelarbeit mithilfe des Bestimmungsschlüssels alle Blätter auf KV 5. Die wiederholte Anwendung hilft den SuS dabei, Sicherheit und Routine im Umgang mit Bestimmungsschlüsseln zu erlangen. Sollte die Klasse sehr große Schwierigkeiten haben, lohnt es sich, diese Aufgabe vor Bearbeitung von Aufgabe 3 zu besprechen. Ansonsten kann die Besprechung der Aufgaben gemeinsam erfolgen.
In einem nächsten Schritt soll der Bestimmungsschlüssel um eine weitere Baumart erweitert werden. Die SuS erhalten ein Bild des Blattes inkl. der Beschreibung von Blattrand und Blattform sowie den Namen des zugehörigen Baums. Sie bestimmen das Blatt, soweit dies mithilfe des Bestimmungsschlüssels möglich ist, und ermitteln die Stelle, an der der Bestimmungsschlüssel nicht mehr funktioniert. An dieser Stelle (unter *rundlich* → *gesägt*) zeichnen sie die fehlende Abzweigung ein und tragen das fehlende Merkmal (*dreieckig*) sowie den Namen des Baums ein. Auf diese Weise entwickeln die SuS anhand eines einfachen Beispiels Elemente des Bestimmungsschlüssels selbst und erhalten dadurch ein erstes Verständnis dafür, wie Bestimmungsschlüssel aufgebaut werden und funktionieren. Dies unterstützt die SuS darin, zukünftig unbekannte Bestimmungsschlüssel zu verstehen und einzusetzen. Außerdem entwickeln die SuS ein Bewusstsein dafür, dass die verschiedenen Textsorten jeweils spezifische Lesestrategien (→ S. 29) erfordern.
Um die wesentlichen Elemente der Lesetechnik eines Bestimmungsschlüssels zu sichern, wird abschließend die Übersicht Bestimmungsschlüssel? (→ S. 168) gemeinsam besprochen. Diese kann auch als Poster in der Klasse aufgehängt werden.

6 Tiere bestimmen

Eigenschaften beschreiben – fachliche Adjektive bilden

Um die bisher erworbenen Kompetenzen zu vertiefen und auf ein bislang unbekanntes Thema zu übertragen, sollen die SuS mit Unterstützung nun einen eigenen Bestimmungsschlüssel entwickeln.
Für diese komplexe Aufgabe kooperieren die SuS in Gruppen. Zunächst wird die Klasse in zwei gleich große Hälften geteilt. Gruppe 1 bekommt das Arbeitsblatt zu den Säugetieren, Gruppe 2 das Arbeitsblatt zu den Gliederfüßern. Innerhalb jeder Gruppe werden die drei zu bestimmenden Tiere gleichmäßig verteilt. Je nach Klassenstärke bearbeiten zwei bis vier Lernende das gleiche Tier. Die SuS bekommen den Auftrag, in Einzelarbeit jeweils einen Steckbrief für ihr Tier zu erstellen. Dazu betrachten sie die Abbildung des Tiers genau und beantworten die Fragen, die den Kategorien der Bestimmungsschlüssel auf KV 7 entsprechen.
In manchen Fragen sind Wörter unterstrichen. Aus diesen Wörtern sollen die SuS Adjektive bilden, die

die äußerlichen Eigenschaften des Tieres beschreiben, z. B. *Hat das Tier Flügel? Ja → geflügelt; Nein → nicht geflügelt.* Beim Nomen *Einschnürung* werden sicherlich Probleme auftreten. Ein Teil der SuS wird statt *ein-ge-schnürt* das Wort *ge-einschnür-t* bilden. Dies ist jedoch nicht schlimm. Sie geben lediglich den Hinweis, dass manche Nomen eine Ausnahme sind und wie auch beim Perfekt die Vorsilbe (*ein-, aus-* usw.) vor dem *-ge* haben. Das verdeutlicht, dass die SuS das vorher nicht wissen können und dies einfach lernen müssen.

7.1, 7.2 Einen Bestimmungsschlüssel erstellen

Adjektive in einen Bestimmungsschlüssel eintragen
Nachdem alle SuS ihren Steckbrief erstellt haben, werden zunächst Kleingruppen aus je drei SuS gebildet, sodass in jeder Gruppe jedes Tier der jeweiligen Großgruppe (Säugetier bzw. Gliederfüßer) vertreten ist. Innerhalb der Gruppe stellen sich die SuS gegenseitig ihre Tiere vor und diskutieren die fachlichen Adjektive, die sie gebildet haben. So werden sie zur sprachlichen Formulierung und Bewusstmachung angeregt. Der Bestimmungsschlüssel zu den Säugetieren ist dabei etwas einfacher als der zu den Gliederfüßern. Man kann also differenzierend arbeiten, indem schwächere SuS die Aufgabe zu den Säugetieren erhalten.
Anschließend erstellen die Arbeitsgruppen einen Bestimmungsschlüssel für Säugetiere bzw. Gliederfüßer. Zur Unterstützung ist die Struktur des Bestimmungsschlüssels vorgegeben und die Fragen zu den jeweiligen Kategorien aus dem Steckbrief sind an den entsprechenden Abzweigungen eingetragen. Die SuS müssen also nur die Adjektive aus dem Steckbrief in die richtigen Kästchen im Bestimmungsschlüssel übertragen.

8 Den Bestimmungsschlüssel überprüfen

Tiere mithilfe des Bestimmungsschlüssels überprüfen
Ziel ist nun, die erstellten Bestimmungsschlüssel auf ihre Funktionsfähigkeit zu überprüfen. Die Gruppen, die einen Bestimmungsschlüssel für Säugetiere erstellt haben, tauschen ihre Bestimmungsschlüssel nun mit den Gliederfüßer-Gruppen. Mit dem Schlüssel bestimmen sie die passenden Tiere. Auf diese Weise wenden die SuS ein weiteres Mal einen Bestimmungsschlüssel an und überprüfen gleichzeitig, ob die Partnergruppe diesen richtig und verständlich erstellt hat. Gegebenenfalls machen sie Verbesserungsvorschläge. Abschließend werden diese Vorschläge im Klassenverband diskutiert. Eine Musterlösung für beide Bestimmungsschlüssel wird als fachliche und sprachliche Sicherung auf dem OHP oder an der Tafel festgehalten.
Bei der Besprechung ist darauf zu achten, dass es bezüglich der Adjektivbildung Fehler geben kann (z. B. wenn die SuS *gebeint* schreiben, weil sie übersehen haben, dass sie aus den beiden Wörtern *sechs Beine* ein Adjektiv bilden müssen, oder Adjektive bilden, die nach den Wortbildungsregeln theoretisch möglich wären, sich aber nicht durchgesetzt haben (z. B. *gehuft* statt *behuft*)).

Was ist ein Bestimmungsschlüssel?

Einzelarbeit:

Lies dir den Text sorgfältig durch.

Von Bäumen und Sträuchern fallen häufig Äste, Blätter, Nadeln und Zapfen auf den Boden. Diese Pflanzenabfälle nennt man Laubstreu. In dieser Laubstreu sammeln sich auch kleine Tiere.
Du kannst die Blätter und Tiere in dieser Laubstreu untersuchen und herausfinden, zu welchen Blättern die Bäume gehören und um welche Tiere es sich handelt. Dadurch kannst du ermitteln, welche Bäume bei uns wachsen und welche kleinen Tiere in dem heruntergefallenen Laub leben.
Dazu brauchst du einen sogenannten **Bestimmungsschlüssel**. Bestimmungsschlüssel sind wichtige Hilfsmittel für Biologen. Mit ihnen werden die Lebewesen anhand ihrer äußerlichen Eigenschaften sortiert.
Die Eigenschaften werden in den Bestimmungsschlüsseln exakt beschrieben. Diese genaue Beschreibung ist wichtig, weil sich die verschiedenen Tier- und Pflanzenarten oft nur durch einzelne, kleine Eigenschaften voneinander unterscheiden. Nur wenn du diese kleinen Unterschiede erkennst und beachtest, kannst du die richtige Tier- und Pflanzenart ermitteln.
Um die Eigenschaften so genau wie möglich zu beschreiben, werden in Bestimmungsschlüsseln häufig sehr exakte Adjektive (Fachwörter) benutzt. Diese fachlichen Adjektive werden nach bestimmten Prinzipien gebildet. Wenn du diese Prinzipien kennst, kannst du die Adjektive verstehen und sie den passenden Blättern oder Tieren zuordnen.

Findest du Hinweise, was in einem Bestimmungsschlüssel alles vorkommen muss? Wie könnte ein Bestimmungsschlüssel aussehen?

....

....

....

....

....

ISBN 978-3-12-666852-1

Bestimmungsschlüssel Laubbäume

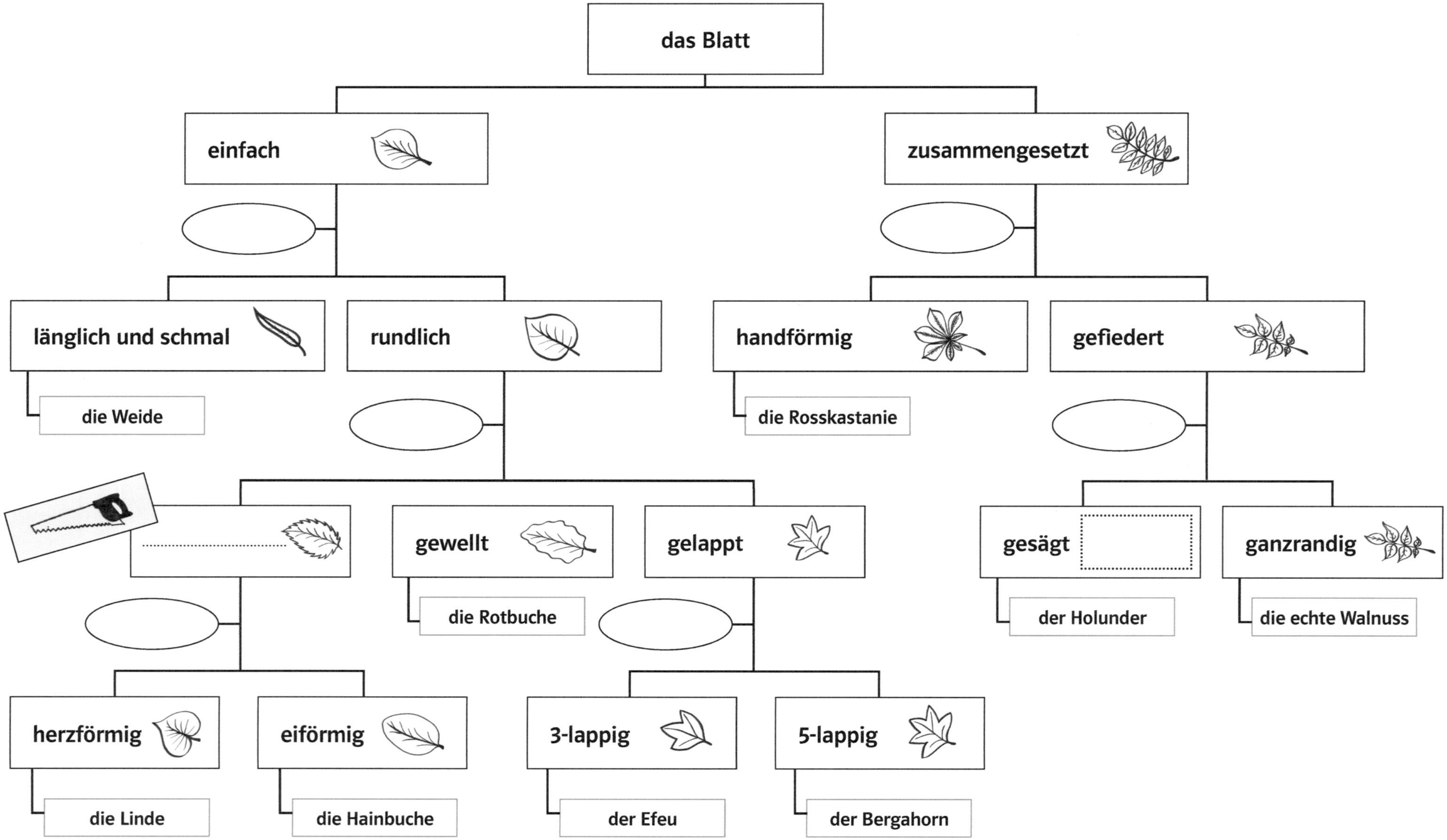

- das Blatt
  - einfach
    - länglich und schmal → die Weide
    - rundlich
      - ....
        - herzförmig → die Linde
        - eiförmig → die Hainbuche
      - gewellt → die Rotbuche
      - gelappt
        - 3-lappig → der Efeu
        - 5-lappig → der Bergahorn
  - zusammengesetzt
    - handförmig → die Rosskastanie
    - gefiedert
      - gesägt → der Holunder
      - ganzrandig → die echte Walnuss

Praxishandbuch Sprachbildung Biologie
Sprachsensibel unterrichten – Sprache fördern
ISBN 978-3-12-666852-1

Bestimmungsschlüssel Laubbäume

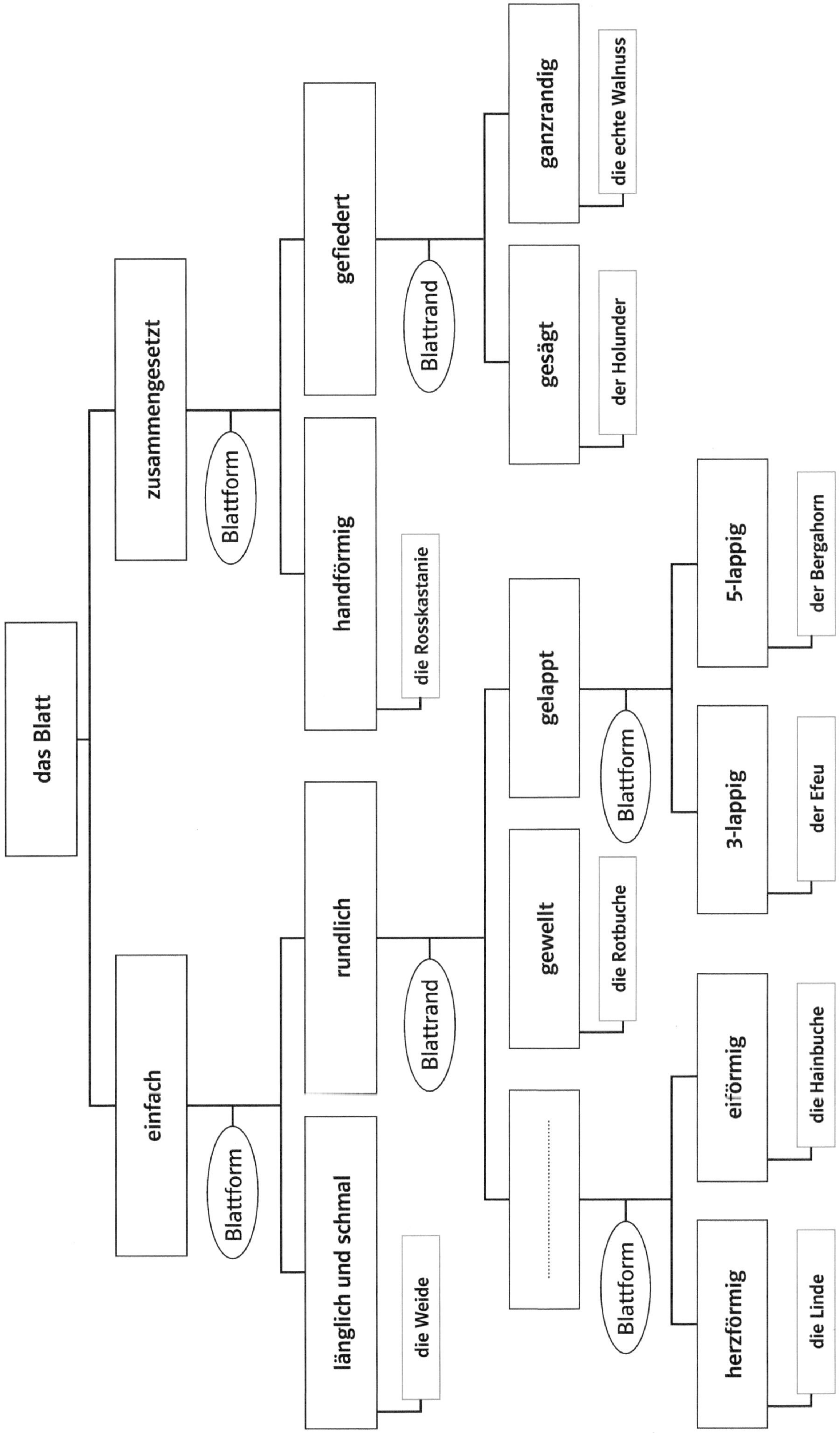

das Blatt

einfach

Blattform

länglich und schmal

die Weide

rundlich

Blattrand

....

Blattform

herzförmig

die Linde

eiförmig

die Hainbuche

gewellt

die Rotbuche

gelappt

Blattform

3-lappig

der Efeu

5-lappig

der Bergahorn

zusammengesetzt

Blattform

handförmig

die Rosskastanie

gefiedert

Blattrand

gesägt

der Holunder

ganzrandig

die echte Walnuss

ISBN 978-3-12-666852-1

Adjektive erschließen

1 Partnerarbeit:

Im Bestimmungsschlüssel fehlt ein Adjektiv. Ergänzt das passende Adjektiv mithilfe des Bildes. Im Bestimmungsschlüssel fehlt auch ein Bild. Zeichnet das passende Bild zu dem Adjektiv.

2 Einzelarbeit:

Wie werden die Adjektive im Bestimmungsschlüssel gebildet: mit der Endung -ig oder mit der Vorsilbe ge- und der Endung -t? Ordne die folgenden Adjektive zu und nenne das Nomen, von dem es abgeleitet wurde.

gefiedert – ~~gewellt~~ – gelappt – ~~ganzrandig~~ – handförmig – ~~herzförmig~~ – eiförmig – 3-lappig – 5-lappig

-ig			
Adjektiv	**Welche Wörter kommen in dem Adjektiv vor?**	**Welche Eigenschaft beschreibt das Adjektiv?**	
ganzrandig	ganz + der Rand	hat einen ganzen Rand	
herzförmig	das Herz + die Form	hat die Form eines Herzens	

ge- -t			
gewellt	die Welle	hat Wellen	

Hinweis 1
Diese Nomen kommen in den Adjektiven vor. Ordne die Nomen dem passenden Adjektiv zu.

- die Fieder (einzelnes Blättchen bei einem zusammengesetzten Blatt)
- die Hand + die Form
- das Ei + die Form
- fünf Lappen
- der Lappen (Teil eines Laubblattes)
- drei Lappen

Hinweis 2
Die Adjektive beschreiben folgende Eigenschaften. Ordne die Eigenschaften dem passenden Adjektiv zu.

- hat drei Lappen
- hat die Form einer Hand
- hat Lappen
- hat Fiedern
- hat die Form eines Eis
- hat fünf Lappen

Blätter beschreiben

Sieh dir den Bestimmungsschlüssel genau an. Er arbeitet mit zwei Merkmalen:

Wie sieht der Rand des Blattes aus? *oder* **Welche Form hat das Blatt?**

An jeder Abzweigung wird immer nur ein Merkmal betrachtet: der Blattrand oder die Blattform.

1 Einzelarbeit:

Welche Adjektive im Bestimmungsschlüssel beschreiben die Blattform? Welche Adjektive beschreiben den Blattrand? Schreibe die Adjektive in die passende Spalte. Die Bilder können dir dabei helfen.

Form	Rand
herzförmig	gewellt

Wenn du nicht weiterkommst, kannst du dir eine Hilfe holen. Trage zunächst die zusätzlichen Informationen aus der Lernhilfe in deinen Bestimmungsschlüssel ein. Versuche anschließend erneut, die Aufgabe zu lösen.

2 Partnerarbeit:

Vergleiche deine Ergebnisse nun mit deinem Partner. Einigt euch auf eine Lösung.

Für Paare, die nicht mit der Lernhilfe gearbeitet haben: Tragt anschließend im Bestimmungsschlüssel in die ovalen Felder ein, ob es bei der Abzweigung um das Merkmal „Blattform" oder das Merkmal „Blattrand" geht.

Praxishandbuch Sprachbildung Biologie
Sprachsensibel unterrichten – Sprache fördern
ISBN 978-3-12-666852-1

Zu welchen Bäumen gehören die Blätter?

1 Einzelarbeit:

Welche Eigenschaften haben die Form und der Rand der Laubblätter? Trage die passenden Adjektive aus KV 3 unter jedem Laubblatt ein.

Name: ....
Form: ....
Rand: ....

Name: ....
Form: ....
Rand: ....

Name: ....
Form: ....
Rand: ....

Name: ....
Form: ....
Rand: ....

Name: ....
Form: ....
Rand: ....

Name: ....
Form: ....
Rand: ....

Name: ....
Form: ....
Rand: ....

Name: ....
Form: ....
Rand: ....

Name: ....
Form: ....
Rand: ....

2 Einzelarbeit:

Bestimme die Blätter mithilfe des Bestimmungsschlüssels (Arbeitsblatt 2). Schreibe den Namen unter jedes Laubblatt.

Praxishandbuch Sprachbildung Biologie
Sprachsensibel unterrichten – Sprache fördern
ISBN 978-3-12-666852-1

3 Einzelarbeit:

Zu welchem Baum dieses Blatt gehört, kannst du nicht mithilfe des Bestimmungsschlüssels ermitteln, denn dafür fehlt eine Abzweigung im Bestimmungsschlüssel. Diese Abzweigung sollst du selbst finden und einzeichnen.

Lies die Beschreibungen des Blattes genau. Bestimme es dann mit dem Bestimmungsschlüssel, so weit du kommst. Fange ganz oben im Bestimmungsschlüssel an. An welcher Stelle fehlt die Abzweigung? Zeichne sie ein und ergänze das notwendige Adjektiv sowie den Namen des Baums.

Name: die Schwarzpappel
Form: dreieckig
Rand: gesägt

Praxishandbuch Sprachbildung Biologie
Sprachsensibel unterrichten – Sprache fördern
ISBN 978-3-12-666852-1

Tiere bestimmen

Gruppe 1: Gliederfüßer

a) 

b) 

c) 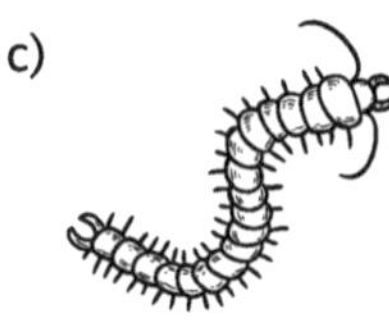

Einzelarbeit:
Beantworte die Fragen zu deinem Tier. Bilde dann Adjektive aus den unterstrichenen Wörtern.

Beispiel: Hat das Tier Flügel? ja → geflügelt; nein → nicht geflügelt
Den Namen des Tiers kannst du erst später eintragen.

Name des **Gliederfüßers**: ....

Wie viele Beine hat das Tier: sechs, acht oder viele Beine? ....→ ....
Hat der Körper Glieder? Wenn ja, dann beantworte folgende Frage: Hat der Körper viele Glieder (mehr als 15 Glieder)? ....→ ....

Hat das Tier Einschnürungen? ....→ ....

Wichtige Wörter:

das **Glied** (Plural: die Glieder)
Der Körper des Tiers besteht aus mehreren, gleich aussehenden Abschnitten, die aneinandergereiht sind. Diese gleich aussehenden Abschnitte nennt man Glieder.

die **Einschnürung** (Plural: die Einschnürungen)
Bei vielen Gliederfüßern wird der Körper an zwei Stellen dünner und danach wieder breiter. Die Einschnürungen trennen die Abschnitte von Kopf, Brust und Hinterleib. Die Beine (und evtl. Flügel) sitzen nur am Brustabschnitt.

Gruppe 2: Säugetiere

a) 

b) 

c) 

Einzelarbeit:
Beantworte die Fragen zu deinem Tier. Bilde dann Adjektive aus den unterstrichenen Wörtern.

Beispiel: Hat das Tier Flügel? ja → geflügelt; nein → nicht geflügelt
Den Namen des Tiers kannst du erst später eintragen.

Name des **Säugetiers**: ____________________________

Hat das Tier Flügel? .... → ....

Besitzt das Tier Hufe? .... → ....

Hat das Tier am Kopf Hörner? .... → ....

Hat das Fell Streifen, Flecken oder ist es einfarbig? .... → ....

Praxishandbuch Sprachbildung Biologie
Sprachsensibel unterrichten – Sprache fördern
ISBN 978-3-12-666852-1

Einen Bestimmungsschlüssel erstellen

1 Stellt euch in der Gruppe eure Tiere gegenseitig vor. Vergleicht die fachlichen Adjektive, die ihr gebildet habt. Entscheidet euch bei den Adjektiven jeweils für eine Lösung.

2 Ergänzt nun den Bestimmungsschlüssel für Gliedertiere bzw. Säugetiere. Nutzt dafür die Adjektive und Begriffe aus dem Steckbrief.

Wie geht ihr vor?
Beispielfrage: „Hat das Tier Flügel?"

Hat das Tier Flügel? *ja* → *geflügelt* und *nein* → *nicht geflügelt.*
Diese Eigenschaften (*geflügelt* und *nicht geflügelt*) müsst ihr nun an der richtigen Stelle in den Bestimmungsschlüssel eintragen.
Dafür sucht ihr zuerst im Bestimmungsschlüssel die passende Frage, also: *Hat das Tier Flügel?*
Wenn ihr sie gefunden habt, dann seht ihr, dass unter der Frage zwei leere Kästchen stehen. Ihr müsst nun entscheiden, in welches der Kästchen *geflügelt* und in welches *nicht geflügelt* gehört.
Diese Entscheidung ist nicht einfach. Ihr müsst genau überlegen und ausprobieren. Tragt ihr *geflügelt* ein, müssen die nachfolgenden Fragen in diesem Zweig des Bestimmungsschlüssels dazu passen. Ihr müsst am Ende eures Weges bei den richtigen Tieren landen. Klappt dies nicht, dann war eure Wahl falsch. Dann gehört *nicht geflügelt* in das Kästchen.

Bestimmungsschlüssel Gliedertiere

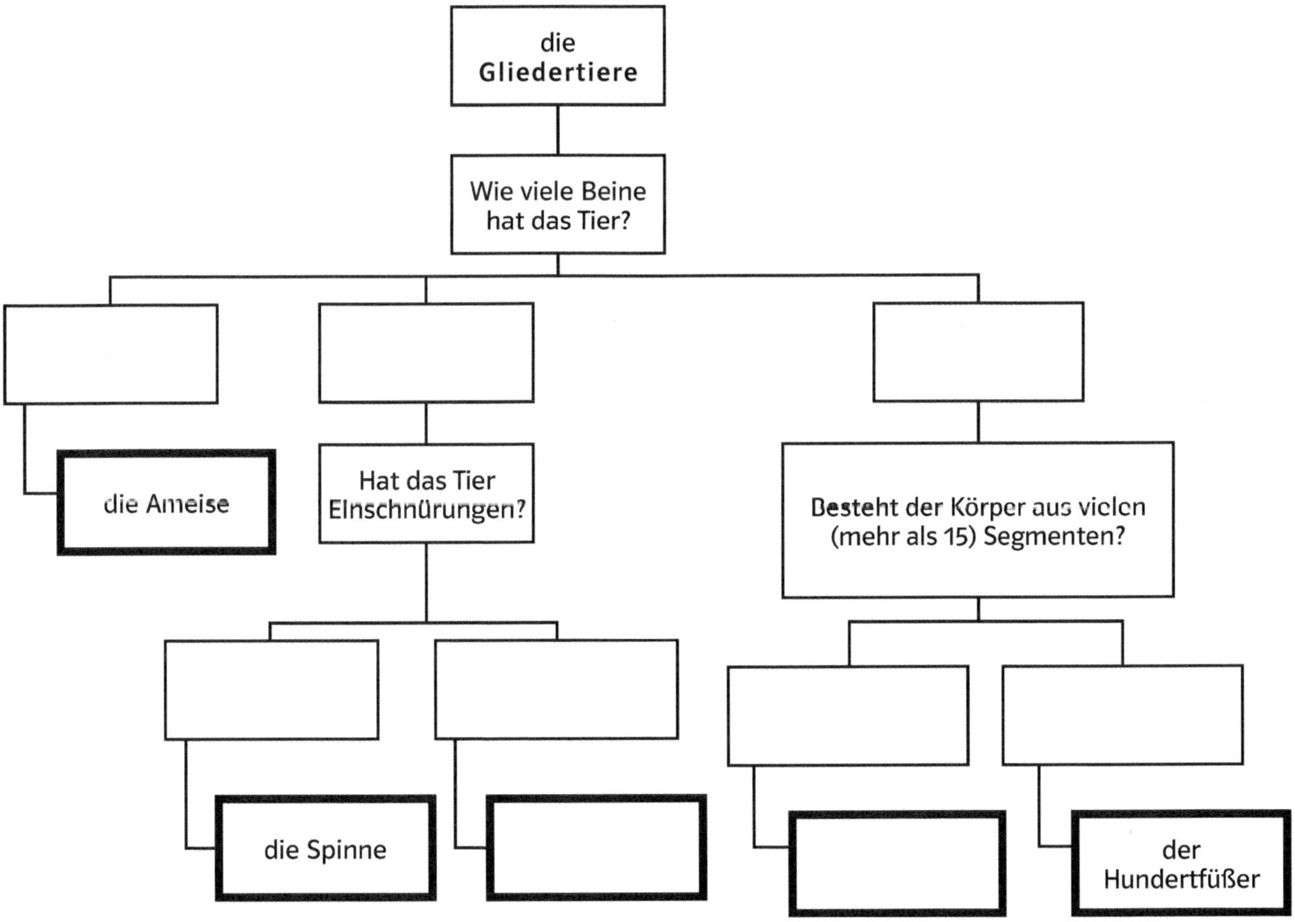

die Gliedertiere

Wie viele Beine hat das Tier?

die Ameise

Hat das Tier Einschnürungen?

Besteht der Körper aus vielen (mehr als 15) Segmenten?

die Spinne

der Hundertfüßer

Praxishandbuch Sprachbildung Biologie
Sprachsensibel unterrichten – Sprache fördern
ISBN 978-3-12-666852-1

Bestimmungsschlüssel Säugetiere

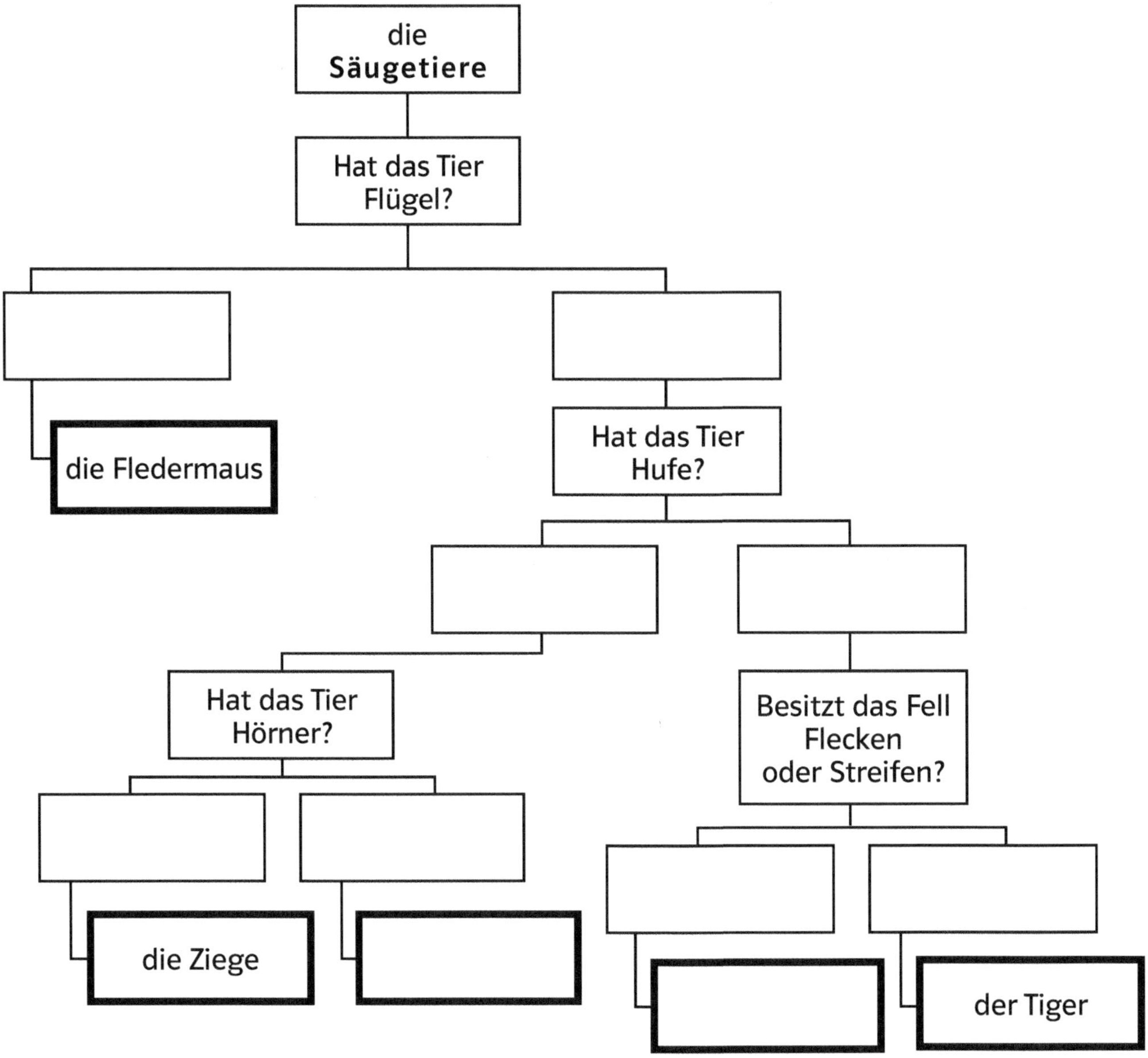

Praxishandbuch Sprachbildung Biologie
Sprachsensibel unterrichten – Sprache fördern
ISBN 978-3-12-666852-1

Den Bestimmungsschlüssel überprüfen

1. **Tauscht eure fertigen Bestimmungsschlüssel so aus, dass die Gruppe „Säugetiere" den Bestimmungsschlüssel „Gliedertiere" erhält und umgekehrt.**

2. **Bestimmt nun mit dem Bestimmungsschlüssel die beiden Tiere unten (die Säugetiere *oder* die Gliedertiere).**

3. **Tragt die Tiernamen in die passenden Kästchen im Bestimmungsschlüssel ein.**

4. **Hat der Bestimmungsschlüssel eurer Partnergruppe funktioniert? Ist er verständlich? Macht Verbesserungsvorschläge, wenn nötig.**

Gliedertiere:

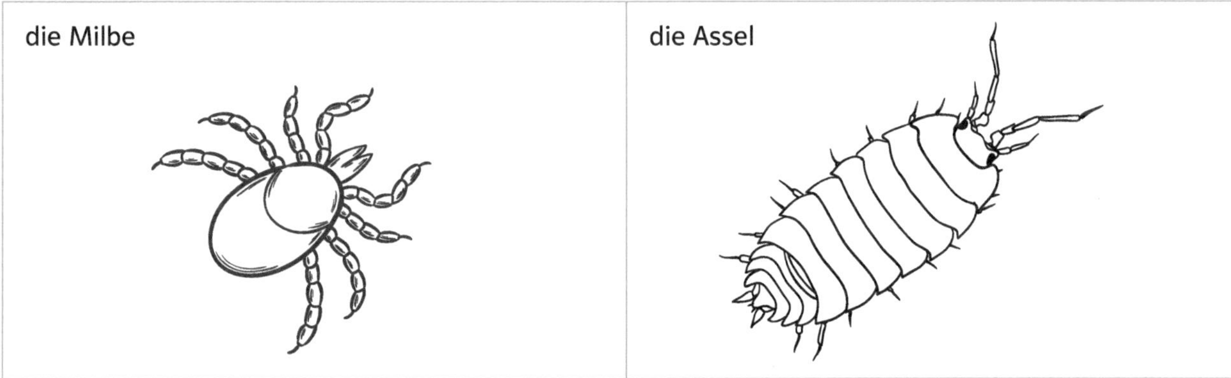

Säugetiere:

Praxishandbuch Sprachbildung Biologie
Sprachsensibel unterrichten – Sprache fördern
ISBN 978-3-12-666852-1

Sachtexte über Organe

Darstellungsform

In Sachtexten über Organe werden zum einen die Struktur und die Funktionen eines Organs und zum anderen das Organ als ein System mit bestimmten Eigenschaften (→ Werkzeug Basiskonzepte, S. 158) beschrieben. Der Aufbau dieser Texte ist oft sehr ähnlich. Sie enthalten meist:

- eine Überschrift,
- eine Einleitung, die oft an Bekanntes aus der Lebenswelt der SuS anknüpft,
- einen kontinuierlichen Text, der in einzelne Abschnitte mit Überschriften unterteilt ist,
- eine Zusammenfassung am Ende des Textes,
- Abbildungen, die oft mit Bildunterschriften und/oder Legenden versehen sind. Typische Bilder, die in Sachtexten über Organe verwendet werden, sind
  - Strukturbilder, die den Aufbau eines Organs zeigen,
  - Funktionsbilder, welche die Funktionsweise eines Organs veranschaulichen, und
  - Systembilder, welche die systemischen Eigenschaften des Organs (z. B. Austausch, Steuerung und Regelung) verdeutlichen.

Sprachliche Anforderungen

Im Gegensatz zu z. B. erzählenden Texten sind Sachtexte im Biologieunterricht stark verdichtet und komplex. Die Texte setzen sich aus mehreren Abschnitten und Textarten zusammen (Fließtext, Überschriften, Bildlegenden etc.), die gemeinsam interpretiert und verknüpft werden müssen. Die sprachlichen Anforderungen beim Lesen sind daher hoch. Der einheitliche Textaufbau kann jedoch beim Entschlüsseln des Textes helfen.

Die Informationen in biologischen Sachtexten werden verdichtet und möglichst objektiv dargestellt; daher finden sich z. B. verkürzte Nebensatzkonstruktionen, Nominalphrasen und unpersönliche Formen wie „man" oder das Passiv. Sachtexte enthalten außerdem viele Fachbegriffe, Komposita und selten gebrauchte Wörter, die die SuS aus ihrem Alltag nicht oder in einer anderen Bedeutung kennen. Die SuS müssen Strategien erlernen, um deren Bedeutung zu erschließen bzw. Texte global zu verstehen, ohne alle Wörter zu kennen und jeden Satz zu verstehen. Darüber hinaus enthalten Sachtexte über Organe bestimmte, für die Basiskonzepte typische Formulierungen (z. B. *dazu dienen* für die Funktion → Werkzeug Basiskonzepte, S. 162). Diese können den SuS dabei helfen, das Thema in den Kontext des Basiskonzepts zu stellen, und erleichtern so den Zugang zum Text. Auch Schaubilder können dabei helfen. Allerdings unterstützt das Betrachten der Schaubilder das Lesen des Textes nur, wenn man diese entschlüsseln kann. Strukturdarstellungen können mithilfe der Beschriftung wahrnehmungsbasiert erschlossen werden, bei den Funktionsdarstellungen erfordert das Entnehmen der Informationen einen Vergleich der verschiedenen Darstellungen, d. h. die SuS können sie nur wissensbasiert erschließen.

Progression

Aufgrund der Fülle der sprachlichen Anforderungen beim Lesen von Sachtexten über Organe ist es sinnvoll, die sprachlichen Kompetenzen der SuS systematisch und progressiv zu fördern.

In den Jahrgangsstufen 5/6 bietet es sich an, die Lernenden durch Aufgaben mit detaillierten Arbeitsaufträgen sowie durch ein sukzessives Einführen der verschiedenen Bildtypen zu unterstützen. Wichtig ist dabei, dass die Lernenden den für die Basiskonzepte spezifischen Wortschatz erweitern, Textstrukturwissen erwerben, erste kognitive und metakognitive Lesestrategien erlernen sowie unterschiedliche Visualisierungsformen kennenlernen.

In den Jahrgangsstufen 7/8 kann die Kompetenz zum basiskonzeptspezifischen Lesen und Visualisieren auf andere Systemebenen (z. B. Zelle, Ökosystem) und Basiskonzepte (Entwicklung) übertragen werden. Der Grad der Unterstützung hängt dabei entscheidend von der Komplexität der Bilder ab (z. B. Immunsystem).

In den Jahrgangstufen 9/10 stellen sich hinsichtlich der Bildlesekompetenz neue Herausforderungen. So kommen in diesen Jahrgangsstufen neue Bildtypen hinzu: Stammbäume in der Evolution und Genetik, Regelkreisläufe. Das Lesen dieser Bildtypen muss gezielt geschult werden. Bei den Regelkreisläufen können weitere Redemittel wie adversative Konjunktionen (z. B. *wohingegen*) und Nominalisierungen (z. B. *zur Absenkung*) eingeführt werden.

UNTERRICHTSEINHEIT

Das Skelett – ein bewegliches Gerüst 5/6

Basiskonzept Struktur und Funktion
Übergreifende Kompetenz Kommunikationskompetenz (Informationen identifizieren, Texte lesen und erstellen)
Textsorten Sachtext, Strukturdarstellung
Themen Bau und Leistung des menschlichen Körpers

fachliche Lernziele

- das Skelett und das Bewegungssystem in wesentlichen Bestandteilen beschreiben
- einen Zusammenhang zwischen der Struktur und der Funktion des Skeletts erkennen

sprachliche Lernziele

- Strukturbildern und einem Sachtext Informationen entnehmen
- (gelenkt) einen Zusammenhang zwischen der Struktur und Funktion des Skeletts für andere nachvollziehbar beschreiben

Die Unterrichtseinheit im Überblick

Den einheitlichen Textaufbau von Sachtexten über Organe kann man nutzen, um die Texte zu entschlüsseln. Dazu eignen sich bestimmte Lesestrategien, die den SuS in dieser Unterrichtseinheit vermittelt werden. Dafür wird der Text nicht linear von Anfang bis Ende gelesen, sondern man erarbeitet sich das Thema schrittweise: Nach dem Lesen der Überschrift verschafft man sich zunächst einen Überblick über das Thema, indem man die Zusammenfassung liest. Diese ist zwar sprachlich meist anspruchsvoll, sie liefert aber wichtige Hinweise über den Inhalt des Textes und hilft so dabei, diesen zu entschlüsseln. Auch das anschließende Betrachten der Abbildung erleichtert den Zugang zum Text. Einen Überblick über die basiskonzeptspezifische Lesestrategie bietet die Tabelle unten.

Hilfreich ist es außerdem, den SuS zu vermitteln, welche Formulierungen für ein Basiskonzept typisch sind. Diese Formulierungen stellen beim Lesen eines Tex-

LESESTRATEGIEN

Schritt	Vorgehen/Ziel
1. Gedanken lesen	Fachliches und sprachliches Vorwissen ermitteln und aktivieren, um eine Leseerwartung und ein globales Textverständnis aufzubauen.
2. Code finden	Zusammenfassung basiskonzeptspezifisch orientierend lesen, um durch das Rückwärtslesen Hinweise zur Suche im Text zu finden.
3. Bilder enträtseln	Struktur-, Funktions- und Systembilder zur Vertiefung des Textverständnisses basiskonzeptspezifisch lesen.
4. Botschaft mit Code entschlüsseln	Im Text Formulierungen zu Struktur, Funktion und Eigenschaften des Systems farbig markieren, um durch basiskonzeptspezifisches und selektives Lesen einen Zugang zum Text zu finden. Zusammenhänge zwischen Text und Bild herstellen.
	Zusammenhänge durch Markieren von Verbindungswörtern untersuchen (typisch sind z. B. für einen Struktur-Funktions-Zusammenhang Schlussfolgerungen wie *demnach*).
	Informationen basiskonzeptspezifisch in andere Darstellungsform übertragen, um aus Text und Bild detaillierte Informationen zu entnehmen (z. B. System – Baumdiagramm).
5. Klartext reden und schreiben	Information aus dem Text zusammenfassen, um das Textverständnis sichtbar zu machen. Beim Schreiben ist eine Progression vom stark gelenkten zum freien Schreiben sinnvoll.
6. Strategien reflektieren	Verwendete Strategien besprechen, damit Lernende Wissen über kognitive und metakognitive Strategien (zur Überwachung des Leseverständnisses) aufbauen können.

Arbeitsblätter

KV Nr.	Thema	Sozialform	Intention
1	Gespräch unter Freunden		Fragen formulieren, Hypothesen bilden, Anknüpfen
2	Erklär mir		wichtige Begriffe vorentlasten
3	Schritt 1 – Die Zusammenfassung lesen		Lesestrategien verwenden
4	Schritt 2 – Die Abbildung betrachten		ein Strukturbild verstehen
5	Schritt 3 – Den ganzen Text lesen		einen Text anhand von Teilaufgaben erschließen
6	Schritt 4 – Wichtige Informationen zusammenfassen		eine Concept-Map erstellen und mit deren Hilfe einen eigenen Text schreiben
7	Textpuzzle: Struktur und Funktion des Skeletts		den Aufbau eines Textes sichern
8	Fachwortschatz einprägen		Lernstrategien vermitteln

tes über ein Organ wichtige Verstehensinseln dar. Steht im Text z. B. die Formulierung *besteht aus*, so können die SuS daraus schließen, dass in dem Satz Bestandteile eines Organs angegeben werden. Eine hilfreiche Strategie ist es, die typischen Formulierungen für Strukturen und Funktionen mit verschiedenen Farben zu markieren. So liefern die basiskonzeptspezifischen Formulierungen auch wichtige Hinweise über die Textstruktur, die besonders wichtig sind, wenn ein Text keine Zwischenüberschriften hat. Die Textstruktur transparent zu machen, erleichtert das Verstehen von Texten.
Darüber hinaus können auch Bilder basiskonzeptspezifisch entschlüsselt werden (→ Werkzeug Basiskonzepte, S. 158).
Für den Einstieg in das Lesen von Sachtexten über Organe wird mit dem menschlichen Skelett ein Themenbereich ausgewählt, in dem nur ein einziges, einfach lesbares Strukturbild enthalten ist. Diese Reduktion der Inhalte erleichtert den SuS das Kennenlernen der komplexen Lesestrategie und der Interpretation von Bildern. Ziel dieser Unterrichtseinheit ist ein aufgabengeleitetes Anwenden und anschließend ein erstes Reflektieren der verwendeten Strategien.
Das Lesen des Textes wird durch umfangreiche vorbereitende Wortschatzarbeit, einen schrittweisen Aufbau der Lesestrategien sowie didaktisierte Leseaufträge unterstützt. Die entnommenen Informationen werden in einer Concept-Map dargestellt, die die Grundlage für einen eigenen beschreibenden Sachtext bildet.

Um den Umgang mit der Lesestrategie zu vertiefen, bieten sich im Inhaltsfeld „Körper und Leistungsfähigkeit" zahlreiche Anwendungsmöglichkeiten für das Lesen von Organsachtexten und das Lesen verschiedener Bilder an.

1 Gespräch unter Freunden

Fragen formulieren, Hypothesen bilden, Anknüpfen
Anhand eines Dialogs zwischen zwei Kindern über das menschliche Skelett wird das Vorwissen der SuS aktiviert. Im Gespräch stellen Aylin und Yari über ein Spielzeugskelett aus Plastik einen Bezug zur Lebenswelt der SuS her: Die Kinder verwenden alltagssprachliche Formulierungen und diskutieren darüber, ob das menschliche Skelett auch ganz anders aussehen könnte. So stellen sie einen ersten Bezug zwischen der Struktur und der Funktion des Skeletts her.
Der Text auf KV 1 wird von der Lehrkraft vorgelesen. Die SuS sollen beim ersten Vorlesen nur darauf achten, worum es in dem Text geht. Beim zweiten Vorlesen sollen sie sich darauf konzentrieren, welche Fragen und Vermutungen Aylin und Yari haben. Darüber tauschen sie sich mit dem Sitznachbarn aus. Anschließend teilt die Lehrkraft KV 1 aus. Die SuS wählen in Partnerarbeit die Fragen aus, welche im Gespräch von Aylin und Yari gestellt werden, bilden Hypothesen zu diesen Fragen und notieren diese. Im Unterrichtsgespräch können die fachlichen Problemfragen dann zusammen mit den Vermutungen vorgestellt werden. An dieser Stelle können die SuS – unterstützt durch Formulierungshinweise – ihr fachliches Vorwissen zum Thema einbringen.

2 Erklär mir

Wichtige Begriffe vorentlasten

Um im Folgenden den Fachtext und den Zusammenhang zwischen der Struktur und der Funktion zu verstehen, sind bestimmte Begriffe zentral. Zunächst sollte daher die Bedeutung dieser Begriffe geklärt werden. Im Spiel „Erklär mir" erklären sich die SuS gegenseitig Begriffe, indem sie ihr sprachliches Vorwissen einbeziehen.

Die SuS schneiden die Wortkarten auf KV 2 aus und sortieren sie in Einzelarbeit in drei Gruppen: Begriffe,

- die sie gut kennen und erklären können,
- die sie schon einmal gehört haben,
- die sie nicht kennen.

Anschließend gehen sie im Raum herum und fragen die anderen SuS nach Erklärungen der Begriffe, deren Bedeutung sie nicht kennen, und erklären den anderen die Begriffe, die sie kennen. Nach Abschluss des Spiels wird die Bedeutung der noch ungeklärten Wörter im Plenum thematisiert und die Bedeutung der anderen Wörter gesichert. Alternativ zum Spiel können die Kärtchen von KV 2 vergrößert an die Tafel geheftet und die Bedeutung der Begriffe gemeinsam geklärt und sinnvoll gruppiert werden.

3 Schritt 1 – Die Zusammenfassung lesen

Lesestrategien verwenden

Anhand der Zusammenfassung erarbeiten sich die SuS selbstständig erste Informationen über die Struktur und die Funktion des Skeletts. Eingangs sollten die SuS darauf hingewiesen werden, dass das Skelett ein Organ ist, da dies wahrscheinlich vielen nicht bewusst ist.

Die Informationen werden in eine Tabelle eingetragen, in der die Begriffe „Bestandteile" und „Aufgaben" vorgegeben sind. Diese Begriffe sind für die Beschreibung von Strukturen und Funktionen von Organen und Organsystemen ebenso zentral wie das Untergliedern in verschiedene Teilbereiche.

4 Schritt 2 – Die Abbildung betrachten

Ein Strukturbild verstehen

Weitere Informationen über den Bau des Skeletts entnehmen die SuS im nächsten Schritt dem Strukturbild auf KV 4. Strukturbilder eignen sich besonders gut für eine selbstständige Erarbeitung, weil sie lediglich ein wahrnehmungsbasiertes Beschreiben erfordern. Für die Beschreibung müssen die SuS also kein Vorwissen einbeziehen, wie dies z. B. bei einer Funktionsdarstellung notwendig ist. Die Aufgabenstellung unterstützt die SuS beim eigenständigen Lesen des Strukturbildes durch den Hinweis auf die Legende sowie das Eintragen der Bestandteile in die Tabelle. Das Erarbeiten der Strukturdarstellungen kann durch den Einsatz des Werkzeugs Basiskonzepte (→ S. 161) unterstützt werden. Durch das Eintragen der Informationen in die Tabelle wird das Strukturbild mit einer Darstellungsform vernetzt, die sich sehr gut zur Auswertung von Strukturbildern eignet.

In der vierten Aufgabe wird ein erster expliziter Bezug zum Basiskonzept Struktur und Funktion hergestellt. Dieser Schritt ist wichtig für das Erschließen der Inhalte des Sachtextes, in dem die Struktur und die Funktion des Skeletts genauer vorgestellt wird. Darüber hinaus erhalten die SuS an dieser Stelle die Möglichkeit, ihr Vorwissen einzubeziehen. Präkonzepte werden sichtbar. Die Lehrkraft erhält an dieser Stelle einen Einblick, wie weit die SuS das Basiskonzept Struktur und Funktion bereits verstanden haben. Wenn nötig, kann sie das Verständnis an dieser Stelle durch Gespräche mit den Lernenden oder unter den Lernenden vertiefen.

5 Schritt 3: Den ganzen Text lesen

Einen Text anhand von Teilaufgaben erschließen

Die SuS lesen nun den gesamten Sachtext über das Skelett. Auf das gezielte Lesen des anspruchsvollen Sachtexts sind die SuS durch die vorhergehende Arbeit ausreichend vorbereitet. Außerdem unterstützt sie die Unterteilung in Teilaufgaben. Das Ziel ist, dass die Lernenden im Text die zuvor herausgearbeiteten Informationen über die Bestandteile und die Aufgaben wiedererkennen und ihr Wissen selbstständig erweitern.

Die Lehrkraft sollte darauf achten, dass die SuS den Text wirklich zweimal lesen, ihn also einmal vollständig gelesen haben, bevor sie im zweiten Lesedurchgang die Bestandteile und Aufgaben mit verschiedenen Farben markieren und den einzelnen Abschnitten Überschriften zuweisen. Das Markieren der Adverbien *also* und *demnach* verdeutlicht den Zusammenhang zwischen der Struktur und der Funktion.

Zur Lösung des eingangs formulierten Problems sollte nun ein Rückbezug zu den Hypothesen auf KV 1 hergestellt werden. Die SuS vergleichen ihre erworbenen Fachkenntnisse mit den Vorstellungen der beiden Kinder, markieren Informationen zu den Fragen aus dem Dialog im Sachtext und können Fehlvorstellungen korrigieren. Durch den Vergleich des Dialogs mit dem Sachtext erfahren die SuS, dass und wie alltagssprachliche und bildungssprachliche Formulierungen sich unterscheiden. Abschließend kann der Dialog in der Gruppe zu Ende geführt werden.

6 Schritt 4: Wichtige Informationen zusammenfassen

Eine Concept-Map erstellen

Im nächsten Schritt sollen die Lernenden einen eigenen Text über das Skelett verfassen. Das Schreiben des Textes wird durch die Concept-Map vorbereitet,

die die SuS ergänzen sollen, indem sie die Teilskelette und die dazu gehörenden Knochen eintragen. Eine Concept-Map eignet sich besonders gut als Vorbereitung auf das Schreiben von Texten, weil sie die Struktur des Textes vorgibt. Durch die Angabe passender Ausdrücke mit nachfolgendem Kasus (z.B. *sind wichtig für* + Akkusativ) unterstützt die Concept-Map die SuS dabei, einen sprachlich korrekten Text zu verfassen.
Im anschließenden Schreibauftrag wird der Adressat ebenso angegeben wie die Themen, die der Text enthalten soll.

TIPP
Concept-Maps eignen sich sehr gut als Methode, um Informationen aus einem Text zusammenzutragen und auch als Vorlage für das Schreiben von Texten. Sollte an dieser Stelle eine zentrale Sicherung erforderlich sein, kann mit Karten, auf denen die zentralen Begriffe und evtl. auch Bilder der Teilskelette angegeben sind, gemeinsam mit allen SuS eine Concept-Map an der Tafel oder auf dem Boden erstellt werden.

7 Textpuzzle: Struktur und Funktion des Skeletts

Den Aufbau eines Textes sichern
Nachdem die SuS sich umfangreiche Kenntnisse über die Struktur und die Funktion des Skeletts erarbeitet haben, können diese anhand eines Textpuzzles überprüft und vertieft werden. Darüber hinaus sichert diese Aufgabe auch Wesentliches über den Aufbau von Texten zur Beschreibung der Struktur und Funktion eines Organs, z.B. in welcher Reihenfolge die Informationen angeordnet und wie die Informationen miteinander verknüpft werden. Eine Herausforderung im Text ist, dass das Personalpronomen *es* viermal verwendet wird und dem entsprechenden Teilskelett zugeordnet werden muss. Um diese Aufgabe lösen zu können, müssen die Lernenden einen Zusammenhang zwischen den Bestandteilen und der Struktur und der Funktion des Skeletts herstellen.
Das Textpuzzle sollte in Partnerarbeit gelöst werden, sodass die Lernenden sich über erworbene Kenntnisse und bei Unsicherheiten austauschen können. Anschließend werden die Ergebnisse im Plenum verglichen. Bei der Reihenfolge der Sätze gibt es verschiedene Möglichkeiten.
Im Unterrichtsgespräch werden abschließend der Aufbau von Sachtexten und das selbstständige Erarbeiten von Texten mithilfe von Lesestrategien reflektiert. Dabei sollten die Schritte angesprochen werden, die die SuS zur Erarbeitung des Textes über das Skelett bearbeitet haben. Dazu kann das Werkzeug Sachtexte über Organe (→ S.179) ausgeteilt werden. Alternativ kann auch gemeinsam ein Lernplakat erstellt werden.

8 Fachwortschatz einprägen

Lernstrategien vermitteln
In der Unterrichtseinheit gibt es viele wichtige Wörter und Formulierungen, um den Aufbau und die Funktion zu beschreiben. Damit diese in den produktiven Wortschatz der Lernenden übergehen, müssen sie geübt werden. Dazu eignet sich die Liste auf KV 8, die neben den Einzelwörtern deren Verwendung in typischen Beispielsätzen enthält. Mithilfe dieser Liste kann am Anfang der Unterrichtseinheit zum einen die Bedeutung der Wörter geklärt werden, zum anderen können die SuS diese jedoch auch nutzen, um den Wortschatz zu sichern. Die einzelnen Lernschritte sind auf der KV detailliert angegeben, sodass die SuS sich durch die Bearbeitung gleichzeitig eine Strategie aneignen, wie sie sich Wortschatz einprägen können. Diese Aufgabe kann auch als Hausaufgabe oder in einer Lernzeit erledigt werden.

Differenzierung:
Zur Differenzierung können unterschiedlich umfangreiche Formulierungslisten erstellt werden, die auch unterschiedlich komplexe Beispielsätze enthalten.

Gespräch unter Freunden

Aylin: Neulich hat mir meine Tante eine Zeitschrift geschenkt, in der ein Plastikskelett zum Zusammenbauen war. Ich habe mir das Skelett angeschaut und meine eigenen Knochen betastet. Die fühlen sich anders an.

Yari: Was meinst du mit „anders"?

Aylin: Na ja, die Knochen des Plastikskeletts sind ganz platt. Meine Knochen sind nicht platt. Fühl doch mal deine Rippen. Die Knochen sind gewölbt.

Yari: Wahrscheinlich kann man diese Form bei dem Plastikskelett nicht darstellen, weil es sonst nicht in die Zeitschrift passt. In einer Abbildung kann man das auch nicht sehen.

Aylin: Kann sein. Ich verstehe aber auch nicht, warum das Skelett so kompliziert gebaut ist. Wir haben mehr als 200 Knochen. Brauchen wir alle, um aufrecht zu stehen?

Yari: Na ja, das Skelett macht uns stabil. Keine Ahnung, ob es diese Form haben muss.

Aylin: Ein Stiel, der auf einer Platte befestigt ist, ist auch stabil. Oder ein Panzer, wie bei Insekten?

Yari: Da bin ich überfragt. Sollen wir uns informieren?

Aylin: Au ja. Wir schauen uns ein Bild und das Skelettmodell in der Klasse an.

Yari: Und dann brauchen wir sicher auch noch Texte ...

Welche Fragen haben Aylin und Yari? Kreuzt an.

- ☐ Aus wie vielen Knochen besteht das Skelett?
- ☐ Warum fühlen sich die Knochen des Plastikskeletts anders an als die im eigenen Körper?
- ☐ Wie sind die Knochen aufgebaut?
- ☐ Warum besteht das Skelett aus so vielen Knochen?
- ☐ Welcher Zusammenhang besteht zwischen dem Aufbau des Skeletts und seiner Aufgabe?
- ☐ Welche Aufgaben hat das Skelett?

Was denkt ihr? Schreibt eure Vermutungen zu den Fragen von Aylin und Yari auf (Stichwörter).

....

....

....

....

....

....

....

....

Verwende diese Ausdrücke:
Ich denke/vermute, dass ... • Denkbar/Möglich ist, dass ... • Meine Vermutung ist, dass ...
Vermutlich ...

Praxishandbuch Sprachbildung Biologie
Sprachsensibel unterrichten – Sprache fördern
ISBN 978-3-12-666852-1

Erklär mir

1 Die 12 Begriffe auf den Kärtchen sind wichtig, um ein Skelett zu beschreiben. Schneide die Kärtchen aus und sortiere die Begriffe nach den folgenden drei Kategorien:

1. Diese Wörter kenne ich gut und kann sie erklären.
2. Diese Wörter habe ich schon einmal gehört oder gelesen. Ich kann mich an den Zusammenhang erinnern.
3. Diese Wörter kenne ich nicht.

2 Tausche dich mit anderen Schülerinnen und Schülern in der Klasse über die Begriffe aus: Erkläre die Begriffe, die du kennst. Lasse dir Begriffe erklären, die du nicht kennst.

3 Partnerarbeit: Findet Begriffe, die zusammengehören, z. B. Teile oder Aufgaben des Skeletts.

der Rumpf	die Form	der Bestandteil
das Gliedmaßenskelett	bestehen aus	stabilisieren
ist wichtig zum	stützen	der Schädel
beweglich	die Aufgabe	schützen

Praxishandbuch Sprachbildung Biologie
Sprachsensibel unterrichten – Sprache fördern
ISBN 978-3-12-666852-1

Schritt 1 – Die Zusammenfassung lesen

Sachtexte sind oft schwierig zu verstehen. Doch es gibt einen Trick. Die Strategien, die du hier an einem Text über das Skelett erlernst, kannst du auch bei Texten über andere Organe nutzen.

1 **Lies zuerst die Überschrift und die Zusammenfassung. Achte auf die Bestandteile und die Aufgaben des Skeletts.**

2 **Lies die Überschrift und die Zusammenfassung noch einmal. Markiere Informationen über die Bestandteile des Skeletts rot, Informationen über die Aufgaben grün.**

3 **Trage in die Tabelle ein, was du über die Bestandteile und die Aufgabe des Skeletts bisher weißt.**

Das Skelett – ein bewegliches Gerüst

Das Skelett – eine Zusammenfassung
Das Skelett eines erwachsenen Menschen besteht aus mehr als 200 Knochen. Es ist das bewegliche Gerüst unseres Körpers. Es stützt den Körper. Einige Knochen schützen darüber hinaus wichtige innere Organe.

Bestandteile	Aufgaben

Klett

Praxishandbuch Sprachbildung Biologie
Sprachsensibel unterrichten – Sprache fördern
ISBN 978-3-12-666852-1

Schritt 2 – Die Abbildung betrachten

1 Schau dir die Abbildung und die Legende an. In welche drei Teile unterteilt man das Skelett?

2 Schreibe die Namen der drei Teilskelette in die oberste Zeile der Tabelle.

3 Welche Knochen gehören zu welchem Teilskelett? Schreibe sie in die passende Spalte der Tabelle.

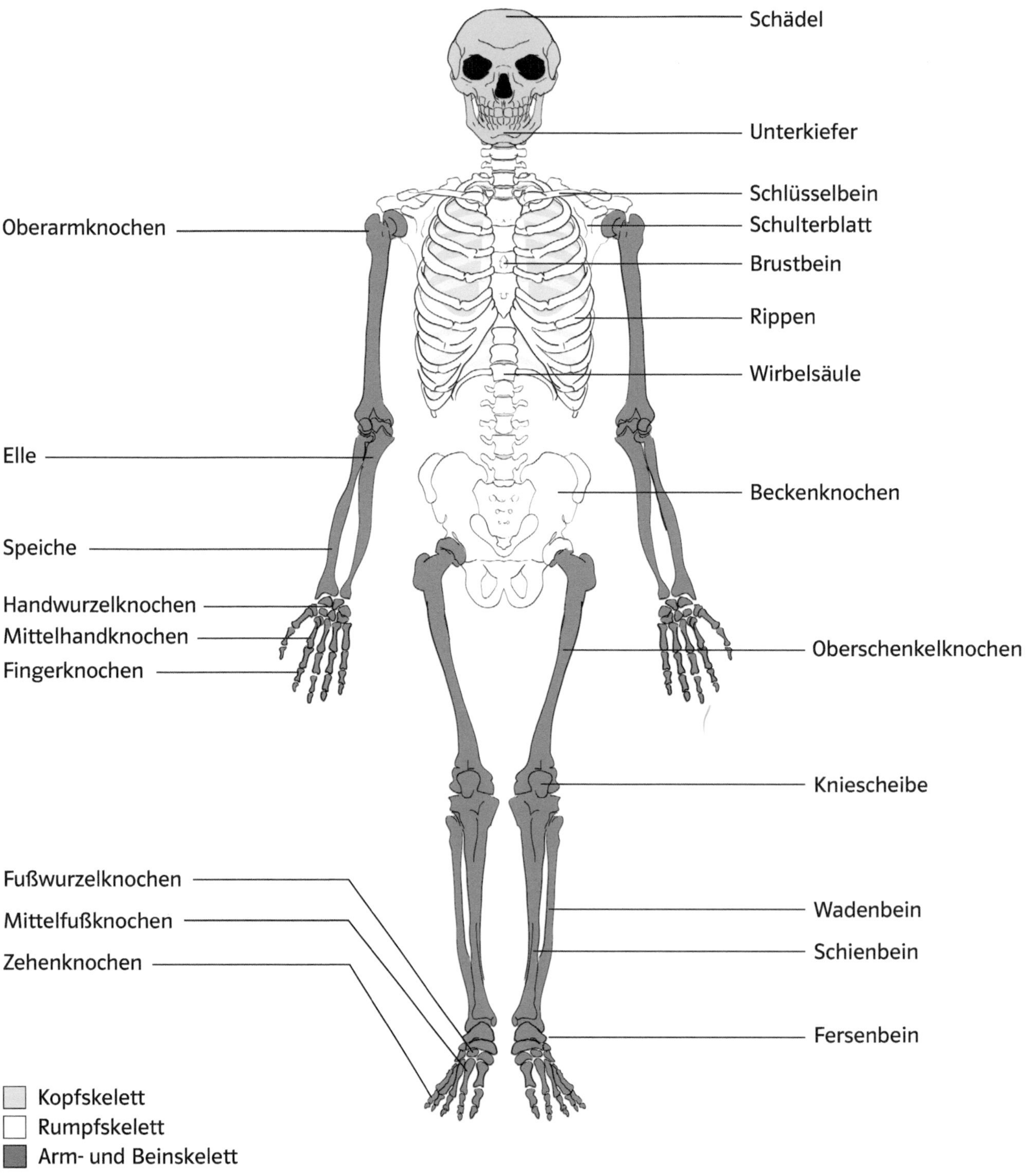

Schädel
Unterkiefer
Schlüsselbein
Oberarmknochen
Schulterblatt
Brustbein
Rippen
Wirbelsäule
Elle
Beckenknochen
Speiche
Handwurzelknochen
Mittelhandknochen
Oberschenkelknochen
Fingerknochen
Kniescheibe
Fußwurzelknochen
Wadenbein
Mittelfußknochen
Schienbein
Zehenknochen
Fersenbein

Kopfskelett
Rumpfskelett
Arm- und Beinskelett

Praxishandbuch Sprachbildung Biologie
Sprachsensibel unterrichten – Sprache fördern
ISBN 978-3-12-666852-1

1. das Kopfskelett	2.	3.
der Schädel		

4 **Biologen sagen: „Der Bau eines Organs ist an seine Aufgabe angepasst." Was könnte damit gemeint sein?**

....

....

....

Praxishandbuch Sprachbildung Biologie
Sprachsensibel unterrichten – Sprache fördern
ISBN 978-3-12-666852-1

Schritt 3 – Den ganzen Text lesen

1 Lies den Text einmal von Anfang bis Ende.

2 Lies den Text noch einmal. Unterstreiche nun die Informationen über den Bau (die Struktur) des Skeletts/der Teilskelette grün. Unterstreiche die Aufgaben (die Funktion) rot.

3 Notiere in der linken Spalte Stichwörter zu jedem Absatz. Nutze dazu die Begriffe von KV 2 (z. B. *Bestandteile*).

4 Markiere im Text die Wörter *also* und *demnach*. Welche Funktion haben sie?

....

....

Das Skelett – ein bewegliches Gerüst

Das menschliche Skelett besteht aus über 200 Knochen.

Es ist unterteilt in das Kopfskelett, das Rumpfskelett und das Arm- und das Beinskelett.

Das Kopfskelett enthält den Schädel und den Unterkiefer. Die Knochenplatten des Schädels sind miteinander verbunden. Sie sind im Lauf des Lebens zusammengewachsen. Der Schädel hat viele Aufgaben: Er schützt z. B. das Gehirn.

Zum Rumpfskelett gehören die Wirbelsäule, das Schlüsselbein, das Schulterblatt, das Brustbein, die Rippen und die Beckenknochen. Das Brustbein, die Rippen und ein Teil der Wirbelsäule bilden den Brustkorb. Der Brustkorb umhüllt die inneren Organe und schützt sie. Schulterblatt und Schlüsselbein gehören zum Schultergürtel. Der Schultergürtel verbindet das Rumpfskelett beweglich mit dem Armskelett. Das Becken verbindet das Rumpfskelett und das Beinskelett.

Arm- und Beinskelett bilden zusammen das Gließmaßenskelett. Das Armskelett kann man in das Handskelett und das Armskelett unterteilen. Zum Handskelett gehören die Fingerknochen, die Mittelhandknochen und die Handwurzelknochen. Bestandteile des Armskeletts sind die Elle, die Speiche und der Oberarmknochen. Das Beinskelett ist unterteilt in das Fußskelett und das Beinskelett. Das Beinskelett besteht aus dem Oberschenkelknochen, der Kniescheibe, dem Schienbein und dem Wadenbein. Zum Fußskelett gehören das Fersenbein, der Fußwurzelknochen, der Mittelfußknochen und die Zehenknochen.

Arm- und Beinskelett sind stabil und sehr beweglich. Sie sind wichtig zum Bewegen, zum Gehen, zum Tragen, zum Greifen und zum Stützen.

Die Knochen sind stabil. Dadurch kann das Skelett den Körper stützen und die inneren Organe schützen. Durch die vielen Knochen bleibt das Skelett beweglich. Das Skelett ist also eine bewegliche Stütze oder ein bewegliches Gerüst. Der besondere Bau des Skeletts ermöglicht demnach die besonderen Aufgaben des Skeletts. Man sagt, die Struktur des Skeletts ist an die Funktion angepasst.

Praxishandbuch Sprachbildung Biologie
Sprachsensibel unterrichten – Sprache fördern
ISBN 978-3-12-666852-1

Schritt 4 – Wichtige Informationen zusammenfassen

1 Fülle mit deinem Partner oder deiner Partnerin die Concept-Map aus.

	das Skelett		
Teilskelette ... besteht aus ... (+ Dativ)	______	______	das Arm- und Beinskelett
Bestandteile ... enthält/ enthalten ... (+ Akkusativ) Zu ... (+ Dativ) gehören ...	der Schädel ______	______ ______ ______ ______ ______ ______	______ ______ ______ ______ ______ ______ ______ ______ ______ ______ ______ ______ ______ ______
Funktionen ... sorgt/ sorgen für ... (+ Akkusativ) ... bewirkt/bewirken, dass ... ... hat die Aufgabe, ...	______ ______ ______	die inneren Organe schützen ______ ______	______ ______ ______

2 Schreibt einen kurzen Text über das Skelett für einen Schüler oder eine Schülerin, der/die eure Informationen nicht hat.

a) Beschreibt den Aufbau des Skeletts aus den drei Teilskeletten und die Bestandteile der Teilskelette.

b) Stellt die Funktionen des Skeletts bzw. der Teilskelette dar.

3 Tauscht euren Text mit einem anderen Paar aus: Was ist gelungen? Welchen Tipp habt ihr zur Überarbeitung?

Praxishandbuch Sprachbildung Biologie
Sprachsensibel unterrichten – Sprache fördern
ISBN 978-3-12-666852-1

Textpuzzle: Struktur und Funktion des Skeletts

1 Schneide die Kärtchen aus. Jedes Kärtchen enthält den Anfang oder das Ende eines Satzes. Füge die passenden Satzhälften zusammen.

2 Bringe die Sätze in eine sinnvolle Reihenfolge. Nummeriere die Kärtchen nach der Reihenfolge. Kärtchen, die zusammengehören, bekommen die gleiche Nummer.

○ Es schützt die inneren Organe und	○ das Gehirn zu schützen.
(1) Das Skelett eines erwachsenen Menschen	○ ist beweglich mit dem Arm- und Beinskelett verbunden.
○ Das Skelett ist unterteilt in	(1) besteht aus über 200 Knochen.
○ Zum Kopfskelett gehören	○ macht den Körper durch die vielen Knochen beweglich.
○ Das Arm- und Beinskelett stabilisiert den Körper	○ das Kopfskelett, das Rumpfskelett und das Bein- und Armskelett.
○ Zum Arm- und Beinskelett gehören	○ der Schädel und der Unterkiefer.
○ Es stützt den Körper, schützt innere Organe und	○ das Schulterblatt, das Schlüsselbein, die Wirbelsäule, die Rippen, das Brustbein und das Becken.
○ Bestandteile des Rumpfskeletts sind	○ der Oberarmknochen, die Elle, die Speiche und alle Knochen des Handskeletts, der Oberschenkelknochen, das Schienbein, das Wadenbein sowie alle Knochen des Fußskeletts.
○ Es hat unter anderem die Aufgabe,	○ und ist wichtig zum Greifen und Tragen.

Klett

Praxishandbuch Sprachbildung Biologie
Sprachsensibel unterrichten – Sprache fördern
ISBN 978-3-12-666852-1

Fachwortschatz einprägen

❶ **Einzelarbeit: Falte die Tabelle an der gepunkteten Linie. Lies dir die Wörter in der ersten Spalte und die Sätze in der zweiten Spalte so oft durch, bis du sie fast auswendig kennst.**

❷ **Partnerarbeit: Drehe nun das Blatt um, sodass du nur die dritte Spalte siehst. Lies deinem Partner oder deiner Partnerin die Sätze vor und setze dabei die fehlenden Wörter ein.**

❸ **Schreibe nun die fehlenden Wörter in die Lücken. Dein Partner oder deine Partnerin kontrolliert, ob du sie richtig geschrieben hast.**

	Beispielsatz	**Training**
bestehen aus	Das Skelett eines erwachsenen Menschen **besteht aus** mehr als 200 Knochen.	Das Skelett eines erwachsenen Menschen .... mehr als 200 Knochen.
unterteilt sein in	Das Skelett **ist in** drei Teilskelette **unterteilt**.	Das Skelett .... drei Teilskelette ....
gehören zu	Der Schädel **gehört zum** Kopfskelett.	Der Schädel .... Kopfskelett.
schützen	Das Kopfskelett **schützt** das Gehirn.	Das Kopfskelett .... das Gehirn.
stabilisieren	Das Rumpfskelett **stabilisiert** den Körper.	Das Rumpfskelett .... den Körper.
Stabilität verleihen	Rumpf- und Beinskelett **verleihen** dem Körper **Stabilität**.	Rumpf- und Beinskelett .... dem Körper ....
die Aufgabe haben	Das Rumpfskelett **hat die Aufgabe**, innere Organe zu schützen.	Das Rumpfskelett ...., innere Organe zu schützen.
dienen zu	Das Kopfskelett **dient zum** Schutz des Gehirns.	Das Kopfskelett .... Schutz des Gehirns.
beweglich	Das Rumpfskelett hat unter anderem die Aufgabe, Arm- und Beinskelett **beweglich** mit dem Körper zu verbinden.	Das Rumpfskelett hat unter anderem die Aufgabe, Arm- und Beinskelett .... mit dem Körper zu verbinden.
stabil	Das Skelett ist ein **stabiles** und bewegliches Gerüst des Körpers.	Das Skelett ist ein .... und bewegliches Gerüst des Körpers.
angepasst an	Der Aufbau des Skeletts ist **an** die Aufgabe **angepasst**.	Der Aufbau des Skeletts ist .... die Aufgabe ....

Praxishandbuch Sprachbildung Biologie
Sprachsensibel unterrichten – Sprache fördern
ISBN 978-3-12-666852-1

UNTERRICHTSEINHEIT

Muskeln – Gegenspieler bewegen den Körper 5/6

Basiskonzept Struktur und Funktion
Übergreifende Kompetenz Kommunikationskompetenz (Informationen identifizieren, Texte lesen und erstellen)
Textsorten Sachtext, Struktur-Funktionsdarstellungen
Themen Bau und Leistung des menschlichen Körpers

fachliche Lernziele

- die Arbeitsweise der Muskeln erklären
- das Gegenspielerprinzip kennenlernen

sprachliche Lernziele

- Informationen aus Struktur-Funktionsbildern sowie aus Sachtexten entnehmen
- sich Strategien zum Lesen von Struktur-Funktionsdarstellungen erarbeiten
- Verben im Passiv verstehen
- gelenkt Texte zu den Muskeln und ihrer Arbeitsweise verfassen
- Lesestrategien reflektieren

Die Unterrichtseinheit im Überblick

In dieser Unterrichtseinheit erarbeiten sich die SuS weitgehend selbstständig einen Text zur Funktionsweise von Muskeln. Das Lesen des Textes wird durch Vorentlastung des Wortschatzes vor dem Lesen, didaktisierte Arbeitsaufträge sowie durch die Übersetzung der Informationen aus dem Text in andere Darstellungsformen (Tabellen und Fließdiagramme) unterstützt. Dabei üben die SuS eine hilfreiche Strategie für das Lesen komplexer Sachtexte: Sie sollen den Text entschlüsseln, indem sie zunächst Überschrift und Zusammenfassung lesen und dann das Schaubild betrachten. Beim Schaubild handelt es sich in diesem Fall um eine Struktur-Funktionsdarstellung, die die SuS nicht allein wahrnehmungsbasiert interpretieren können. Um das Dargestellte zu verstehen, müssen sie die beiden Bildabschnitte miteinander vergleichen und so die Arbeitsweise des Muskels ableiten. Je nach fachlichem und sprachlichem Niveau der SuS kann die Lehrkraft mehrere gemeinsame Phasen einplanen, in denen das Erarbeitete gesichert wird.
Die Bearbeitung der Unterrichtseinheit „Das Skelett – ein bewegliches Gerüst" (→ S. 135) wird für diese Unterrichtseinheit nicht vorausgesetzt. Allerdings wird hier bereits ein selbstständigerer Umgang mit anspruchsvollen Sachtexten gefordert. Alternativ sollte daher vor dem Lesen des Textes das Werkzeug Sachtexte über Organe (→ S. 179) ausführlich gemeinsam besprochen werden.

1 Ein Rätsel zum Einstieg

Anknüpfen, Fragen stellen, Hypothesen bilden, wichtige Begriffe klären
Zum Einstieg in das Thema und zur Aktivierung des fachlichen Vorwissens sollen die SuS ein Rätsel über Muskeln lösen. Dazu sollte KV 1 zunächst noch nicht ausgeteilt werden. Die Lehrkraft liest den SuS das Rätsel einmal laut vor, wobei sie nach jedem Satz eine Pause macht. Die SuS sollen herausfinden, welches Organ in dem Rätsel beschrieben wird. Sie können nach dem Vorlesen kurz nachdenken, sich mit einem Partner austauschen. Erst dann wird im Gespräch geklärt, dass in dem Rätsel die Muskeln beschrieben werden. Dann liest die Lehrkraft den Text ein zweites Mal vor. Geübte Vorleser und Vorleserinnen lesen mit Betonungen und erleichtern so das Verstehen. Die Informationsentnahme aus Texten durch Zuhören ist wichtig, um das Hörverstehen der SuS zu schulen. Eine leichte Textart wie ein Rätsel ist dazu besonders gut geeignet. Die SuS sollen auch begründen, durch welche Informationen sie auf die Muskeln gekommen sind. An dieser Stelle können auch Verständnisfragen und Fragen zum Wortschatz geklärt werden.
Nun teilt die Lehrkraft das Arbeitsblatt aus. Da der zu bearbeitende Sachtext in dieser Unterrichtseinheit (KV 2) komplex und der Wortschatz anspruchsvoll ist, sollte sich die Lehrkraft ausreichend Zeit für die Vorentlastung nehmen. Die Lernenden schneiden die Wortkarten auf der unteren Hälfte der KV aus und

Arbeitsblätter

KV Nr.	Thema	Sozialform	Intention
1	Ein Rätsel zum Einstieg	👥, 👥👤	Anknüpfen, Fragen stellen, Hypothesen bilden, wichtige Begriffe klären
2	Arbeitsauftrag: Einen Sachtext lesen	👤 oder 👥	Handlungsleitende Arbeitsaufträge zur Texterschließung
3	Einen Sachtext lesen	👤 oder 👥	Lesetechniken anwenden
4	Arbeitsweise der Muskeln	👤 oder 👥	Ein Fließdiagramm erstellen
5	Zusammenhänge herstellen – einen Text schreiben	👤 oder 👥	Den Zusammenhang von Ursache und Wirkung versprachlichen

haben nun die Aufgabe, in Partnerarbeit zentrale Wörter nach verschiedenen Kriterien zu sortieren:

- Wörter und Ausdrücke, die zu Wortfamilien gehören, also den gleichen Wortstamm enthalten, z. B. *strecken* und *der Beinstrecker*
- Wörter mit der gleichen Bedeutung (Synonyme), z. B. *sich verkürzen – kürzer werden*
- Wörter mit gegenteiliger Bedeutung (Antonyme), z. B. *sich verkürzen – sich verlängern*

Die Lehrkraft sollte die Wörter im Voraus auch auf OHP-Folie bzw. auf Karten übertragen, sodass das Vorgehen zentral an Beispielen demonstriert werden kann. Durch die Aufgabe prägen sich die SuS wichtige bildungssprachliche Begriffe ein, die sowohl für das Textverstehen als auch für das anschließende Schreiben eigener Texte eine zentrale Rolle spielen. Die Ergebnisse sowie das Verständnis der einzelnen Wörter werden dann gemeinsam gesichert. Die meisten Wörter können gut mithilfe von Bewegungen demonstriert werden, z. B. anhand von Kniebeugen oder durch Heben und Senken eines Arms.
Wichtig ist, bei der Besprechung der Ergebnisse auf das Wort „der Zug" hinzuweisen, da die SuS dieses aus ihrem Alltag mit einer ganz anderen Bedeutung kennen: Gemeint ist in diesem Zusammenhang natürlich nicht das Verkehrsmittel (auch wenn dessen Bezeichnung daher rührt, dass die Eisenbahnwagen von einer Lokomotive gezogen werden), sondern „das Ziehen". An dieser Stelle sollte auch auf die unterschiedliche Bedeutung von *entspannen* und *anspannen* hingewiesen werden. Obwohl diese beiden Verben sich nur durch die Vorsilbe unterscheiden, ist ihre Bedeutung gegensätzlich. Es gilt also, genau zu lesen (→ S. 12).
Da die SuS in Klasse 5 die Bildung des Passivs im Deutschunterricht noch nicht kennengelernt haben, sollte auch der Unterschied zwischen *sich entspannen* und *entspannt werden* sowie zwischen *sich bewegen* und *bewegt werden* thematisiert werden. Um den Text zu verstehen, müssen die SuS eine Vorstellung davon haben, was damit gemeint ist, wenn etwas *bewegt* oder *entspannt wird*. Auch hier kann der Unterschied gut durch Vorführen (jemand bewegt seinen Arm aus eigener Kraft; dann wird der Arm durch eine andere Person bewegt) verdeutlicht werden. Ein Verständnis dieses Unterschieds ist für das Lesen des Textes und der Schaubilder zentral. Die SuS müssen Passivformen jedoch nicht bilden können.

2.1, 2.2 3 **Arbeitsauftrag: Einen Sachtext lesen**
👤 👥

Handlungsleitende Arbeitsaufträge zur Texterschließung
Die SuS sollen im Folgenden aus einem komplexen Sachtext wichtige Informationen über die Struktur, die Funktion und die Arbeitsweise der Muskeln herausarbeiten, ein typisches Vorgehen beim Bearbeiten von Sachtexten über Organe.
Um den SuS den Zugang zu komplexen biologischen Sachtexten zu erleichtern, ist es sinnvoll, ihnen eine Lesestrategie an die Hand zu geben. Eine bewährte Strategie ist, sich vor dem Lesen des eigentlichen Textes die Überschrift, die Zusammenfassung und die Bilder anzuschauen (→ Werkzeug Sachtexte über Organe, S. 179). Die Arbeitsaufträge auf KV 2.1 und 2.2 leiten die SuS dabei an. Die SuS erhalten den Arbeitsauftrag, während des Lesens die Bestandteile, die Funktionen und die Arbeitsweise mit verschiedenen Farben zu unterstreichen. Sinnvolles Markieren setzt voraus, dass die SuS die Kategorien kennen, nach denen sie Informationen im Text suchen sollen, und wissen, was zu diesen Kategorien gehört. Daher sind bestimmte Formulierungen für diese Kategorien angegeben, welche die SuS im Text markieren können, um die Informationen gezielt zu finden. Das anschließende Zuordnen der Überschriften unterstützt die Lernenden beim Verstehen des Textes, da so die Textstruktur sichtbar gemacht wird.
Wichtig beim Lesen anspruchsvoller Texte ist es insbesondere für SuS, die sich nur wenig zutrauen, sich auf „Verstehensinseln" zu konzentrieren und von die-

sen auszugehen. Dazu ist es hilfreich, sich während des Lesens die Frage: „Was verstehe ich?", und nicht „Was verstehe ich nicht?" zu stellen. Erst am Ende des Leseprozesses sollten die SuS überlegen, was sie noch nicht verstanden haben, was sie zum Bearbeiten der Aufgaben benötigen und bei Bedarf andere SuS oder die Lehrkraft fragen oder in einem Wörterbuch nachsehen.
Darüber hinaus erhalten die SuS Hinweise zum Lesen des Bildes, damit sie nach und nach Strategien erlernen, mit denen sie solche komplexen Bilder selbstständig entschlüsseln können. Um Struktur-Funktionsdarstellungen wie die auf KV 3 abgebildete auswerten zu können, müssen die SuS wissen, dass ein Vergleich der gezeigten Strukturen erforderlich ist. Redemittel zur Versprachlichung ihres Vergleichs finden sie direkt auf dem Arbeitsblatt. Informationen, welche die SuS aus dem Bild entnommen haben, können sie direkt in eine vorstrukturierte Tabelle eintragen. Ob man das Vorgehen nach dem Lesen des Bildes bespricht oder die SuS erst die weiteren Arbeitsblätter bearbeiten, hängt vom Leistungsstand der Klasse ab.

TIPP
Eine Brücke zum Verstehen des Textes kann das Abtasten der Muskeln beim Heben und Senken des eigenen Beins oder der Einsatz eines Modells sein.

4 Arbeitsweise der Muskeln

Ein Fließdiagramm erstellen

Zur Darstellung der Arbeitsweise der Muskeln beim Heben und Senken des Beins werden zur Visualisierung Fließdiagramme eingesetzt. Diese zeigen sehr gut den Zusammenhang der verschiedenen Aktionen beim Heben und Senken des Beins, aber auch das paarweise und gegengleiche Arbeiten der Muskeln.

Vor dem Austeilen des Arbeitsblatts sollte der untere Abschnitt nach hinten geknickt werden, sodass die SuS ihn nicht sehen können. Das Ausfüllen eines Fließdiagramms ist – zumal beim ersten Mal – eine anspruchsvolle Aufgabe, daher erhalten die SuS ein vollständig ausgefülltes Diagramm für das Heben des Beins. Es dient ihnen als Muster für das Ausfüllen des zweiten Diagramms zum Senken des Beins. Falls manchen SuS die Aufgabe trotzdem Schwierigkeiten bereitet, können sie den unteren Abschnitt der KV verwenden, auf dem sich eine Hilfestellung befindet: Sie müssen dann nur noch vorgegebene Sätze in der richtigen Reihenfolge in das leere Fließdiagramm eintragen.

5 Zusammenhänge herstellen – einen Text schreiben

Den Zusammenhang von Ursache und Wirkung versprachlichen

Abschließend verfassen die SuS einen erklärenden Text über die Arbeitsweise der Muskeln. Dazu müssen die SuS wissen, wie Ursachen und Wirkungen versprachlicht werden. Zwei Möglichkeiten hierfür sind Sätze mit *dadurch* oder *wenn – dann*:

Die Muskelfasern ziehen sich zusammen. **Dadurch** wird der Beinbeuger dicker und kürzer.
Wenn sich der Beinbeuger anspannt, **dann** ziehen sich die Muskelfasern zusammen.

Auf dem Arbeitsblatt erhalten die SuS dazu Hinweise und Beispiele. Als Modell erhalten sie dann einen Lückentext zum Heben des Beins, in das sie die entsprechenden Konjunktionen einfügen sollen. Das Senken des Beins können sie analog zum Mustertext beschreiben. Ob das Schreiben in Einzel- oder Partnerarbeit erfolgt, ist abhängig von dem Leistungsvermögen der Klasse. Neben dem Mustertext können die SuS auch das Fließdiagramm für das Verfassen des Textes heranziehen.

Ein Rätsel zum Einstieg

Sie sind lang oder kurz, stark oder schwach, dick oder dünn.
Bei einem 70 kg schweren Mann wiegen sie ungefähr 30 kg.
Sie sind im ganzen Körper und es gibt verschiedene Arten von ihnen.
Von einer Art hat man mehr als 600 im Körper, 17 davon braucht man zum Lachen, 40 zum Stirnrunzeln.
Der kleinste ist im Ohr, der kräftigste im Gesäß, und der längste verbindet das Knie mit der Hüfte.
Sie arbeiten im Team: ein Spieler mit einem Gegenspieler. Die beiden arbeiten gegensätzlich: Der eine spannt sich an, verkürzt sich und wird dicker. Der andere wird dadurch dünner, länger und entspannt.
Sie können sich nicht selbst entspannen.
Sie bewegen den Körper. Sie heißen häufig Beuger und Strecker.
Wenn man sie trainiert, werden sie dicker, wenn man sie nicht gebraucht dünner.
Oft hat man nach ihrem kräftigen Gebrauch einen ...kater.
Wer wird gesucht?

Schneidet die Kärtchen aus. Sucht Wörter und Ausdrücke,

- die zu einer Wortfamilie gehören (z. B. *strecken, der Beinstrecker, ...*),
- die das Gleiche bedeuten (z. B. *sich verkürzen – kürzer werden*),
- die Gegensätze darstellen (z.B. *sich verkürzen – länger werden*).

der Beinstrecker	der Zug	sich verlängern	übertragen
der Beinbeuger	sich verkürzen	sich zusammen-ziehen	länger werden
ziehen	entspannen	kürzer werden	anspannen
heben	senken	die Übertragung	strecken

Praxishandbuch Sprachbildung Biologie
Sprachsensibel unterrichten – Sprache fördern
ISBN 978-3-12-666852-1

Arbeitsauftrag: Einen Sachtext lesen

1 Lies zuerst die Zusammenfassung. Unterstreiche Informationen zu folgenden Themen mit unterschiedlichen Farben:

grün: Was sind die Aufgaben der Muskeln?
blau: Wie arbeiten die Muskeln? (Arbeitsweise)

2 Betrachte nun das Bild. Beachte dabei die folgenden drei Schritte:

- Lege eine **Reihenfolge** fest, in der du die **Teile des Bildes** betrachtest. Beginne in der Mitte, weil die beiden Pfeile im Bild von der Mitte nach außen zeigen.
  Was bedeuten die Pfeile?

  ....

  ....

- Schau dir die Beschriftung an.
  Welche **Bestandteile** siehst du?

  ....

  ....

- **Vergleiche** das Bein links und das Bein rechts miteinander.
  Welche **Gemeinsamkeiten** gibt es?

  ....

  ....

- Welche **Unterschiede** siehst du?

  ....

  ....

Gemeinsamkeiten kannst du so beschreiben:

Sowohl das rechte Bein **als auch** das linke Bein ...
Beide Beine ...

Unterschiede kannst du so beschreiben:

Im Gegensatz zum linken Bein ...
Im linken Bild ist der Beinbeuger/der Beinstrecker **dünner/dicker/kürzer/länger als** ...

Praxishandbuch Sprachbildung Biologie
Sprachsensibel unterrichten – Sprache fördern
ISBN 978-3-12-666852-1

3 **Lies nun den Sachtext zweimal. Wenn du den Text zum zweiten Mal liest, unterstreiche Informationen zu folgenden Themen mit unterschiedlichen Farben:**

rot: Bestandteile der Muskeln
grün: Aufgaben der Muskeln
blau: Arbeitsweise der Muskeln

Bestimmte Wörter im Text weisen auf Bestandteile, Aufgaben und den Zusammenhang hin. Suche diese Wörter.

Bestandteile	**Aufgaben**	**Zusammenhang (Arbeitsweise)**
bestehen aus	ermöglichen erzeugen	daher, dadurch, durch bewirken

4 **Was fehlt in der Tabelle? Ergänze.**

Bestandteile der Muskeln	Sehnen
Aufgaben der Muskeln	
Arbeitsweise der Muskeln	paarweise

5 **Schreibe folgende Zwischenüberschriften neben den Text:**

Funktion und Arbeitsweise der Skelettmuskeln – Aufbau der Skelettmuskeln – Arbeitsweise der Muskulatur beim Laufen

Einen Sachtext lesen

Jeweils zwei Muskeln bewegen einen Knochen

Knochen und Gelenke können sich nicht selbst bewegen. Muskeln – die sogenannten Skelettmuskeln – bewegen sie. Aber wie geht das?

Im menschlichen Körper gibt es mehr als 650 Skelettmuskeln. Sie bestehen aus Muskelfasern, Muskelhaut und Sehnen. Die Muskelhaut umhüllt den gesamten Muskel. Sie umhüllt auch Bündel von Fasern zu Muskelfaserbündeln. Die Sehnen befinden sich am Ende der Muskelhaut. Sie sind sehr fest und verbinden die Muskeln mit den Knochen.

Die Skelettmuskeln erzeugen **Kraft**: Mit dieser Kraft werden die Knochen bewegt. Wenn man einen Muskel **anspannt**, dann ziehen sich die Muskelfasern zusammen. Der Muskel wird kürzer und dicker. Das bewirkt, dass Zug auf die Sehnen entsteht. Die Sehnen übertragen die Kraft auf den Knochen. Dadurch wird der Knochen bewegt. Der angespannte Muskel kann sich nicht selbst wieder entspannen und strecken. Dazu braucht er einen anderen Muskel, den **Gegenspieler**. Muskeln arbeiten daher immer **paarweise** zusammen. Wenn sich ein Muskel zusammenzieht und verkürzt, wird gleichzeitig ein anderer Muskel gestreckt. Man sagt dazu: Das Muskelpaar arbeitet **gegengleich**. Für Bewegungen sind daher immer Gegenspieler nötig: ein Beuger und ein Strecker.

So ist es zum Beispiel beim **Laufen**: Wenn man läuft, hebt man zuerst das Bein und streckt es dann wieder durch. Für diese Bewegung braucht man zwei Muskeln: **den Beinbeuger** und **den Beinstrecker**. Man spannt diese beiden Muskeln beim Laufen abwechselnd an. Wenn man den Beinbeuger anspannt, dann ziehen sich die Muskelfasern zusammen. Der Muskel wird kürzer, dicker und fester. Dabei zieht er den Beinstrecker lang. Der Beinstrecker wird also länger und dünner. Er wird entspannt. Es entsteht ein Zug auf die Sehnen. Die Sehnen übertragen die Kraft auf die Knochen. Der Knochen wird bewegt und das Bein hebt sich. Wenn man den Beinstrecker anspannt, dann streckt sich das Bein wieder: Der Beinstrecker wird beim Anspannen auch kürzer, dicker und fester. Dadurch wird der Beinbeuger lang gezogen und wird entspannt.

Die Muskeln – eine Zusammenfassung

Muskeln ermöglichen dem Körper vielfältige Bewegungen. Wenn man sie anspannt, dann verkürzen sie sich. Dadurch bewegen sie die Knochen. Muskeln können sich selbst aber nicht wieder strecken und entspannen. Deshalb arbeiten sie immer mit einem anderen Muskel zusammen, den man Gegenspieler nennt.

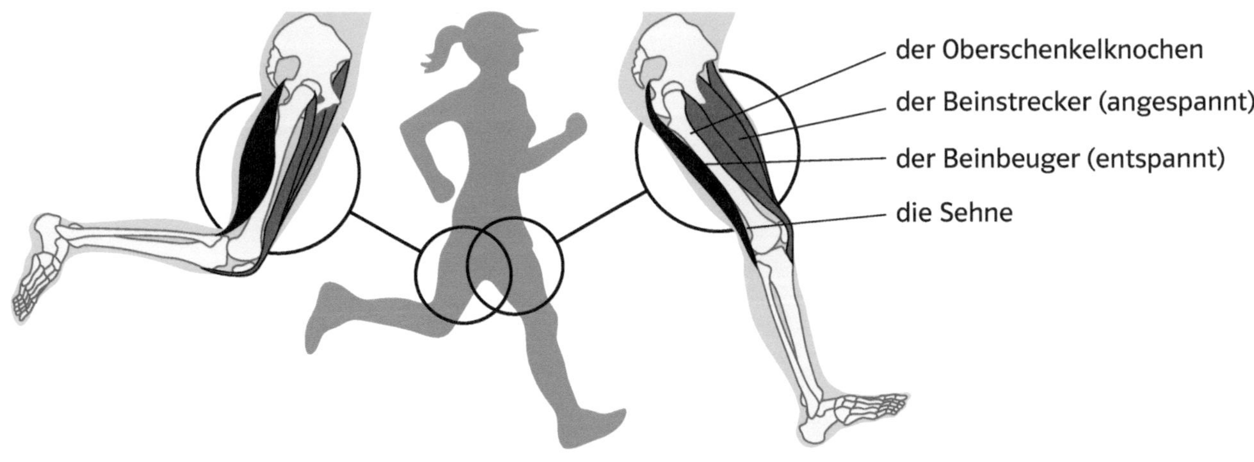

Praxishandbuch Sprachbildung Biologie
Sprachsensibel unterrichten – Sprache fördern
ISBN 978-3-12-666852-1

Arbeitsweise der Muskeln

Die Arbeitsweise der Muskeln beim Laufen kann man in einem Fließdiagramm darstellen. Für das Heben des Beins ist das Diagramm ausgefüllt. Ergänze das Diagramm zum Strecken des Beins.

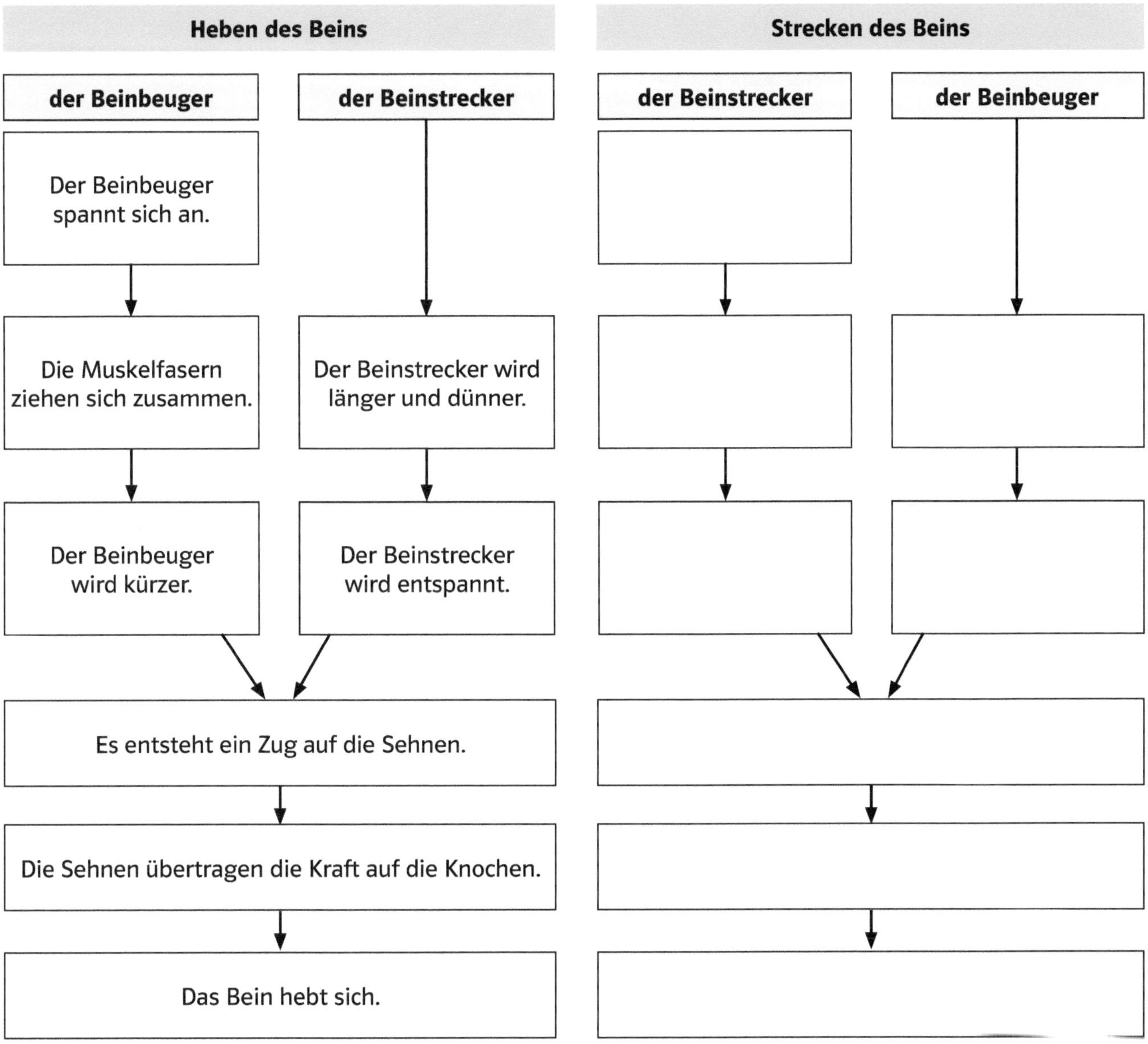

Heben des Beins		**Strecken des Beins**	
der Beinbeuger	**der Beinstrecker**	**der Beinstrecker**	**der Beinbeuger**
Der Beinbeuger spannt sich an.	↓		↓
↓	↓	↓	↓
Die Muskelfasern ziehen sich zusammen.	Der Beinstrecker wird länger und dünner.		
↓	↓	↓	↓
Der Beinbeuger wird kürzer.	Der Beinstrecker wird entspannt.		
↘	↙	↘	↙
Es entsteht ein Zug auf die Sehnen.			
↓		↓	
Die Sehnen übertragen die Kraft auf die Knochen.			
↓		↓	
Das Bein hebt sich.			

Trage die Sätze an der richtigen Stelle in das Diagramm ein.

Die Sehnen übertragen die Kraft auf die Knochen.
Die Muskelfasern ziehen sich zusammen.
Es entsteht ein Zug auf die Sehnen.
Der Beinbeuger wird länger und dünner.
Das Bein senkt sich.
Der Beinstrecker spannt sich an.
Der Beinbeuger wird entspannt.
Der Beinstrecker wird kürzer.

Praxishandbuch Sprachbildung Biologie
Sprachsensibel unterrichten – Sprache fördern
ISBN 978-3-12-666852-1

Zusammenhänge herstellen – einen Text schreiben

1 **In diesem Text wird das Heben des Beins beschrieben. Ergänze die fehlenden Wörter: wenn, dann, dadurch.**

Das Bein heben

Um das Bein zu heben, sind zwei Muskeln wichtig: der Beinbeuger und der Beinstrecker. **Wenn** sich der Beinbeuger anspannt, **dann** ziehen sich die Muskelfasern zusammen. **Dadurch** wird der Beinbeuger dicker und kürzer. .... der Beinbeuger angespannt wird, ... wird gleichzeitig der Beinstrecker länger und entspannt. .... der Beinbeuger kürzer wird, ... entsteht ein Zug auf die Sehnen. .... bewegt sich der Knochen. .... der Knochen sich bewegt, ... hebt sich das Bein.

Der Beinbeuger spannt sich an.	→ Das ist die **Ursache** dafür, dass die Muskeln sich zusammenziehen.
↓	
Die Muskelfasern ziehen sich zusammen.	→ Das ist die **Folge** davon, dass der Beinbeuger sich anspannt.

Diesen Zusammenhang zwischen **Ursache und Wirkung** kann man unterschiedlich ausdrücken:

dadurch infolgedessen	Die Muskelfasern ziehen sich zusammen. **Dadurch/Infolgedessen** wird der Beinbeuger dicker und kürzer.
wenn – dann	**Wenn** sich der Beinbeuger anspannt, **dann** ziehen sich die Muskelfasern zusammen.

2 **Schreibe nun einen Text für einen Mitschüler oder eine Mitschülerin, der/die krank war: Wie arbeiten die Muskeln, wenn das Bein sich streckt? Nutze den Text oben als Vorlage.**

Praxishandbuch Sprachbildung Biologie
Sprachsensibel unterrichten – Sprache fördern
ISBN 978-3-12-666852-1

Werkzeuge

Der Werkzeug-Teil dieses Bandes stellt eine Reihe zusätzlicher übergreifender Materialien zusammen, z. B. zu Textsorten und zur Wortbildung. Für jedes Werkzeug werden Hinweise dazu gegeben, welche Funktion es im sprachbildenden Unterricht hat und wie es praktisch eingesetzt werden kann.

ÜBERSICHT Werkzeuge

Basiskonzepte	▪ Übersicht: Basiskonzept System ▪ Satzbausteine: Basiskonzept System ▪ Übersicht: Basiskonzept Struktur und Funktion ▪ Satzbausteine: Basiskonzept Struktur und Funktion ▪ Übersicht: Basiskonzept Entwicklung ▪ Satzbausteine: Basiskonzept Entwicklung
Bestimmungsschlüssel	▪ Übersicht: Bestimmungsschlüssel ▪ Fachadjektive bilden
Diagramme	▪ Übersicht: Diagramme ▪ Satzbausteine: Ein Diagramm beschreiben
Kategorien bilden	▪ Übersicht: Kategorien
Protokolle	▪ Übersicht: Protokolle ▪ Satzbausteine: Protokolle
Sachtexte über Organe	▪ Übersicht: Sachtexte über Organe ▪ Lesestrategie: Sachtexte über Organe lesen
Steckbrief und Eigenschaftsbeschreibung	▪ Übersicht: Steckbrief ▪ Übersicht: Eigenschaftsbeschreibung ▪ Satzbausteine: Tiere beschreiben
Tabellarischer Vergleich	▪ Übersicht: Tabellarischer Vergleich
Vergleichstexte	▪ Übersicht: Vergleichstext ▪ Gemeinsamkeiten und Unterschiede formulieren
Wertetabellen	▪ Übersicht: Wertetabelle

WERKZEUG
Basiskonzepte

Hintergrund
Basiskonzepte sind grundlegende Regeln und Prinzipien, die für eine Vielzahl von unterschiedlichen Phänomenen in der Biologie gelten. Durch einen an Basiskonzepten orientierten Unterricht kann die beinahe unüberwindbar erscheinende Stofffülle in der Biologie systematisiert und dadurch reduziert werden. Die SuS erhalten die Möglichkeiten, eine Wissens- und Verständnisstruktur aufzubauen, da sich die biologischen Phänomene immer wieder auf die gleichen Grundkonzepte zurückführen lassen.

Bedeutung der Sprache
Typisch für alle Basiskonzepte sind beschreibende und z.T. auch erklärende Sachtexte. Beim Basiskonzept „System" werden sowohl die Ebene (z.B. Zellorganelle, Zelle, Organismus, Ökosystem) und der Aufbau des Systems beschrieben als auch die Zusammenarbeit zwischen den Systembestandteilen sowie die in dem System und mit der Umgebung vorhandenen Wechselwirkungen. Beim Basiskonzept „Struktur und Funktion" werden die Form, der Aufbau, die Aufgaben und die Anpassung der Struktur an die Funktion dargestellt. Beim Basiskonzept „Entwicklung" werden individualspezifische oder evolutionäre Entwicklungen beschrieben. Lernende können beim Lesen gezielt nach diesen Kategorien suchen und ihren basiskonzeptspezifischen Formulierungsschatz durch das Lesen und Schreiben von Sachtexten stetig erweitern. Beim Schreiben eigener Texte liefern ihnen die basiskonzeptspezifischen Kategorien wichtige Hinweise zum Textaufbau. Eine Brücke zwischen dem basiskonzeptspezifischen Lesen und Schreiben von Texten sind Visualisierungen, die sich ebenfalls einzelnen Basiskonzepten zuordnen lassen. Allerdings unterstützt das Lesen der Darstellungen das Lesen des Textes nur, wenn man die Darstellungen entschlüsseln kann. Strukturdarstellungen können mithilfe der Beschriftung wahrnehmungsbasiert erschlossen werden, bei den Funktionsdarstellungen erfordert das Entnehmen der Informationen einen Vergleich der verschiedenen Darstellungen, d.h. die Lernenden können sie nur wissensbasiert erschließen.

Aufbau des Werkzeugs
Das Werkzeug enthält für jedes der drei Basiskonzepte
- eine einführende Übersicht, die den SuS eine fachliche Zusammenfassung mit den für das Basiskonzept relevanten Kategorien liefert
- eine Liste typischer Redemittel.

Übersicht: Basiskonzept System

Eine Fußballmannschaft hat elf Spieler mit unterschiedlichen Aufgaben. Nur wenn jeder Spieler seine Aufgabe übernimmt und sich an die Regeln hält, kann die Mannschaft gut spielen. Eine Fußballmannschaft ist ein System.
In der Biologie gibt es verschiedene Systeme: die Zelle, das Gewebe, das Organ, der Organismus (Mensch, Tier, Pflanze) und das Ökosystem. Diese Systeme enthalten unterschiedliche Bestandteile. Sie sind auch selbst Bestandteile von etwas Größerem: So besteht ein Organsystem aus mehreren Organen, es ist aber gleichzeitig nur ein Bestandteil eines Organismus.

Beispiel:
Das Bewegungssystem ist ein Bestandteil des Organismus von Mensch oder Tier. Zum Bewegungssystem gehören das Skelett und die Muskulatur. Das System besteht also aus mehreren Organen. Die Organe ergänzen sich in ihren Aufgaben. Nur wenn sie zusammenarbeiten, kann sich ein Mensch oder ein Tier bewegen.

Die Systemebenen

die Biosphäre

↑

das Ökosystem (z. B. der Wald)

↑

der Organismus (z. B. die Pflanze)

↑

das Organsystem (z. B. das Verdauungssystem)

↑

das Organ (z. B. die Haut)

↑

das Gewebe (z. B. das Bindegewebe)

↑

die Zelle (z. B. die Nervenzelle)

↑

das Zellorganell (z. B. der Zellkern)

Alle Teile eines biologischen Systems sind miteinander verbunden. Die Teile arbeiten zusammen und beeinflussen sich gegenseitig. Sie arbeiten nur dann gut, wenn die Teile genau aufeinander abgestimmt sind. Wenn ein Teil fehlt, dann funktioniert das System nicht richtig.

Eigenschaften von biologischen Systemen

Biologische Systeme stehen mit der Umwelt in Beziehung. Sie können Stoffe, Energie und Informationen aus der Umgebung aufnehmen. Biologische Systeme können sich verändern und sind an ihre Umgebung angepasst.

Praxishandbuch Sprachbildung Biologie
Sprachsensibel unterrichten – Sprache fördern
ISBN 978-3-12-666852-1

Satzbausteine: Basiskonzept System

Der Aufbau

Bestandteile von Systemen

gehören zu (+ Nominativ)	**Zum** Gliedmaßenskelett **gehören** Arm- und Beinskelett.
bilden (+ Akkusativ)	Arm- und Beinskelett sowie Schlüsselbein, Schulterblatt und Beckenknochen **bilden** das Gliedmaßenskelett.
bestehen aus (+ Dativ)	Das Skelett eines erwachsenen Menschen **besteht aus** über 200 Knochen.
der Bestandteil	Das Skelett hat verschiedene **Bestandteile**: …
sich zusammensetzen aus (+ Dativ)	Das Rumpfskelett **setzt sich zusammen** aus der Wirbelsäule, dem Brustbein und den Rippen.
unterteilt sein in (+ Akkusativ)	Das Skelett **ist in** drei Abschnitte **unterteilt**.

Die Umgebung

umgeben sein von (+ Dativ)	Die Zellen **sind umgeben von** einer Membran/einer Haut.
abgegrenzt sein durch (+ Akkusativ)	Die Zelle **ist** nach außen/innen **durch** eine Haut **abgegrenzt**.

Die Wechselwirkungen/Arbeitsweise

zusammenarbeiten mit	… arbeiten zusammen mit …
Aufgaben erfüllen	… erfüllen gemeinsam vielfältige Aufgaben.
sich ergänzen	… ergänzen sich gegenseitig.
bewirken, dazu führen	… bewirken/führen dazu, dass …
daher/dadurch/folglich/somit	

Der Austausch

Der Prozess	Die Arbeitsweise
die Fotosynthese	energiearme Stoffe (Kohlenstoffdioxid, Mineralstoffe) aufnehmen/abgeben energiereiche Stoffe (Zucker = Kohlenhydrate, Glucose) bilden/herstellen/produzieren/aufbauen aus … Energie speichern in …
die Atmung	aufnehmen/umwandeln in, Stoffe verteilen sich im Körper, werden abgebaut zu …, werden benötigt für … einatmen, ausatmen, strömen in, verteilen, verarbeiten zu
die Verdauung	zerlegen in/aufspalten in die Grundbausteine verdauen von Stoffen, die Energie liefern … gelangen in … Unverdauliches ausscheiden
das Nervensystem	den Reiz aufnehmen/empfangen/weiterleiten an … den Reiz in eine Reaktion umwandeln Impulse gelangen in … verarbeiten reagieren auf

Der Stoffkreislauf

energiereiche Stoffe liefern an …
verbrauchen/benötigen energiereiche Stoffe
zersetzen abgestorbene energiereiche Lebewesen
ernähren sich von

Praxishandbuch Sprachbildung Biologie
Sprachsensibel unterrichten – Sprache fördern
ISBN 978-3-12-666852-1

Übersicht: Basiskonzept Struktur und Funktion

Wie ist ein Organ gebaut? Das hängt davon ab, welche Aufgabe es erfüllt. Die **Struktur**, die **Form** und der **Aufbau** eines Organs bestimmen die **Funktion**, also die Aufgabe. Die Struktur ist an die Funktion angepasst. Dies gilt nicht nur für Organe, sondern auch für Zellen, Gewebe und Organismen.

Beispiel:
Das Herz, eine lebende Pumpe
Das Herz hat innen vier hohle Räume. Es ist muskulös, ein Hohlmuskel, der das Blut durch den Körper pumpt. Das Herz kann das Blut transportieren, weil es sich beim Zusammenziehen des Muskels verkleinert. Dadurch gelangt Blut in den Körper. Wenn sich der Herzmuskel entspannt, so kommt neues Blut in das Herz.

Struktur: hohl, muskulös	➔	**Funktion:** Blut in den Körper pumpen

Einige typische Prinzipien des Basiskonzepts Struktur und Funktion

Name	Erklärung	Beispiele
das Prinzip der Oberflächenvergrößerung	Zellen, Organe und Organismen geben über ihre Oberfläche Stoffe und Energie (Wärme) ab und nehmen sie auf. Wenn die Oberfläche eingefaltet oder verästelt ist, dann ist die Oberfläche größer. So können mehr Stoffe oder Energie ausgetauscht werden.	die Zotten im Darm die Wurzelhaare die Körperanhänge bei Tieren (z. B. Ohren, Schwanz)
das Gegenspielerprinzip	Manche Muskeln wirken entgegengesetzt. Sie arbeiten als Gegenspieler. Wenn sich z. B. ein Muskel anspannt, so wird sein Gegenspieler entspannt.	der Beuge- und Streckmuskel
das Bausteinprinzip	Alle Lebewesen sind aus Grundbausteinen aufgebaut (z. B. Glucose). Aus den Grundbausteinen können größere Stoffe wie Zucker, Proteine und Fette hergestellt werden. Bei der Verdauung werden solche großen Stoffe wieder in die Grundbausteine zerlegt.	Proteine Zucker

Schaubilder

Strukturdarstellungen

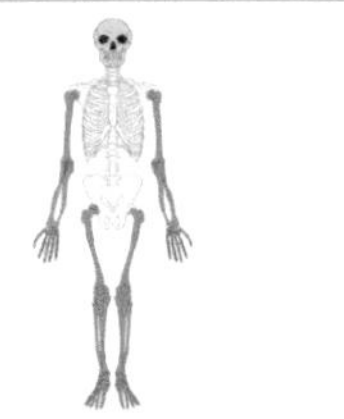	Fotos oder schematische Zeichnungen werden verwendet, um den Aufbau und die Struktur darzustellen. Sie können das Objekt aus unterschiedlichen Perspektiven zeigen: ▪ in der Aufsicht, ▪ im Querschnitt oder ▪ im Längsschnitt durch das Objekt.
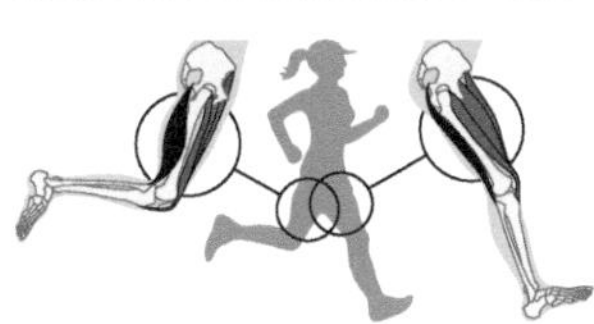	Um **Funktionen** oder **Entwicklungen** zu veranschaulichen, müsste man eigentlich Filme verwenden. Dies kann man in einem Schulbuch nicht. Deshalb kombiniert man mehrere Bilder miteinander, welche verschiedene Zustände eines Objekts oder Vorgangs zu unterschiedlichen Zeiten zeigen. Um die **Funktionen** entnehmen zu können, schaust du dir zunächst den Aufbau und die Form an. Dann vergleichst du die Bilder miteinander und ermittelst, was gleich bleibt bzw. was sich verändert. Das, was sich verändert, ist wichtig für die Funktion. In der Regel liest du solche Abbildungen von links nach rechts. Manchmal gibt es im Bild auch Pfeile oder Zahlen, die die Leserichtung vorgeben.

Praxishandbuch Sprachbildung Biologie
Sprachsensibel unterrichten – Sprache fördern
ISBN 978-3-12-666852-1

Satzbausteine: Basiskonzept Struktur und Funktion

Die Struktur
der Aufbau

gehören zu	**Zum** Handskelett **gehören** die Fingerknochen, die Mittelhandknochen und die Handwurzelknochen.
bestehen aus	Das Innere der Pflanzenzelle **besteht aus** Zellplasma.
bilden	Arm- und Beinskelett **bilden** zusammen das Gließmaßenskelett.
unterteilt sein in	Der Körper der Säugetiere **ist in** Kopf, Rumpf und vier Gliedmaßen **unterteilt**.
besitzen	Die Tierzelle **besitzt** keine Zellwand.
enthalten	Die Pflanzenzelle **enthält** eine Zellmembran.

die Form/das Aussehen/der Typ

zu erkennen sein	Der Dobermann **ist** an seinem schwarz-braunen Fell **zu erkennen**.
gewölbt/stabil/beweglich/muskulös sein	Der Körper des Bullterriers **ist muskulös**.
...förmig sein	Das Blatt **ist** herz**förmig**.
die Form ... haben	Das Blatt **hat die Form** einer Hand.
Es gibt verschiedene Typen von ...	**Es gibt verschiedene Typen von** Zellen.
unterscheiden	Man **unterscheidet** Pflanzen- und Tierzellen.

die Lage

liegen	Die Zellmembran **liegt** dicht an der Zellwand.
umgeben sein von	Die Tierzelle **ist von** einer Zellmembran **umgeben**.
sich befinden	Im Zellplasma **befindet sich** der Zellkern.

Strukturen vergleichen
... ist größ**er**/klein**er** **als** ...
... ist **genauso** groß/klein **wie** ...

Die Funktion (= die Aufgabe, die biologische Bedeutung)

die Funktion haben	Die Zellmembran **hat die Funktion**, den Stoffaustausch zwischen den Zellen zu regulieren.
wichtig sein für/zum	Das Arm- und Beinskelett **ist wichtig für** die Bewegung.
dazu dienen	Die Zellmembran **dient dazu**, die Zelle nach außen abzuschließen.
bewirken	Die Anspannung **bewirkt**, dass Zug auf die Sehnen entsteht.
die Aufgabe haben	Der Zellkern **hat die Aufgabe**, die Vorgänge in der Zelle zu steuern.
ermöglichen	Muskeln **ermöglichen** dem Körper vielfältige Bewegungen.

Praxishandbuch Sprachbildung Biologie
Sprachsensibel unterrichten – Sprache fördern
ISBN 978-3-12-666852-1

Allgemeine Aufgaben

wachsen – das Wachstum
sich bewegen – die Bewegung
sich fortpflanzen – die Fortpflanzung Informationen/Stoffe/Energie aufnehmen/weiterleiten/abgeben die Aufnahme, die Abgabe, die Weiterleitung
steuern – die Steuerung regeln – die Regelung

Anpassung der Struktur an die Funktion
Folge für Funktion

dadurch/deshalb/damit/so	**Dadurch** kann das Skelett den Körper stützen.
sodass	Fische sind wechselwarm, **sodass** die Temperatur ihres Körpers sich der Umgebungstemperatur anpasst.
bedingen	Die Umgebungstemperatur **bedingt** die Temperatur des Körpers.
abhängig sein von	Die Größe der Tiere **ist abhängig von** der Umgebung, in der sie leben.
beeinflusst werden durch	Die Dichte des Fells **wird durch** die Temperatur **beeinflusst**.

Zusammenhänge

angepasst sein an	Der Aufbau des Skeletts **ist an** die Aufgabe **angepasst**.

Das Prinzip der Oberflächenvergrößerung
die Oberfläche
vergrößern/verkleinern
Wärme wird/Stoffe werden über … ausgetauscht.
die Aufnahme/Abgabe von Energie
die Austauschfläche
die Verästelung
die Auffaltung/die Einfaltung

Das Gegenspielerprinzip
senken/erhöhen
anspannen/entspannt werden
entgegengesetzt wirken
der Beuger – der Strecker

Das Baukastenprinzip
bestehen aus
als Bausteine enthalten

Praxishandbuch Sprachbildung Biologie
Sprachsensibel unterrichten – Sprache fördern
ISBN 978-3-12-666852-1

Übersicht: Basiskonzept Entwicklung

Entwicklung heißt Veränderung im Verlauf der Zeit. Lebewesen pflanzen sich fort und entwickeln sich. Aus einer befruchteten Eizelle entwickelt sich ein vollständiges Lebewesen. Die Fortpflanzung und die Entwicklung können sehr unterschiedlich sein: Viele Pflanzen und Tiere vermehren sich geschlechtlich, manche ungeschlechtlich. Manche Tiere legen Eier, andere bringen lebende Junge zur Welt. Es gibt aber auch Gemeinsamkeiten bei der Fortpflanzung und Entwicklung der Lebewesen. Hier einige Beispiele:

Gemeinsamkeiten	Unterschiede
■ Eizelle und Samenzelle verschmelzen bei der geschlechtlichen Fortpflanzung. ■ Entwicklung aus befruchteter Eizelle oder Ausläufern über verschiedene Stadien	■ Viele Pflanzen und Tiere vermehren sich geschlechtlich, manche ungeschlechtlich. ■ Manche Tiere legen Eier, andere bringen lebende Junge zur Welt. ■ Manche Tiere haben fertig entwickelte Junge, andere haben Junge, die sich erst noch umwandeln müssen (z. B. Larven).

Neben der individuellen Entwicklung gibt es auch noch die Entwicklung im Verlauf der Zeit. Insgesamt gehören zur Entwicklung folgende Bereiche:

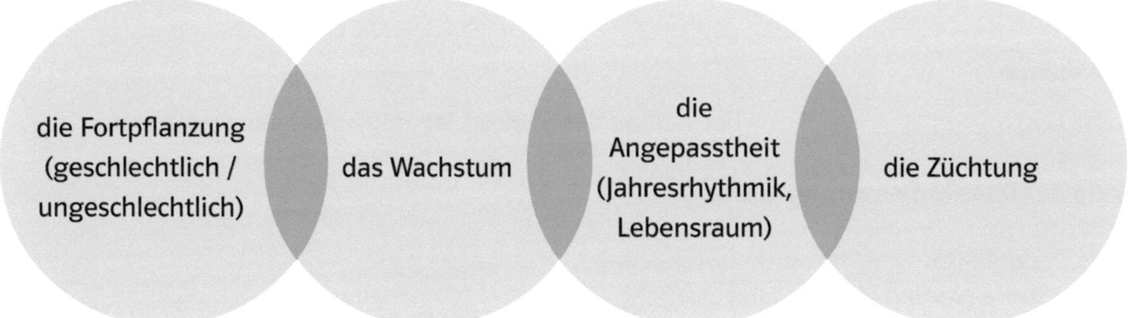

Die Fortpflanzung – geschlechtlich oder ungeschlechtlich?
Bei der geschlechtlichen Fortpflanzung verschmelzen sowohl bei Tieren als auch bei Pflanzen und beim Menschen Samen- und Eizelle miteinander. Die befruchtete Eizelle wächst dann zu einem neuen Lebewesen heran. Pflanzen können sich auch ungeschlechtlich über Seitentriebe und Ausläufer vermehren.

Die individuelle Entwicklung von Lebewesen
Menschen, Tiere und Pflanzen entwickeln sich, wachsen, verändern sich, altern und sterben schließlich. Das ist die sogenannte individuelle Entwicklung eines Lebewesens. Wie sie verläuft, ist im Erbgut des Lebewesens festgelegt.

Die Entwicklung im Verlauf der Zeit – Veränderung von Ökosystemen und Züchtung
Auch Ökosysteme entwickeln sich. Sie verändern sich z. B. im Verlauf des Jahres und mit dem Alter. Ökosysteme verändern sich durch Umwelteinflüsse, aber auch durch bewusste und unbewusste Eingriffe des Menschen. Eingriffe des Menschen in die Natur haben auch bei Tieren und Pflanzen zu Veränderungen geführt. Beispielsweise wurden vor sehr langer Zeit Wildtiere gezähmt. Die gezähmten Tiere wurden so gezüchtet, dass sie z. B. sehr kräftig waren (Hauspferd) oder viel Milch gaben (Hausrind).

ISBN 978-3-12-666852-1

Satzbausteine: Basiskonzept Entwicklung

Die geschlechtliche Vermehrung

Die Prozesse	die Bestäubung die Befruchtung die Zellteilung
Die Bestäubung bestäuben mit	 Insekten **bestäuben** die Narbe der Pflanze **mit** Pollen.
Die Befruchtung eindringen in verschmelzen mit befruchten	 Die männliche Geschlechtszelle **dringt** in die Eizelle **ein** und **verschmilzt mit** ihr. Wenn das Spermium mit der Eizelle verschmolzen ist, ist sie **befruchtet**.
Die Fortpflanzung	die Bestandteile die Eizelle das Spermium

Die individuelle Entwicklung von Lebewesen

Pflanzen **Entwicklung von Frucht und Samen, Quellung und Keimung des Samens**	
sich entwickeln entstehen aufquellen auskeimen	Aus der befruchteten Eizelle **entwickelt sich** der Samen, der den Keimling einer neuen Pflanze enthält. Wenn der Samen in den Boden gelangt, so kann eine neue Pflanze **entstehen**. Der Samen nimmt im Boden Wasser auf und **quillt auf**. Wenn die Samenschale aufgeplatzt ist, **keimt** der Samen **aus**.
Wachstum der Pflanze	
heranwachsen	Der Keimling **wächst** zur jungen Pflanze **heran**.
sterben	Schließlich **stirbt** die Pflanze.

Menschen	
sich entwickeln heranwachsen altern sterben	Die befruchtete Eizelle nistet sich in der Gebärmutter ein. Es **entwickelt sich** zunächst der Fetus, dann der Embryo. Nach knapp 10 Monaten wird das Kind geboren. Das Kind **wächst** zum Jugendlichen **heran**. Der Erwachsene **altert** und **stirbt** am Ende des Lebens.

Die Entwicklung im Verlauf der Zeit

Die Züchtung	
abstammen von züchten züchten auf auswählen eingreifen in sich verändern	Der Hund **stammt** vom Wolf **ab**. Menschen **züchten** Hunderassen mit bestimmten Eigenschaften. Die **gezüchteten** Tierrassen haben bestimmte Eigenschaften. Tiere **züchtet** man z. B. **auf** Milchleistung/körperliche Stärke/hohen Ertrag. Für die Züchtung **wählt** man Hunde **aus**, die besondere Fähigkeiten haben. Durch Züchtung **greift** der Mensch bewusst in die Natur **ein**. Tierrassen **verändern sich** durch Züchtung
Die Anpassung	
angepasst an	Eukalyptusbäume **sind** durch ihre tief reichenden Wurzeln an das Leben in starker Trockenheit **angepasst**.

Praxishandbuch Sprachbildung Biologie
Sprachsensibel unterrichten – Sprache fördern
ISBN 978-3-12-666852-1

Formulierungen für den Ablauf von Entwicklungen

zunächst/am Anfang dann/danach/weiterhin schließlich/zum Schluss	**Zunächst/Am Anfang** bestäuben Insekten die Narbe der Blüte.
das Stadium, Plural: die Stadien die Phase, Plural: die Phasen folgen auf/sich anschließen an	Im letzten **Stadium** / In der nächsten **Phase** der Entwicklung stirbt der Organismus. **Auf** die Bestäubung **folgt** die Befruchtung. **An** die Bestäubung **schließt sich** die Befruchtung **an**.

ISBN 978-3-12-666852-1

WERKZEUG

Bestimmungsschlüssel

Hintergrund
Bestimmungsschlüssel dienen dazu, die biologische Art eines Lebewesens zu ermitteln. Dazu werden die Lebewesen anhand ihrer Eigenschaften klassifiziert. Bestimmungsschlüssel bilden somit ein grundlegendes Verfahren der Erkenntnisgewinnung in der Biologie ab.
Bestimmungsschlüssel beruhen dabei auf einer Abfolge von Unterscheidungsmerkmalen, die systematisch für ein Lebewesen bestimmt werden müssen, um dessen Art zu ermitteln. Während Bestimmungsschlüssel in der Wissenschaft pro Abzweig durchaus mehrere Eigenschaften aufführen, wird in der Schule in der Regel nur eine Eigenschaft pro Abzweig aufgeführt. Außerdem liegen sie in der Wissenschaft meist platzsparend in Textform vor, während in der Schule in der Regel die übersichtlichere, reduzierte Form des Schaubilds gewählt wird.

Bedeutung der Sprache
Die Anwendung eines Bestimmungsschlüssels erfordert eine besondere Lesetechnik, die die SuS erst erlernen müssen: An jeder Abzweigung müssen die beschriebenen Eigenschaften verstanden werden und anhand genauer Betrachtung des zu bestimmenden Lebewesens muss entschieden werden, welche Eigenschaft zutrifft. Es kann stets nur eine Eigenschaft zutreffen. Anschließend muss dasselbe Verfahren für die Merkmale wiederholt werden, die von dieser Eigenschaft aus abzweigen. Für die Beschreibung der Eigenschaften gibt es zwei Möglichkeiten:

- Nomen (mit oder ohne Zahlwort, z. B. *Schuppen* oder *vier Kronblätter*): Die SuS müssen diese fachlichen Nomen kennen und gedanklich visualisieren können, um sie an den beobachteten Lebewesen identifizieren zu können.
- Adjektive: Auch deren Bedeutung müssen die SuS kennen. Hierbei handelt es sich oft um Adjektive, die nach bestimmten Verfahren aus Nomen gebildet wurden. Die Kenntnis der entsprechenden Wortbildungsverfahren kann den SuS helfen, die Adjektive zu verstehen und somit einen Bestimmungsschlüssel anwenden zu können.

Idee des Werkzeugs
- Eine Übersicht zur Lesetechnik von Bestimmungsschlüsseln beinhaltet Aufbau und Funktion, eine Anleitung zum Lesen bzw. zur Anwendung von Bestimmungsschlüsseln sowie eine Kurzbeschreibung der in ihnen verwendeten Sprache.
- Eine Übersicht zur Bildung von Fachadjektiven gibt den SuS Strategien an die Hand, unbekannte Adjektive zu erschließen und Fachadjektive selbst zu bilden.

Übersicht: Bestimmungsschlüssel

Zweck

Ein Bestimmungsschlüssel ist ein wichtiges Hilfsmittel in der Biologie. Mit seiner Hilfe kannst du ermitteln, zu welcher biologischen Art (z. B. Tierart, Pflanzenart) ein Lebewesen gehört. Hast du ein unbekanntes Tier gesehen, dann kannst du mithilfe eines Bestimmungsschlüssels herausfinden, zu welcher Tierart es gehört.

Aufbau:

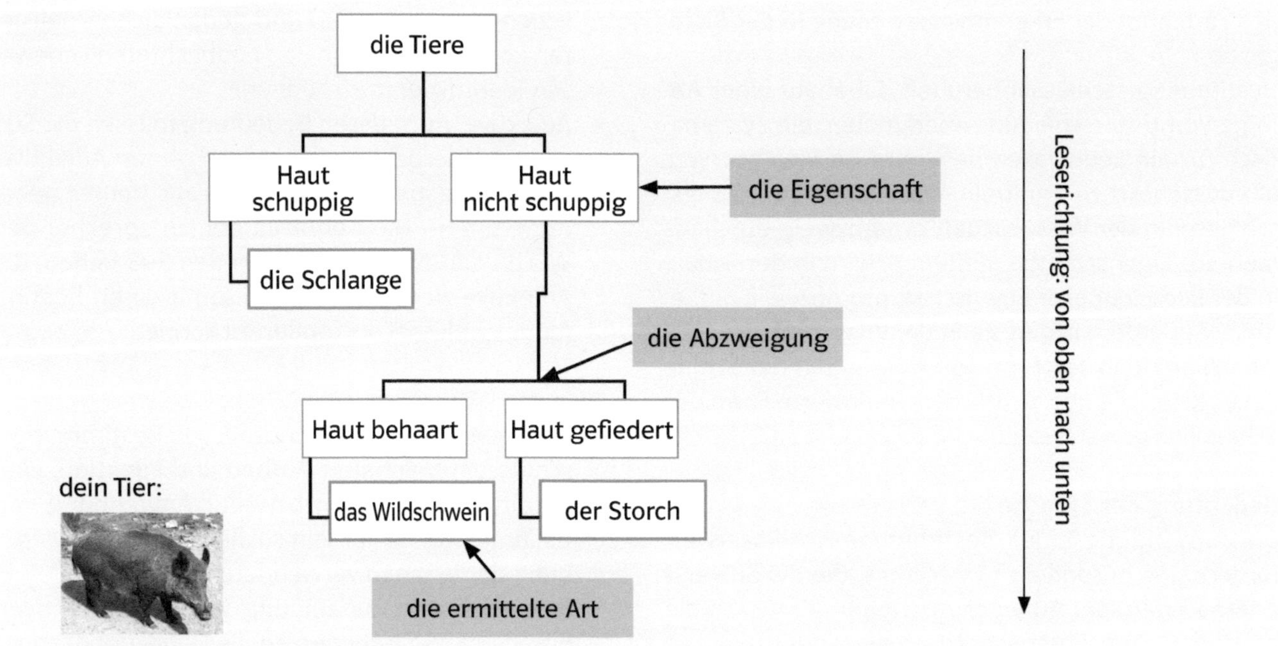

Eigenschaften werden im Bestimmungsschlüssel auf zwei verschiedene Arten beschrieben:

- als **Nomen**, mit oder ohne Zahlwort (z. B. *Beine* oder *zwei Flügel*)
- als **Adjektive** (z. B. *gefiedert*)

Einen Bestimmungsschlüssel lesen

So gehst du vor:

1. Beginne ganz oben im Bestimmungsschlüssel.
2. Lies dir aufmerksam alle Eigenschaften durch, die direkt von dort abzweigen.
3. Versuche, die Eigenschaften zu verstehen. Wenn du gar nicht weiterkommst, frage deinen Sitznachbarn oder Lehrer oder nutze ein Wörterbuch.
4. Untersuche dein Lebewesen und entscheide, welche Eigenschaft für dein Lebewesen zutrifft.
5. Schau dir nun an, welche neuen Abzweigungen es von dieser Eigenschaft aus gibt:
   - Wenn von dieser Eigenschaft wieder zwei oder mehr Eigenschaften abzweigen, dann arbeite wieder die Schritte 2–5 durch.
   - Wenn von dieser Eigenschaft nur ein Name abgeht, dann bist du fertig. Du hast die Art ermittelt.

Praxishandbuch Sprachbildung Biologie
Sprachsensibel unterrichten – Sprache fördern
ISBN 978-3-12-666852-1

Fachadjektive bilden

In der Biologie sind genaue Beschreibungen wichtig. Dazu werden oft Fachadjektive verwendet. Wenn du weißt, wie Adjektive gebildet werden, kannst du oft selbst herausfinden, was ein unbekanntes Adjektiv bedeutet. Du kannst prüfen, ob es von einem Wort abstammt, das du kennst. Dann kannst du von diesem Nomen auf die Bedeutung des Adjektivs schließen (z. B. *ein behuftes Tier* → *ein Tier mit Hufen*). Es gibt verschiedene Möglichkeiten, Adjektive zu bilden:

A Die meisten Adjektive werden von **Nomen** abgeleitet.
Achtung: Adjektive werden immer **klein geschrieben**!

1. An das Nomen wird eine Silbe angehängt, z. B. -ig, -los, -lich, -haft, -isch, -mäßig, -sam.
   Beispiel: *die Ecke* → *eckig*
   Wenn das Nomen mit einem Vokal endet (z. B. *Ecke*) und die Endung mit einem Vokal beginnt (z. B. *ig*), dann wird der Endvokal des Nomens weggelassen (*eck-ig*).

2. Zwei Wörter und die Silbe -ig werden zu einem Wort zusammengezogen. Das zweite Wort ist immer ein Nomen.
   - Das erste Wort kann ein **Nomen** sein:
     z. B. *die Form eines Herzens*
     → Nomen 1: *das Herz* + Nomen 2: *die Form + -ig*
     → Das Adjektiv heißt: *herzförmig*
   - Das erste Wort kann **ein Adjektiv** sein:
     z. B. *blaue Augen*
     → Adjektiv: *blau* + Nomen: *das Auge + -ig*
     → Das Adjektiv heißt: *blauäugig*
   - Das erste Wort **kann ein Zahlwort** sein:
     z. B. *sechs Beine*
     → Zahlwort: *sechs* + Nomen: *Beine + -ig*
     → Das Adjektiv heißt: *sechsbeinig*

3. Eine Silbe wird vor das Nomen gestellt, z. B. ge-, be-, ver-, zer-. Außerdem wird eine **Endung** an das Nomen gehängt: -t oder -et.
   Beispiel: *die Welle* → gewellt

   Ein ähnliches Prinzip kennst du von Verben, wenn du das Perfekt bildest: *weinen* → *ich habe geweint*

   Es gibt keine Regel, bei welchem Nomen du welche Vorsilbe (ge-, be-, ver- …) verwendest. Es gibt auch keine Regel, ob du als Endung -et oder -t verwendest. Das musst du lernen.

B Manche Adjektive werden von bestehenden **Adjektiven** abgeleitet.

1. durch das Anhängen der Silbe **-lich,** z. B. *rund* → *rundlich*
   So kannst du ausdrücken, dass ein Adjektiv nicht exakt zutrifft. Wenn du z. B. sagen willst, dass ein Blatt nicht so rund ist wie mit dem Zirkel gezogen, bezeichnest du es als *rundlich*.

2. durch das **Zusammensetzen** von einem Nomen und einem Adjektiv, z. B. *der Himmel* + *blau* → *himmelblau*
   So kannst du eine Eigenschaft (*blau*) noch präziser beschreiben. Das zusammengesetzte Adjektiv *himmelblau* sagt aus, dass etwas *blau wie der Himmel* ist.

ISBN 978-3-12-666852-1

WERKZEUG
Diagramme

Hintergrund
Im Biologieunterricht werden Informationen und Daten häufig in einem Diagramm dargestellt. Oft findet man im Biologieunterricht Säulen- und Balkendiagramme sowie Liniendiagramme (Kurvendiagramme). Mithilfe von Diagrammen lassen sich Informationen kurz und übersichtlich darstellen.
Besonders wichtig sind Diagramme im Bereich der Erkenntniskompetenz beim Experimentieren, denn bei vielen Versuchen werden Daten erhoben, die erfasst, veranschaulicht und erklärt werden müssen. Oft wird zunächst eine Wertetabelle angelegt, deren Werte dann in einem Diagramm dargestellt werden. Für das Erstellen des Diagramms ist es wichtig, die Zusammenhänge zwischen dem Aufbau der Wertetabelle und der Darstellung im Diagramm zu kennen.

Bedeutung der Sprache
Das Lesen und Versprachlichen von Diagrammen erfordert drei verschiedene Sprachhandlungen: Beschreiben, Vergleichen und Erklären.
Um ein Diagramm in einen Diagrammtext umzuwandeln, müssen die SuS zum einen die Struktur solcher Texte kennen. Zum anderen müssen ihnen die sprachlichen Mittel zur Verfügung stehen, um den Aufbau eines Diagramms zu beschreiben und den Verlauf von Kurven zu interpretieren und zu vergleichen. Beim Erklären müssen sie Konjunktionen zum Begründen (*da, weil*) und Schlussfolgern (*demnach/also*) verwenden können (z. B. *Die gelbe Kurve sinkt schneller als die rote Kurve. Die blaue Kurve sinkt am schnellsten*).

Idee des Werkzeugs
- In der Übersicht können sich die SuS anhand eines beschrifteten Kurvendiagramms schnell einen Überblick über die wichtigsten Begriffe verschaffen. Mehrere für den Biologieunterricht relevante Diagrammtypen werden mit ihrem Anwendungsbereich vorgestellt. Dies ist wichtig, weil die SuS beim Zeichnen entscheiden müssen, welchen Diagrammtyp sie wählen. Außerdem liefert der Diagrammtyp beim Lesen wichtige Hinweise für die Interpretation. Es werden Hinweise zum Zeichnen eines Kurvendiagramms und zum Erstellen eines Diagrammtexts sowie zur Interpretation von Kurvendiagrammen gegeben.
- Satzbausteine geben Formulierungshilfen für die verschiedenen Abschnitte eines Diagrammtextes an.

Übersicht: Diagramme

Zweck

Du verwendest ein Diagramm, um Daten und Messwerte übersichtlich darzustellen.
Für unterschiedliche Zwecke verwendest du verschiedene Arten von Diagrammen.

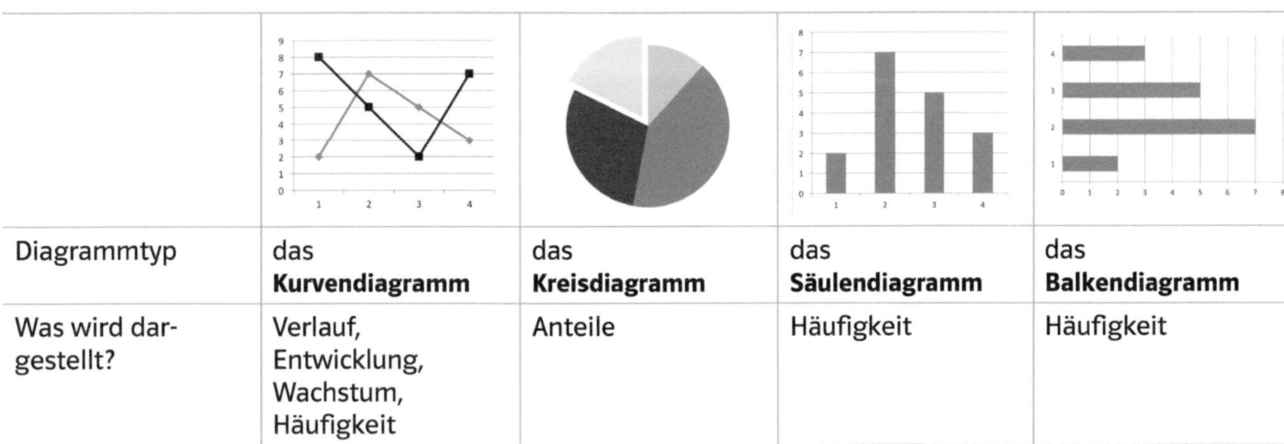

Diagrammtyp	das **Kurvendiagramm**	das **Kreisdiagramm**	das **Säulendiagramm**	das **Balkendiagramm**
Was wird dargestellt?	Verlauf, Entwicklung, Wachstum, Häufigkeit	Anteile	Häufigkeit	Häufigkeit

Aufbau eines Kurvendiagramms

Wie beeinflusst die Zeit die Wassertemperatur?

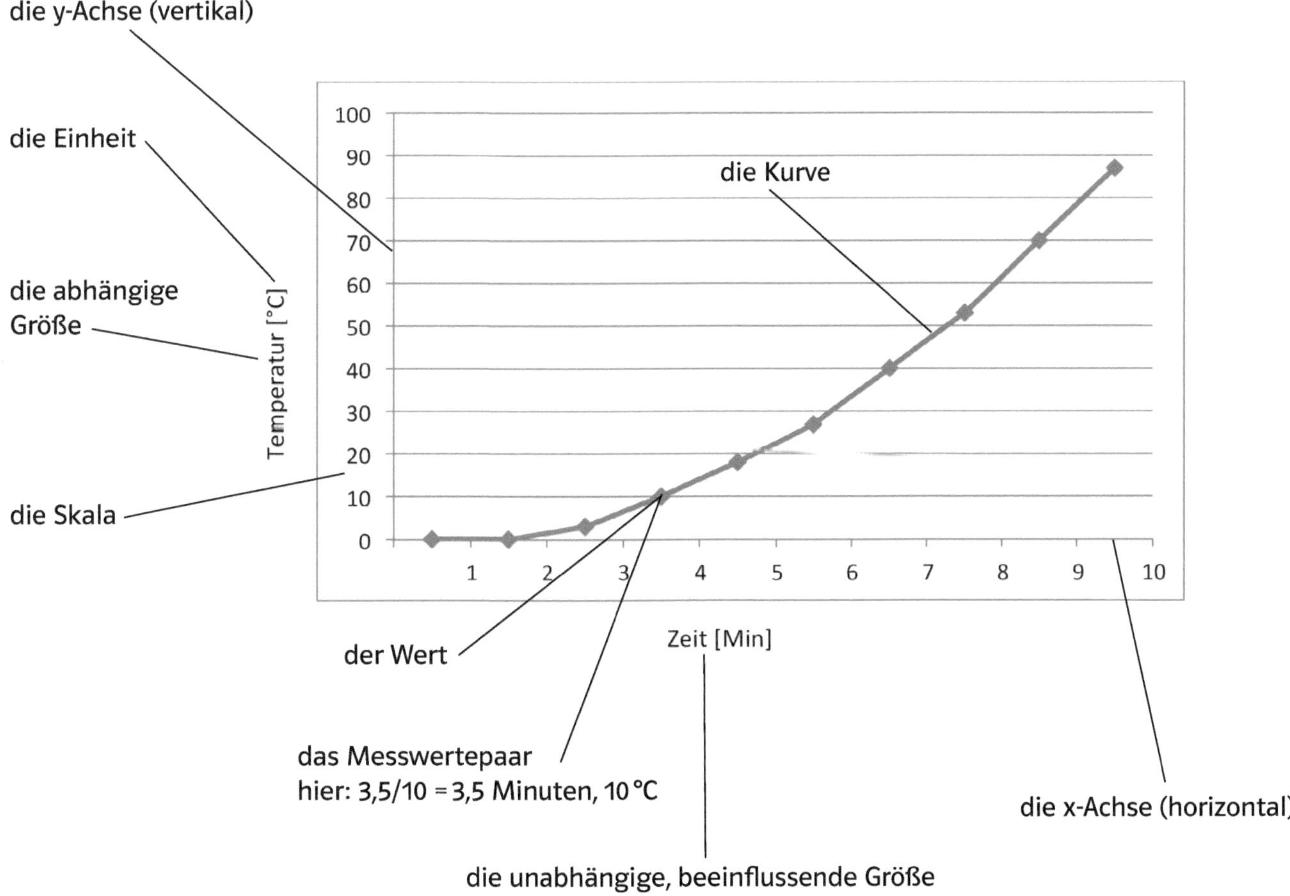

Praxishandbuch Sprachbildung Biologie
Sprachsensibel unterrichten – Sprache fördern
ISBN 978-3-12-666852-1

Ein Kurvendiagramm zeichnen

So gehst du vor:

1. Den Rahmen aufbauen
   - Du ordnest die Variablen den Achsen zu. Du zeichnest das Achsenkreuz.
   - Du beschriftest die Achsen: x-Achse = beeinflussende Größe; y-Achse = abhängige Größe. Du gibst in eckigen Klammern die Einheiten an, in denen die Werte dargestellt werden.
   - Du erstellst auf jeder Achse die Skala. Die Abschnitte sind auf einer Achse immer gleich lang.
   - Wenn es im Diagramm Symbole gibt, erklärst du sie in einer Legende.

2. Werte eintragen
   - Du machst ein kleines Kreuz bei jedem Wert.
   - Du verbindest die Kreuze mit einer Linie.

Ein Kurvendiagramm beschreiben

- Du beschreibst das Diagramm im Präsens.
- Dein Text besteht aus drei Teilen: Einleitung, Hauptteil und Schluss.
- In der **Einleitung** gibst du das Thema an.
- Im **Hauptteil**
  - beschreibst du das Diagramm
  - beschreibst du Werte/Veränderungen/Entwicklungen
  - vergleichst du Werte/Veränderungen
  - erklärst du Werte/Veränderungen
- Im **Schlussteil** ziehst du eine Schlussfolgerung: Was zeigen die Werte/Veränderungen?

Ein Kurvendiagramm lesen

So gehst du vor:

1. Erfasse das Diagramm:
   - Um welches **Thema** geht es? Überschrift/Achsenbeschriftung (x → y)
   - Welcher **Diagrammtyp** ist dargestellt?
   - Welche **Größen** und **Einheiten** befinden sich auf der x-Achse und der y-Achse?
   - Welche **Symbole** werden in der Legende erklärt?
   - Was zeigt der **Wertebereich**? Wie **verändern/entwickeln** sich die Werte? Steigen oder sinken die Werte?

2. Vergleiche die Werte miteinander. Welche Gemeinsamkeiten gibt es? Welche Unterschiede?

3. Erkläre die Werte/Veränderungen/Entwicklungen.

Praxishandbuch Sprachbildung Biologie
Sprachsensibel unterrichten – Sprache fördern
ISBN 978-3-12-666852-1

Satzbausteine: Ein Diagramm beschreiben

Einleitung

- Das Diagramm **zeigt, wie** die Zeit die Temperatur **beeinflusst/verändert.**
- Das Diagramm **informiert über** die Entwicklung der Körpertemperatur.

Hauptteil

den Diagrammtyp benennen

- **Dargestellt ist** ein Kurvendiagramm.
- **Zu erkennen ist** ein Balkendiagramm.

Achsen/Einheiten beschreiben

- **Auf der x-/y-Achse ist** die Temperatur in °C **angegeben/zu sehen/zu erkennen.**

die Darstellung/Symbole in der Legende beschreiben

- Die Werte der Dose mit Fellumhüllung **sind** in Rot **dargestellt**.

den Wertebereich beschreiben

- **Die Werte liegen/betragen zwischen** 40°C **und** 48°C.

Werte/Veränderungen/Entwicklungen beschreiben

- Die Werte **nehmen** langsam/kontinuierlich/schnell/plötzlich **zu**.
- Der Wert **steigt von** 76° C **auf** 80° C.
- Die Werte **sinken** langsam/kontinuierlich/schnell/plötzlich.
- Die Temperatur **fällt von** 37° C **auf** 33° C.
- Die Temperatur **verringert sich insgesamt um** 11° C.
- Die Werte **bleiben gleich/stagnieren.**

Vergleichen der Werte/Veränderungen

- **Beiden gemeinsam ist,** dass sie zunächst stark ansteigen.
- **Im Vergleich/Gegensatz zum** Gewicht nimmt die Größe nur langsam zu.
- Die Temperatur ist am Ende der Messung **höher/niedriger als** am Anfang.
- Nach drei Minuten ist die Temperatur **am höchsten/am niedrigsten**.
- Am Schluss ist der rote Wert **genauso hoch/niedrig wie** der gelbe Wert.

die Werte/Veränderungen erklären

- Die Werte in Dose A sinken langsamer, **weil** Fell vor Auskühlung schützt.
- **Daraus kann man schließen, dass** Federn vor Kälte schützen.

den Verlauf vorhersagen

- **Zukünftig ist zu erwarten, dass** die Werte weiter steigen.

Schluss

eine Schlussfolgerung aus den Werten/Veränderungen ziehen.

- **Abschließend kann man feststellen, dass** Federn vor Kälte schützen.

ISBN 978-3-12-666852-1

WERKZEUG

Kategorien bilden

Hintergrund

Kategorien dienen der Systematisierung von Informationen und damit der Erkenntnisgewinnung. Merkmale von Lebewesen oder Objekten werden mithilfe von Kategorien eingeteilt und können auf dieser Basis geordnet oder miteinander verglichen werden. Kategorien werden beispielsweise bei tabellarischen Vergleichen oder in Steckbriefen verwendet.

Bedeutung der Sprache

Kategorien müssen von den SuS oft selbstständig gebildet werden. Ausgangspunkt stellen dabei beschreibende oder vergleichende Fachtexte dar. In diesen Texten befinden sich die Kategorien nicht wörtlich, d.h. als Nomen, sondern sie müssen oftmals aus anderen Wortarten gebildet (Derivation) oder aus mehreren Wörtern zusammengesetzt (Komposition) werden. Die Wörter zu erkennen, aus denen die Kategorien gebildet werden sollen, und Wortbildungsverfahren anzuwenden, stellt für die SuS eine Herausforderung dar. Daher müssen sie lernen, aus welchen Wörtern und Wortarten Kategorien gebildet werden können und welche verschiedenen Bildungsprinzipien es gibt. Dabei kann man aus den Wörtern nicht immer auf das Bildungsprinzip schließen. So können im Unterricht durchaus kreative Kategoriebildungen wie *Blühung* statt *Blütezeit* oder *Wachsorte* statt *Vorkommen* entstehen, die die Auseinandersetzung der SuS mit der Fachsprache widerspiegeln.

Idee des Werkzeugs

Das Werkzeug gibt zunächst eine Definition von Kategorie an und verdeutlicht diese anhand eines Beispiels. Anschließend wird die Bildung von Kategorien anhand von fünf Bildungsprinzipien erläutert.

Übersicht: Kategorien

Was sind Kategorien?
Kategorien sind Oberbegriffe. Mithilfe von Kategorien kannst du Merkmale von Lebewesen oder Objekten **ordnen** oder sie miteinander **vergleichen**.

Beispiel:
Unter der Kategorie *Fortbewegung* werden verschiedene Fortbewegungsarten wie *schwimmen, kriechen, fliegen* oder *laufen* zusammengefasst.

Kategorien bilden
Kategorien sind immer **Nomen**. Oft stehen sie nicht wörtlich im Text, sondern verstecken sich z. B. als andere Wortart (Adjektiv, Verb) oder in mehreren Wörtern. Wenn du so eine Kategorie im Text gefunden hast, musst du das passende Nomen bilden. Dazu gibt es verschiedene Möglichkeiten:

	Beispiel:
Bildungsprinzip 1 zwei Wörter im Text zusammensetzen	Bei Vögeln ist die Temperatur des Körpers konstant. der Körper + die Temperatur → die Körpertemperatur
Bildungsprinzip 2 ein Wort im Text mit einem allgemeinen Begriff zusammensetzen	Wildschweine leben im Wald. leben + der Raum → der Lebensraum Achtung: Manchmal muss zwischen den beiden Wörtern ein *s* eingefügt werden.
Bildungsprinzip 3 aus einem Verb ein Nomen bilden, indem du eine Endung anhängst	Schlangen bewegen sich schlängelnd auf dem Boden fort. fortbewegen + -ung → die Fortbewegung
Bildungsprinzip 4 aus einem Verb ein Nomen bilden, indem du den Infinitiv groß schreibst (manchmal musst du beim Infinitiv die Endung -en weglassen)	Die Walderdbeere kommt an Waldrändern und in Lichtungen vor. vorkommen → das Vorkommen
Bildungsprinzip 5 aus einem Adjektiv ein Nomen bilden	Hunde werden bis zu 50 cm groß. groß → die Größe
Manchmal musst du mehrere Bildungsprinzipien zusammen verwenden.	Der Körper der Hausschweine ist mit Borsten bedeckt. Bildungsprinzip 2: bedecken + ung → die Bedeckung Bildungsprinzip 1: der Körper + die Bedeckung → die Körperbedeckung

Es gibt keine Regel, wann du welches Bildungsprinzip anwendest. Du musst die passenden Wörter lernen.

Praxishandbuch Sprachbildung Biologie
Sprachsensibel unterrichten – Sprache fördern
ISBN 978-3-12-666852-1

WERKZEUG
Protokolle

Hintergrund
Ein Protokoll wird geschrieben, um ein Experiment so zu dokumentieren, dass es von einer anderen Person nachvollzogen und ggf. nachgestellt werden kann. Das Protokoll enthält verschiedene Textabschnitte, die eine bestimmte Reihenfolge haben.

Bedeutung der Sprache
Die einzelnen Abschnitte des Protokolls haben unterschiedliche sprachliche Anforderungen. Die SuS müssen daher wissen, was von ihnen in den verschiedenen Abschnitten gefordert ist.
Das Schreiben eines Protokolls erfordert die Sprachhandlungen Beschreiben (von Abläufen und Beobachtungen), Vergleichen, Erklären und Bewerten. Die Beschreibung der Durchführung erfordert exaktes Beschreiben der einzelnen Handlungen und der zeitlichen Abfolge. Beim Auswerten und Vergleichen der Daten müssen die SuS Adjektive, den Komparativ und den Superlativ von Adjektiven bilden können. Außerdem müssen sie Konjunktionen kennen, mit denen sie Begründungen und Schlussfolgerungen sprachlich darstellen können (wie z. B. *weil, da, also, demnach*).

Idee des Werkzeugs
- In der Übersicht werden Zweck und Aufbau der Textsorte kurz beschrieben. Für jeden Teil des Versuchsprotokolls gibt es eine kurze Darstellung der sprachlichen Anforderungen, sodass sich die SuS schnell einen Überblick über den Aufbau und die wichtigsten Textnormen zum Schreiben von Protokollen bzw. der einzelnen Versuchsteile verschaffen können. Sie kann auch zur Überarbeitung von selbst geschriebenen Protokollen verwendet werden.
- Nach den einzelnen Abschnitten gegliedert, werden den SuS in den Satzbausteinen wichtige Formulierungshilfen anhand von Beispielsätzen an die Hand gegeben.

Wenn das Experiment die Erfassung und Auswertung von Daten umfasst, sollten die SuS zusätzlich das Werkzeug Wertetabellen (→ S. 192) und das Werkzeug Diagramme (→ S. 170) erhalten.

Übersicht: Protokolle

Zweck
Ein Protokoll schreibst du, nachdem du einen Versuch durchgeführt hast. Du schreibt es, um den Versuch für andere zu **dokumentieren**. Jemand, der den Versuch nicht kennt, sollte ihn mithilfe des Protokolls nachmachen und erklären können.

Aufbau:
Das Protokoll enthält verschiedene Abschnitte. Die Abschnitte haben eine feste Reihenfolge:

1. Die Problemfrage
Die Problemfrage gibt das Thema an: Was willst du mit dem Experiment herausfinden?
Die Frage steht ganz oben im Protokoll.

2. Die Hypothese (Vermutung)
Bevor du den Versuch durchführst, stellst du die Hypothese auf. Du gibst an, welche Ergebnisse du bei dem Versuch erwartest. Du kannst dir dazu folgende Fragen stellen:
- Was könnte sich verändern?
- Wie könnte es sich verändern?
- Welches Ergebnis ist zu erwarten? Warum?
  Du schreibst die Hypothese (Vermutung) in der Ich- oder Wir-Form.

3. Die Materialien und Geräte
Du zählst die Materialien und die Geräte auf und schreibst Mengenangaben dazu, wo es nötig ist (z. B. *1 Filterpapier, Milch*).

(wenn notwendig: Der Aufbau)
Manchmal ist es notwendig, den Aufbau des Versuchs zu zeichnen und zu beschriften. Die Zeichnung zeigt, wie man die Geräte und Materialien aufbauen soll. Die Beschriftung (Namen der Geräte und Materialien) steht rechts neben der Zeichnung.

4. Die Durchführung
Du schreibst den Text im Präsens und in der unpersönlichen Form (*man*).
Du gibst die Reihenfolge der Handlungen an (*zuerst, dann, zum Schluss …*).
Wenn ein Versuch wiederholt wird, gibst du nur an, was sich bei der Wiederholung verändert.

5. Die Beobachtung
Zur Beobachtung gehört all das, was sich während des Versuchs verändert: **Eigenschaften** wie z. B. die Farbe oder auch **Werte** wie z. B. die Temperatur, die Zeit oder die Länge.
Werte misst du z. B. mit einem Thermometer, einer Uhr oder einem Lineal.
In jedem Fall misst du die Werte zu Beginn und am Ende des Versuchs. Häufig musst du aber mehrere Werte in bestimmten Zeitabständen messen, z. B. alle fünf Minuten.
Die während des Versuchs gemessenen Werte notierst du in einer **Wertetabelle**.
Die Werte kannst du in einem **Diagramm** darstellen. Dazu schreibst du einen Diagrammtext.

6. Die Auswertung
In der Auswertung vergleichst du die Werte und Tendenzen miteinander und erklärst sie.
Zum Schluss beurteilst du deine Hypothese (Vermutung) vom Anfang: War sie richtig oder falsch? Dieser Satz steht immer in der Vergangenheit (*Unsere Hypothese war …*).

Praxishandbuch Sprachbildung Biologie
Sprachsensibel unterrichten – Sprache fördern
ISBN 978-3-12-666852-1

Satzbausteine: Protokolle

Die Problemfrage

Was …? Warum …? Wie …? Wodurch …?

Die Hypothese (Vermutung)

- **Ich vermute, dass** ein Fell vor Kälte schützt.
- **Ich denke, dass** kleine Ohren besser vor Kälte geschützt sind.

Die Durchführung

Eine Tätigkeit beschreiben

einfüllen in	Man **füllt** Wasser **in** den Kolben **ein**.
festhalten mit	Man **hält** das Glas **mit** der Pinzette **fest**.
einspannen in	Man **spannt** das Glas **in** das Stativ **ein**.
messen/ermitteln/ bestimmen	Man **misst/ermittelt/bestimmt** die Temperatur mit dem Thermometer.
abmessen	Man **misst** das Wasser mit der Pipette **ab**.
zutropfen	Man **tropft** die Säure mit der Tropfpipette **zu**.
dazugeben	Man **gibt** Wasser zum Brei/zur Säure **dazu**.
erwärmen/erhitzen	Man **erwärmt/erhitzt** das Glas mit dem Bunsenbrenner.
umrühren	Man **rührt** den Brei mit dem Glasstab **um**.
zerkleinern/mörsern	Man **zerkleinert** das Blatt. Man **mörsert** das Blatt.
filtrieren	Man **filtriert** die Flüssigkeit.

Eine Abfolge darstellen

zuerst/zu Beginn/zunächst/ am Anfang	**Zuerst/Zu Beginn/Zunächst/Am Anfang** füllt man warmes Wasser in die Dose.
dann/danach/anschließend	**Dann/Danach/Anschließend** stellt man die Dose in die Schüssel.
zum Schluss/zuletzt/schließlich	**Zum Schluss/Zuletzt/Schließlich** misst man die Temperatur.

Die Beobachtung

beobachten/sehen/ erkennen/feststellen	Man **beobachtet/sieht/erkennt/stellt fest, dass** sich die Farbe verändert.
hören	Man **hört** ein leises Zischen.
riechen	Man **riecht** Schwefel.

Die Auswertung

Die Ergebnisse auswerten

- Die Temperatur fällt, **weil/da** das Wasser Energie abgibt.
- Das Wasser gibt Energie ab. **Aus diesem Grund** fällt die Temperatur.
- **Deshalb** kann man sagen, dass Federn vor Kälte schützen.
- **Daraus kann man schließen, dass** Federn vor Kälte schützen.

Die Hypothese beurteilen

Unsere Vermutung/Die Hypothese war falsch/richtig.

Praxishandbuch Sprachbildung Biologie
Sprachsensibel unterrichten – Sprache fördern
ISBN 978-3-12-666852-1

WERKZEUG
Sachtexte über Organe

Hintergrund
Im Biologieunterricht müssen SuS häufig Sachtexte über Organe lesen und selbst verfassen. Typisch für diese Sorte von Texten ist, dass sowohl die Strukturen als auch die Funktionen der Organe beschrieben werden und ein Zusammenhang zwischen Struktur und Funktion hergestellt wird. Dadurch ergibt sich ein Bezug zum Basiskonzept Struktur und Funktion.

Bedeutung der Sprache
Die SuS müssen Informationen aus den Sachtexten entnehmen können. Dies bereitet ihnen oft erhebliche Schwierigkeiten, da Sachtexte meist viele Fachwörter und sprachlich komplexe Strukturen enthalten. Informationen sind oft stark verdichtet dargestellt und dadurch für die SuS schwer verständlich. Um das Erfassen solcher Texte zu vereinfachen, ist es daher sinnvoll, mit den SuS Lesestrategien zu trainieren.
Lehrkräfte sollten die Struktur und die typischen Elemente von Sachtexten auch ihren SuS transparent machen (z. B. die Markierung neuer/wichtiger Fachwörter durch Fett-/Kursivschrift, die Unterteilung in Absätze etc.). So können sich die SuS besser im Text orientieren. Zudem können Lehrkräfte diese Struktur nutzen, um Lesestrategien einzuüben.
Außerdem müssen die SuS die entnommenen Informationen versprachlichen und in einem eigenen Text darstellen können. Besonders wichtig ist hier, dass die Lernenden einen Bezug zwischen der Struktur und der Funktion herstellen können. Sprachlich sind für diesen Zusammenhang Konsekutivsätze typisch, also Sätze, in denen Folgen angegeben werden. Eine Übersicht über diese Redemittel finden Sie im Werkzeug Basiskonzepte (→ S. 163).

Idee des Werkzeugs
Das Werkzeug enthält
- eine Übersicht über die Textsorte, in der die typischen Elemente eines Sachtexts angegeben werden,
- die Beschreibung einer Lesestrategie, die die SuS dabei unterstützt, Sachtexte über Organe zu entschlüsseln.

Übersicht: Sachtexte über Organe

Zweck

Wenn du im Biologieunterricht einen Sachtext über ein Organ liest, dann sollst du meist Informationen über die **Struktur** (Bestandteile, Lage, Form, Eigenschaften), die **Funktion** (Aufgabe) und die **Arbeitsweise** des Organs herausfinden.

Aufbau

Ein Sachtext besteht aus mehreren Teilen:

- **Überschrift**
- **Abbildungen**, oft mit einer **Bildunterschrift** und/oder einer **Bildlegende**
- ein längerer **Text**, der in einzelne **Abschnitte** unterteilt ist
- **Zusammenfassung** am Ende des Textes

die Einleitung | die Überschrift | der Abschnitt

Das Skelett – ein bewegliches Gerüst

Das Skelett besteht aus über 200 Knochen.

Es ist unterteilt in das Kopfskelett, das Rumpfskelett und das Gliedmaßenskelett. Zum Gließmaßenskelett gehören das Arm- und das Beinskelett. Das Kopfskelettskelett enthält mehrere Knochenplatten im Schädel, den Oberkiefer und den Unterkiefer. Die Knochenplatten des Schädels sind miteinander verbunden. Sie sind im Verlauf des Lebens zusammengewachsen. Der Unterkiefer ist der einzige bewegliche Schädelknochen. Der Schädel schützt das Gehirn.
Zum Rumpfskelett gehören die Wirbelsäule, das Schlüsselbein, das Schulterblatt, das Brustbein, die Rippen und die Beckenknochen. Das Brustbein, die Rippen und ein Teil der Wirbelsäule bilden den Brustkorb. Der Brustkorb umhüllt die inneren Organe und schützt sie.
Schulterblatt und Schlüsselbein gehören zum Schultergürtel. Der Schultergürtel verbindet das Rumpfskelett beweglich mit dem Armskelett. Über das Becken besteht eine Verbindung zwischen dem Rumpfskelett und dem Beinskelett.

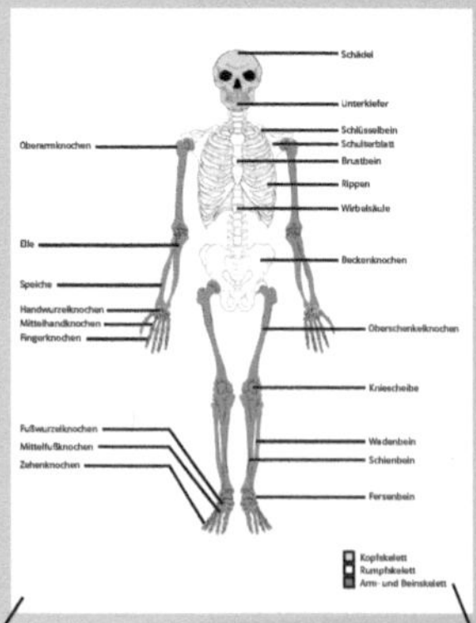

Abb. 1 Das menschliche Skelett

Arm- und Beinskelett bilden zusammen das Gließmaßenskelett. Das Armskelett kann man in das Handskelett und das Armskelett unterteilen. Zum Handskelett gehören die Fingerknochen, die Mittelhandknochen und die Handwurzelknochen.
Bestandteile des Armskeletts sind die Elle, die Speiche und der Oberarmknochen. Das Beinskelett ist unterteilt in das Fußskelett und das Beinskelett. Das Beinskelett besteht aus dem Oberschenkelknochen, der Kniescheibe, dem Schienbein, dem Wadenbein. Zum Fußskelett gehören das Fersenbein, der Fußwurzelknochen, der Mittelfußknochen und die Zehenknochen. Arm- und Beinskelett sind stabil und sehr beweglich. Sie sind wichtig zum Bewegen, zum Tragen, zum Gehen, zum Greifen und zum Stützen.

Die Knochen sind stabil. Dadurch kann das Skelett den Körper stützen und die inneren Organe schützen. Durch die vielen Knochen bleibt das Skelett beweglich. Das Skelett ist also eine bewegliche Stütze oder ein bewegliches Gerüst. Der besondere Bau des Skeletts ermöglicht demnach die besonderen Aufgaben des Skeletts. Man sagt, die Struktur des Skeletts ist an die Funktion angepasst.

Das Skelett – eine Zusammenfassung

Das Skelett eines erwachsenen Menschen besteht aus mehr als 200 Knochen. Es ist das bewegliche Gerüst unseres Körpers. Es stützt den Körper. Einige Knochen schützen darüber hinaus wichtige innere Organe.

die Abbildung | die Bildunterschrift | die Bildlegende | die Zusammenfassung

ISBN 978-3-12-666852-1

Lesestrategie: Sachtexte über Organe lesen

Schritt	Was tust du? Welche Fragen stellst du?
1. Die **Überschrift** lesen	Was weißt du zu dem Thema schon? Was vermutest du, was im Text steht? Was möchtest du über das Thema wissen?
2. Die **Zusammenfassung** lesen	Steht in der Zusammenfassung etwas über die Struktur (Bau) und die Funktion (Aufgabe) des Organs?
3. Das **Bild** / Die **Bilder** betrachten	Zeigt das Bild/Zeigen die Bilder die Form (die Struktur) oder die Aufgabe (die Funktion) des Organs? **Strukturbild/er:** Welche Bestandteile enthält das Organ? Wie sehen sie aus? Wo liegen sie? **Funktionsbild/er:** Vergleiche die Bilder miteinander. Wo unterscheiden sie sich? Das gibt dir Hinweise auf die Funktion: Wie arbeitet das Organ?
4. Den Text **überfliegen**	Wie ist der Text aufgebaut? Hat er verschiedene Abschnitte? Gibt es Zwischenüberschriften? Wo findest du im Text Informationen über die Bestandteile, die Form und die Lage (= die Struktur) und die Aufgabe (= die Funktion) des Organs? Du kannst Überschriften wie *Bestandteile, Form, Lage* und *Aufgabe* am Rand notieren, damit du die Informationen besser findest.
5. Den Text mindestens zweimal **lesen**	Um den Text genau zu verstehen, musst du ihn mehrmals lesen. Beim ersten Lesen: Welche Informationen über die Struktur/die Funktion/die Arbeitsweise enthält der Text? Was habe ich verstanden? Muss ich alles verstehen? Wenn ja, dann Satz oder Abschnitt noch einmal lesen. Beim zweiten Lesen: Unterstreiche Informationen über die Strukturen und Funktionen in unterschiedlichen Farben. So kannst du sie schnell voneinander unterscheiden.
6. Eine andere **Darstellung** wählen	Übertrage die Informationen nach dem Lesen in eine andere Darstellungsart, z. B. in eine Tabelle.

Praxishandbuch Sprachbildung Biologie
Sprachsensibel unterrichten – Sprache fördern
ISBN 978-3-12-666852-1

WERKZEUG

Steckbrief und Eigenschafts-beschreibung

Hintergrund

Eigenschaften darzustellen und zu beschreiben ist grundlegend für den Biologieunterricht und beruht auf dem Beobachten der Lebewesen/Spezies. Steckbriefe und Eigenschaftsbeschreibungen sind elementare Textsorten im Biologieunterricht und bilden ein Textsortenpaar, das gegenseitig ineinander „übersetzt" werden kann. Das bedeutet, dass Steckbriefe auf der Grundlage von Eigenschaftsbeschreibungen und Eigenschaftsbeschreibungen auf der Grundlage von Steckbriefen verfasst werden können. Dabei werden die Eigenschaften jeweils nach bestimmten Kategorien beschrieben und ermöglichen so eine Systematisierung und ein speziesübergreifendes Verständnis.

Bedeutung der Sprache

Für die gegenseitige „Übersetzung" bzw. Umwandlung müssen die SuS über ein explizites Wissen über den Aufbau und den Zweck beider Textsorten verfügen. Zudem stellen beide Textsorten spezifische sprachliche Anforderungen an die SuS: Um im Ausgangstext die benötigten Kategorien und Informationen zu identifizieren, die für einen Steckbrief benötigt werden, müssen die SuS bestimmte Lesestrategien anwenden, die gelernt und trainiert werden müssen. Neben der Bildung von Kategorien, die sehr komplex ist (→ Werkzeug Kategorien bilden, S. 174), stellt auch das Formulieren von Stichpunkten eine sprachliche Herausforderung dar, da die Informationen auf ihren Kern reduziert und meist im Kasus angepasst werden müssen. Das Ausformulieren von Steckbriefen zu Eigenschaftsbeschreibungen hingegen erfordert Wortbildungskompetenzen, da die Kategorien aus dem Steckbrief verbalisiert, d.h. in den Satzzusammenhang eingebettet werden müssen: Beispielsweise wird aus der Kategorie *Größe* im Steckbrief bei der Umwandlung zu einer Eigenschaftsbeschreibung ein ganzer Satz: *... ist ... cm groß.* Zudem müssen die SuS Zusammenhänge und Bezüge im Text herstellen, z.B. indem sie Pronomen verwenden oder Sätze durch Konnektoren wie *außerdem* oder *daher* verbinden.

Idee des Werkzeugs

Die Textsortenmerkmale der Textsorten Steckbrief und Eigenschaftsbeschreibung werden übersichtlich dargestellt. Die Übersichten enthalten jeweils Hinweise zu Zweck und Aufbau der Textsorten, ein Beispiel für jede Textsorte sowie Hinweise zu sprachlichen Anforderungen. Die KVs können zur Einführung der Textsorten sowie zur Wiederholung der Textsortenmerkmale eingesetzt werden.

Die Satzbausteine bieten zu den jeweiligen Kategorien

- Fragen, die helfen, die Kategorie zu beschreiben und inhaltlich zu verstehen,
- Formulierungshilfen,
- Beispielsätze, die die Verwendung der Formulierungshilfen im Satzkontext veranschaulichen.

Je nach Ziel und Thema einer Unterrichtsreihe können unterschiedliche Kategorien im Vordergrund stehen. Die Lehrkraft kann die Übersicht mit den für sie wichtigen Kategorien anpassen.

Übersicht: Steckbrief

Zweck

In einem Steckbrief stellst du Informationen **übersichtlich** dar. So erhältst du schnell einen Überblick. Du beschreibst nur die wichtigsten Eigenschaften. Durch die **Kategorien** ist die Darstellung der Informationen sehr systematisch und du kannst z. B. verschiedene Tier- oder Pflanzenarten gut miteinander vergleichen.

Beispiel:

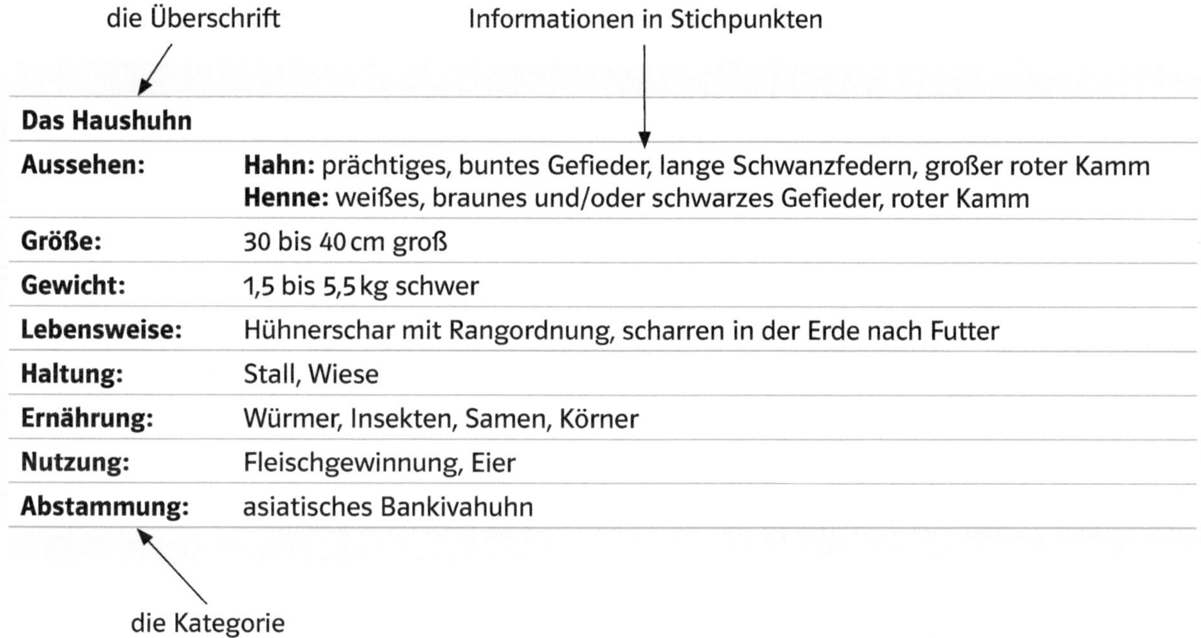

Das Haushuhn	
Aussehen:	**Hahn:** prächtiges, buntes Gefieder, lange Schwanzfedern, großer roter Kamm **Henne:** weißes, braunes und/oder schwarzes Gefieder, roter Kamm
Größe:	30 bis 40 cm groß
Gewicht:	1,5 bis 5,5 kg schwer
Lebensweise:	Hühnerschar mit Rangordnung, scharren in der Erde nach Futter
Haltung:	Stall, Wiese
Ernährung:	Würmer, Insekten, Samen, Körner
Nutzung:	Fleischgewinnung, Eier
Abstammung:	asiatisches Bankivahuhn

Aufbau

Die Überschrift

Was beschreibst du im Steckbrief? (z. B. *Das Haushuhn*)

Kategorien

- Kategorien sind immer **Nomen** (z. B. *Aussehen, Größe*).
- Kategorien stehen in der **linken Spalte** des Steckbriefs.
- Nach der Kategorie steht immer ein **Doppelpunkt**.
- Zuerst nennst du allgemeine Kategorien, dann spezielle Kategorien.
- Manchmal gibt es auch **Unterkategorien**.

Informationen

- Die Informationen stehen **rechts** neben den passenden Kategorien (hinter dem Doppelpunkt).
- Die Informationen sind **kurze Stichpunkte**, oft Nomen und/oder Adjektive (z. B. *prächtiges, buntes Gefieder*).
- Zwischen den einzelnen Informationen steht ein **Komma**.

Wenn du Stichpunkte formulierst,

- schreibst du nur **die wichtigsten Wörter** (oft Nomen und Adjektive), Artikel und Präpositionen fallen oft weg.
- musst du manchmal die **Endungen** der Wörter (oft Adjektive) **verändern.**

Beispiel:

Das männliche Haushuhn, auch Hahn genannt, erkennt man an seinem prächti**gen** und bun**ten** Gefieder mit den lan**gen** Schwanzfedern. Der Hahn besitzt außerdem einen gro**ßen**, ro**ten** Kamm.

Aussehen:	Hahn: prächtig**es**, bunt**es** Gefieder, lang**e** Schwanzfedern, groß**er**, rot**er** Kamm

Praxishandbuch Sprachbildung Biologie
Sprachsensibel unterrichten – Sprache fördern
ISBN 978-3-12-666852-1

Übersicht: Eigenschaftsbeschreibung

Zweck

In einer Eigenschaftsbeschreibung beschreibst du etwas **ausführlich** und **detailliert** (z. B. Tiere oder Pflanzen). Du gibst also nicht nur das Wichtigste an, sondern auch zusätzliche Informationen. Du beschreibst außerdem die **Zusammenhänge** zwischen den Informationen.

Beispiel:

die Überschrift — zusammenhängender und ausformulierter Text

Das Haushuhn

Das männliche Haushuhn, auch Hahn genannt, erkennt man an seinem prächtigen und bunten Gefieder mit den langen Schwanzfedern. Der Hahn besitzt außerdem einen großen, roten Kamm. Das weibliche Haushuhn, das man auch als Henne bezeichnet, erkennt man an seinem weißen, braunen und/oder schwarzen Gefieder. Des Weiteren besitzt auch die Henne einen roten Kamm, der allerdings kleiner als der Kamm des Hahns ist.
Haushühner erreichen eine Größe von 30 bis 40 cm und wiegen 1,5 bis 5,5 kg. Man hält Haushühner im Stall oder auf der Wiese. Dort leben sie in einer Hühnerschar mit Rangordnung zusammen. Sie scharren in der Erde nach Futter und ernähren sich von Würmern, Insekten, Samen und Körnern. Der Mensch nutzt die Eier der Haushühner. Darüber hinaus dienen Haushühner der Fleischgewinnung. Das Haushuhn stammt vom asiatischen Bankivahuhn ab.

Aufbau

Die Überschrift

Was beschreibst du im Text? (z. B. *Das Haushuhn*)

Der zusammenhängende Text

- Du beschreibst die Eigenschaften ausführlich und **in ganzen Sätzen.**
- Die Informationen haben keine bestimmte Reihenfolge. Du kannst z. B. mit allgemeinen Informationen oder mit besonders interessanten Informationen beginnen.
- Du verbindest die Sätze miteinander. Dazu kannst du diese Wörter verwenden: *außerdem, zudem, des Weiteren, darüber hinaus, weiterhin*

Wenn du aus einem Steckbrief eine Eigenschaftsbeschreibung erstellst,

- formulierst du die Stichpunkte aus dem Steckbrief aus: Du machst aus den Stichpunkten ganze Sätze. Dabei musst du die **Endungen** der Wörter (vor allem Adjektive) oft verändern.

Beispiel:

Aussehen:	Henne: weiß**es**, braun**es** oder schwarz**es** Gefieder, rot**er** Kamm	➔	Die Henne erkennt man an ihrem weiß**en**, braun**en** oder schwarz**en** Gefieder. Des Weiteren besitzt auch die Henne einen rot**en** Kamm.

- musst du die Kategorien (Nomen) aus dem Steckbrief oft durch **Verben oder Adjektive** ersetzen.

Beispiele:

Aussehen → Das männliche Haushuhn **erkennt man an** seinem prächtigen Gefieder.
Gewicht → Haushühner **wiegen** 1,5 bis 5,5 kg.
Nutzung → Der Mensch **nutzt** die Eier der Haushühner.

Praxishandbuch Sprachbildung Biologie
Sprachsensibel unterrichten – Sprache fördern
ISBN 978-3-12-666852-1

Satzbausteine: Tiere beschreiben 1

Kategorie im Steckbrief	Frage	Formulierung	Beispielsatz
Aussehen	Wie sehen die Tiere aus? Welche Farbe hat das Fell/die Haut/der Panzer der Tiere?	… erkennt man an … … haben/besitzen ein … Fell/eine … Haut.	Pferde **erkennt man an** ihrem langen Hals und der Mähne. Hausschweine **haben/besitzen** oft **eine** rosafarbene **Haut** mit Borstenhaaren.
Größe	Welche Größe erreichen die Tiere? Wie groß sind die Tiere?	… erreichen eine Größe/Rückenhöhe von bis zu… cm. … werden bis zu … cm groß.	Hausrinder **erreichen eine Rückenhöhe von bis zu** 145 **cm**. Afrikanische Elefanten **werden bis zu** 400 **cm groß.**
Gewicht	Wie viel wiegen die Tiere? Wie schwer sind die Tiere?	… wiegen bis zu … kg. … werden bis zu … kg schwer.	Hauspferde **wiegen bis zu** 1000 **kg**. Thunfische **werden bis zu** 700 **kg schwer**.
Körperbau	Wie ist der Körper der Tiere gebaut?	Der Körper des/der … ist … gebaut.	**Der Körper des** Schäferhundes **ist** kräftig und muskulös **gebaut**.
Körperbedeckung	Womit ist der Körper der Tiere bedeckt? Welche Körperbedeckung besitzen die Tiere?	Der Körper der … ist mit … bedeckt. …besitzen eine … Haut mit … … häuten sich.	**Der Körper der** Hausschweine **ist mit** Borsten **bedeckt.** Amphibien **besitzen eine** feuchte **Haut mit** Schleimdrüsen. Reptilien **häuten sich.**
Körpertemperatur	Sind die Tiere wechselwarm oder gleichwarm?	… sind wechselwarm/gleichwarm. … gehören zu den wechselwarmen/gleichwarmen Tieren.	Säugetiere **sind gleichwarm**. Reptilien **gehören zu den wechselwarmen Tieren**.
Lebensweise	Wie leben die Tiere? Was machen die Tiere?	… leben in … … leben als … … halten Winterschlaf/Winterruhe. … fallen in Winterstarre. … sind nachtaktiv/tagaktiv. … schnüffeln/kratzen/suhlen sich/durchwühlen/grasen … jagen/hetzen ihre Beute. … schleichen sich/pirschen sich an ihre Beute an	Hauspferde **leben in** Herden mit Rangordnung. Viele Katzen **leben als** Einzelgänger. Igel **halten Winterschlaf**. Fische **fallen in Winterstarre**. Katzen **sind nachtaktiv**. Hausschweine **suhlen sich** auf dem Boden. Wölfe **hetzen ihre Beute.** Katzen **schleichen sich an ihre Beute an.**
Lebensraum	Wo leben die Tiere in der Natur?	… leben in/im/auf …	Quallen **leben im** Meer.
Atmung	Womit atmen die Tiere?	… atmen mit …	Fische **atmen mit** Kiemen.

ISBN 978-3-12-666852-1

Satzbausteine: Tiere beschreiben 2

Kategorie im Steckbrief	Frage	Formulierung	Beispielsatz
Fortbewegung	Wie bewegen sich die Tiere fort?	… bewegen sich … fort.	Schlangen **bewegen sich** auf dem Boden schlängelnd **fort.**
	Womit bewegen sich die Tiere fort?	… bewegen sich mithilfe ihres/ihrer … fort. … dienen … zur Fortbewegung.	Fische **bewegen sich** im Wasser **mithilfe ihrer** Flossen **fort**. Flügel **dienen** den Vögeln **zur Fortbewegung**.
Fort-pflanzung	Wie pflanzen sich die Tiere fort?	… pflanzen sich durch … fort	Fische **pflanzen sich** durch äußere Befruchtung **fort.**
		… legen ihre Eier … ab.	Fische **legen** ihre Eier im Wasser **ab.**
		… brüten ihre Eier aus.	Vögel **brüten** ihre Eier **aus.**
		… sind lebendgebärend.	Säugetiere **sind lebendgebärend.**
Entwicklung	Wie entwickeln sich die Tiere?	… entwickelt sich aus …	Die Raupe **entwickelt sich aus** dem Ei.
		… betreiben Brutpflege.	Vögel **betreiben Brutpflege.**
		… säugen …	Katzen **säugen** ihre Jungen.
		… schlüpfen aus …	Die Larven **schlüpfen** aus den Eiern.
		… sind Nestflüchter/Nesthocker.	Hauspferde **sind Nestflüchter.**
Haltung	Wo hält der Mensch die Tiere?	Der Mensch hält … in/auf …	**Der Mensch hält** Haushühner **im** Stall und **auf** der Wiese.
Ernährung	Wovon ernähren sich die Tiere?	… ernähren sich von …	Spinnen **ernähren sich von** Insekten.
	Was fressen die Tiere?	… fressen …	Bartenwale **fressen** kleine Krebstiere.
Abstammung	Wovon stammen die Tiere ab?	… stammen von … ab.	Hausrinder **stammen vom** Auerochsen oder Ur **ab.**
Nutzung	Was nutzt der Mensch von den Tieren?	Der Mensch nutzt von … …	**Der Mensch nutzt** die Milch der Hausrinder.
	Wie nutzt der Mensch die Tiere?	Der Mensch nutzt … als …	**Der Mensch nutzt** das Pferd **als** Zugtier.
	Was stellt man aus den Tieren her?	Man stellt aus … … her.	**Man stellt aus** der Haut des Rinds Leder **her**.
	Wozu dienen die Tiere?	… dienen als/zur …	Hausschweine **dienen zur** Fleischgewinnung. Hauspferde **dienen als** Reittiere.

Klett

ISBN 978-3-12-666852-1

WERKZEUG

Tabellarischer Vergleich

Hintergrund

Beim Vergleichen werden Gemeinsamkeiten, Ähnlichkeiten und Unterschiede zwischen zwei oder mehreren Vergleichsobjekten bestimmt. Beim kriteriengeleiteten Vergleichen wird durch die Vergleichskategorien das Ziel des Vergleichs bestimmt. Vergleiche können **tabellarisch** oder in Form von **Vergleichstexten** dargestellt werden. Tabellarische Vergleiche ermöglichen eine systematische und übersichtliche Darstellung der Informationen zu den Vergleichskategorien.

Bedeutung der Sprache

Beim Vergleichen werden die Vergleichsobjekte miteinander in Beziehung gesetzt. Dies geschieht in der Tabelle durch den Vergleich der Informationen in den Spalten. Dafür ist es eine Grundvoraussetzung, dass die SuS die diskontinuierliche Textsorten Tabelle, d.h. deren Zweck, Aufbau und die in ihr verwendete Sprache kennen. Weiterhin erfordert das Erstellen einer Vergleichstabelle Wortbildungskompetenzen, da zunächst **Vergleichskategorien** gebildet werden müssen. Dies ist für die SuS eine anspruchsvolle Aufgabe (→ Werkzeug Kategorien bilden, S. 174).

Idee des Werkzeugs

Die Übersicht stellt Zweck, Aufbau und wichtige Fachbegriffe der Textsorte dar. Außerdem wird das Lesen von Tabellen entlastet.

Übersicht: Tabellarischer Vergleich

Zweck

Mithilfe einer Tabelle kann man Informationen **übersichtlich** und **systematisch** darstellen. So kann man Merkmale von verschiedenen Objekten gut miteinander vergleichen.

Beispiel:

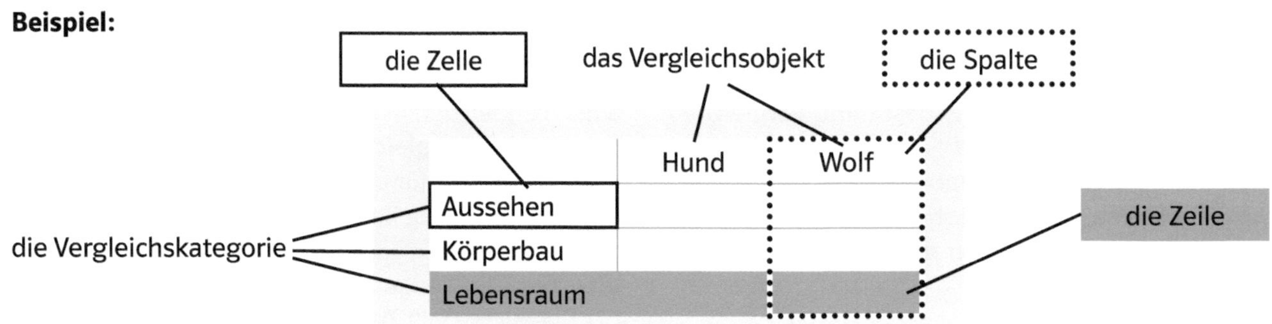

Aufbau

Vergleichsobjekte

- Die Vergleichsobjekte werden in der 1. Zeile angegeben (z. B. *Hund*).
- Für jedes Vergleichsobjekt erstellst du eine neue Spalte.
- Du vergleichst Lebewesen, Prozesse oder Gegenstände miteinander. Frage: Wer oder was wird verglichen?

Vergleichskategorien

- Die Vergleichskategorien stehen in der 1. Spalte (z. B. *Aussehen*)
- Für jede Vergleichskategorie erstellst du eine neue Zeile.
- Die Vergleichskategorien sind immer Nomen.
- Du vergleichst ein Merkmal oder mehrere Merkmale miteinander.
- Die Vergleichsobjekte haben in den Merkmalen Gemeinsamkeiten oder Unterschiede. Frage: In welchen Kategorien oder Merkmalen gibt es Gemeinsamkeiten und Unterschiede?

Merkmale

Die Merkmale werden in Stichpunkten in die Zelle eingetragen.

Eine Vergleichstabelle lesen

	Fische	**Vögel**	**Säugetiere**
Atmung	Kiemen	Lungenatmung	Lungenatmung
Körperbedeckung	Schleimhaut mit Knochenschuppen	Federn, an den Beinen Hornschuppen	meistens Fell/Haare
Lebensraum	Wasser	Wasser oder Land	Wasser oder Land

Beispiel: Vergleiche den Lebensraum von Fischen und Säugetieren.

So gehst du vor:

- Zuerst musst du die **Vergleichsobjekte** in der obersten Zeile suchen: Fische und Säugetiere
- Dann suchst du in der linken Spalte die **Vergleichskategorie**: Lebensraum
- Dann suchst du die beiden Zellen, in denen die Merkmale zu der Vergleichskategorie für beide Vergleichsobjekte stehen (hier eingekreist).
- Jetzt musst du entscheiden, ob sich die Informationen in den Zellen **unterscheiden** oder ob sie **gleich sind**.

Praxishandbuch Sprachbildung Biologie
Sprachsensibel unterrichten – Sprache fördern
ISBN 978-3-12-666852-1

WERKZEUG
Vergleichstexte

Hintergrund
Beim Vergleichen werden Gemeinsamkeiten, Ähnlichkeiten und Unterschiede zwischen zwei oder mehreren Vergleichsobjekten bestimmt. Beim kriteriengeleiteten Vergleichen wird durch die Vergleichskategorien das Ziel des Vergleichs bestimmt. Vergleiche können **tabellarisch** oder in Form von **Vergleichstexten** dargestellt werden. Ein tabellarischer Vergleich wird oft in einem Vergleichstext ausgewertet. Die mündliche oder schriftliche Darstellung von Gemeinsamkeiten und Unterschieden erleichtert es, fachliche Schlussfolgerungen zu ziehen.

Bedeutung der Sprache
Beim Vergleichen werden die Vergleichsobjekte miteinander in Beziehung gesetzt. Beim Verfassen von Vergleichstexten müssen **Gemeinsamkeiten und Unterschiede ausformuliert** und in einem Text dargestellt werden. Die Formulierungen, die dazu notwendig sind, können bei den meisten SuS nicht vorausgesetzt und müssen daher eingeführt und geübt werden.

Idee des Werkzeugs
In der Übersicht Vergleichstext geht es um den Aufbau von Textsortenwissen, indem Zweck und Aufbau der einzelnen Textabschnitte erläutert und typische Formulierungen zur Verfügung gestellt werden.
Die Formulierungen, um Unterschiede und Gemeinsamkeiten auszudrücken, sollten progressiv eingeführt werden: In den Jahrgangsstufen 5/6 sollten nur einige Adverbien sowie Ausdrücke mit Präposition, in 7/8 zusätzlich mehrteilige Konjunktionen und weitere Adverbien und in 9/10 die Konjunktion *während* eingeführt werden. Die Formulierungshilfen sind nach sprachlichen Aspekten (Konjunktionen, Adverbien, Ausdrücke mit Präposition) gegliedert, da sich je nach sprachlichem Aspekt die Satzstellung ändert. Durch die Unterteilung wird daher das systematische Erlernen der Redemittel erleichtert.
Die Formulierungen können nicht nur als Unterstützung bei der Produktion, sondern auch bei der Rezeption von Vergleichstexten eingesetzt werden. Dazu sollte mit den SuS geübt werden, die Redemittel als Schlüsselwörter im Text zu identifizieren, was die Einteilung in Gemeinsamkeiten oder Unterschiede erleichtert (z. B. Schlüsselwort *ebenso* → Gemeinsamkeit).

Übersicht: Vergleichstext

Zweck
In einem Vergleichstext stellst du die Gemeinsamkeiten und die Unterschiede der Vergleichsobjekte **detailliert** und **zusammenhängend** dar. Dazu vergleichst du die Merkmale in den verschiedenen Vergleichskategorien miteinander.

Vergleichsobjekte
Du vergleichst Lebewesen, Prozesse oder Gegenstände miteinander. Frage: Wer oder was wird verglichen?

Vergleichskategorien
Du vergleichst ein Merkmal oder mehrere Merkmale miteinander. Die Vergleichsobjekte haben in den Merkmalen Gemeinsamkeiten oder Unterschiede. Frage: In welchen Kategorien oder Merkmalen gibt es Gemeinsamkeiten und Unterschiede?

Aufbau
Die Überschrift
Du gibst an, welche Objekte du miteinander vergleichst. (z. B.: *Vergleich von Hund und Katze*)

Der Anfangssatz
Im Anfangssatz gibst du an, welche Vergleichsobjekte du miteinander vergleichen willst.
Du kannst den Anfangssatz z. B. so schreiben:
- Wenn man … und … miteinander vergleicht, fällt auf, dass sie gemeinsame und unterschiedliche Merkmale besitzen.
- Beim Vergleich von … und … stellt man fest, dass sie gemeinsame und unterschiedliche Merkmale besitzen.

Der Hauptteil
Du beschreibst die Gemeinsamkeiten und Unterschiede der Vergleichsobjekte in **allen** Kategorien.
Du verwendest passende Formulierungen für Gemeinsamkeiten (z. B. *sowohl … als auch …*) und Unterschiede (z. B. *im Gegensatz zu …*). Verwende unterschiedliche Formulierungen!
Du **strukturierst** den Text, indem du
- eine Gemeinsamkeit und anschließend einen Unterschied erläuterst oder
- erst alle Gemeinsamkeiten und dann alle Unterschiede benennst.

Der Schlusssatz
In einem Schlusssatz fasst man die wichtigsten Gemeinsamkeiten oder Unterschiede zusammen oder formuliert ein Vergleichsergebnis.
Du kannst den Schlusssatz z. B. so schreiben:
- Zusammenfassend lässt sich feststellen/festhalten/erkennen, dass … und … folgende Gemeinsamkeiten besitzen: … Wichtige Unterschiede sind …
- Abschließend ist festzustellen/festzuhalten/zu erkennen, dass … und … einige/wenige/keine Gemeinsamkeiten/Unterschiede haben.
- Aus dem Vergleich von … und …lässt sich schlussfolgern / die Schlussfolgerung ableiten, dass …

ISBN 978-3-12-666852-1

Gemeinsamkeiten und Unterschiede formulieren

Gemeinsamkeiten

Konjunktionen	
sowohl … als auch …	**Sowohl** Amphibien **als auch** Reptilien sind wechselwarme Tiere.
nicht nur …, sondern auch …	**Nicht nur** Amphibien, **sondern auch** Reptilien sind wechselwarme Tiere.
wie	**Wie** die Tierzelle besitzt die Pflanzenzelle einen Zellkern.
genauso wie	**Genauso wie** Amphibien sind Reptilien wechselwarm.
ebenso wie	Amphibien sind **ebenso wie** Reptilien wechselwarm.
Adverbien	
auch	**Auch** die Tierzelle verfügt über eine Zellmembran.
gleichermaßen	**Gleichermaßen** besitzt die Pflanzenzelle eine Zellmembran.
ebenfalls	Die Pflanzenzelle verfügt **ebenfalls** über eine Zellmembran.
gleichfalls	Die Pflanzenzelle besitzt **gleichfalls** eine Zellmembran.

Unterschiede

Ausdrücke mit Präposition	
im Gegensatz zu	**Im Gegensatz zur** Pflanzenzelle besitzt die Tierzelle keine Zellwand.
im Vergleich zu	**Im Vergleich zu** Fischen leben Amphibien nicht nur im Wasser, sondern auch auf dem Land.
im Unterschied zu	**Im Unterschied zu** Amphibien sind Vögel gleichwarm.
Adverbien	
dagegen	**Dagegen** sind Fische wechselwarm.
hingegen	**Hingegen** sind Fische wechselwarm.
jedoch	Säugetiere atmen **jedoch** mit den Lungen.
demgegenüber	**Demgegenüber** legen Reptilien ihre Eier auf dem Boden ab.
Konjunktion	
während	**Während** Fische, Amphibien und Reptilien wechselwarm sind, sind Vögel und Säugetiere gleichwarm. ! Achte auf die Satzstellung!

Praxishandbuch Sprachbildung Biologie
Sprachsensibel unterrichten – Sprache fördern
ISBN 978-3-12-666852-1

WERKZEUG

Wertetabellen

Hintergrund

Bei vielen Versuchen werden Daten erhoben, die bei der Beobachtung des Versuchs in einer besonderen Tabellenform, der Wertetabelle, aufgenommen werden. Die in einer Wertetabelle erfassten Werte werden in einem Versuchsprotokoll in der Regel in einem Diagramm dargestellt.

Bedeutung der Sprache

Um die Werte einer Versuchsdurchführung festzuhalten, müssen die SuS eine Wertetabelle zeichnen können und wissen, wie und wo sie die Werte eintragen. Im Unterricht erhalten sie auch häufig Wertetabellen, die bereits Werte enthalten. Diese müssen die SuS lesen und interpretieren können. Typischerweise werden allerdings erst die in dem Diagramm dargestellten Werte versprachlicht (→ Werkzeug Diagramme, S. 170).

Idee des Werkzeugs

Die Übersicht Wertetabelle stellt am Beispiel einer beschrifteten horizontal angelegten Wertetabelle Zweck, Aufbau und wichtige Fachbegriffe der Textsorte dar. Die SuS werden außerdem zum Zeichnen und Lesen von Wertetabellen angeleitet.

Übersicht: Wertetabelle

Zweck

Mithilfe einer Wertetabelle nimmst du die **Werte** auf, die du während einer Versuchsdurchführung **misst**. In einer Wertetabelle kannst du die gemessenen Werte sehr **übersichtlich** und kurz darstellen.

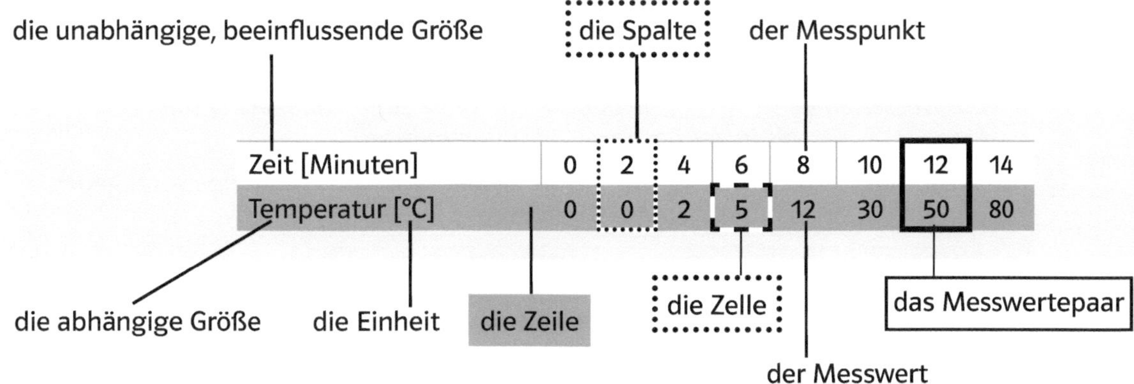

Eine Wertetabelle zeichnen

Bevor du einen Versuch durchführst, musst du eine Wertetabelle anlegen. Dazu überlegst du dir, wie viele **Spalten** du benötigst:

- eine Spalte für die Angabe der beeinflussenden und der abhängigen Größe mit ihren Einheiten
- eine Spalte für jeden vorgegebenen Messpunkt

Du planst auch, wie viele **Zeilen** du benötigst:

- eine Zeile für die beeinflussende Größe, die vorgegeben ist,
- eine Zeile für jede Messreihe

In die oberste Zeile trägst du die vorgegebenen Messpunkte der **beeinflussenden Größe** ein (im Beispiel: 0, 2, 4, 6 usw.).
In die zweite Zeile trägst du die Werte der **abhängigen Größe** ein, die du ermittelst (im Beispiel: 0, 0, 2, 5, 12 usw.). Dabei musst du darauf achten, dass du die Werte in die passende Spalte einträgst, denn nur dann ist das Messwertepaar richtig.
Die **Einheiten** stehen in der ersten Spalte. Du musst sie nicht nach jedem Wert eintragen. Achte darauf, dass die Werte immer in der Einheit angegeben sind, die in der ersten Spalte steht!

Eine Wertetabelle auswerten/lesen

So gehst du vor:

- Du siehst dir in der ersten Spalte die Größen an, die eingetragen sind (im Beispiel: „Zeit“ ist die beeinflussende Größe; „Temperatur“ ist die abhängige Größe). So kannst du erkennen, was wodurch beeinflusst wird, also den Zusammenhang bzw. das Thema der Wertetabelle.
- Dann siehst du die Messwertepaare zunächst einzeln an. Dazu siehst du dir den vorgegebenen Messpunkt in der oberen Zeile an, dann den darunter eingetragenen Messwert.
- Anschließend vergleichst du die Messwerte von links nach rechts. So kannst du Entwicklungen und Trends erkennen: Sinken oder steigen die Werte oder bleiben sie gleich (konstant)?

ISBN 978-3-12-666852-1

Methodenglossar

<table>
<tr><td>Wortgeländer</td><td>Gerüst aus ungeordnet vorgegebenen Wörtern, mit deren Hilfe die SuS einen zusammenhängenden Text schreiben
das Diagramm – die Achsen – das Kurvendiagramm – zeigen – sinken – konstant</td></tr>
<tr><td>Sprechblasen</td><td>Sprechblasen ergänzen z. B. Fotos oder Diagramme und enthalten Sprech- und Formulierungshilfen.</td></tr>
<tr><td>C-Text</td><td>Text, in dem in ca. jedem dritten Wort mehrere Buchstaben fehlen und durch die SuS ergänzt werden sollen. Bei zusammengesetzten Wörtern werden nur die Buchstaben eines Wortes ausgelassen.
Die Wassertempe _ _ _ _ _ in der Do _ _ ohne Lu _ _ umhüllung sinkt lang _ _ _ _ _ als in der Dose m _ _ Luftumhüllung.</td></tr>
<tr><td>Textpuzzle</td><td>Sätze, Satzteile oder Textabschnitte werden in falscher Reihenfolge vorgegeben und sollen von den SuS geordnet werden.
Das Kopfskelett enthält den Schädel und den Unterkiefer.
Das Skelett eines erwachsenen Menschen besteht aus über 200 Knochen.
Es ist unterteilt in Kopfskelett, Rumpfskelett und Gliedmaßenskelett.</td></tr>
<tr><td>Bildsequenz/ Filmleiste</td><td>Die Filmleiste stellt den zeitlichen Ablauf eines Vorgangs in Form einzelner Bilder dar. Sie eignet sich z. B. zur Vorbereitung der Textproduktion.</td></tr>
<tr><td>Lernplakat</td><td>Ein Lernplakat wird in Gruppen oder mit der ganzen Klasse erstellt. Es visualisiert wichtige Lerninhalte, z. B. zu bestimmten Themen oder Textsorten.</td></tr>
<tr><td>Cluster</td><td>Um einen Schlüsselbegriff herum werden spontane Assoziationen aufgeschrieben. Diese Assoziationen ergeben wieder neue Schlüsselbegriffe, die miteinander verbunden werden.</td></tr>
<tr><td>Satzhälften zusammenfügen</td><td>Satzanfängen die passenden Satzenden zuordnen.
<table><tr><td>Das Rumpfskelett hat die Aufgabe,</td><td>den Körper stützen.</td></tr><tr><td>Das Rumpfskelett soll</td><td>innere Organe zu schützen.</td></tr></table></td></tr>
<tr><td>Satzbaukasten</td><td>Die SuS setzen vorgegebene Bausteine zu ganzen Sätzen zusammen.
Dies erleichtert die richtige Reihenfolge der Satzteile.
<table><tr><td>Der Dobermann</td><td rowspan="4">wird</td><td>nie</td><td>als Familienhund</td><td rowspan="4">verwendet.</td></tr><tr><td>Der Dackel</td><td>selten</td><td>als Schlittenhund</td></tr><tr><td>Der Husky</td><td>manchmal</td><td>als Polizeihund</td></tr><tr><td>Der Bullterrier</td><td>häufig</td><td>als Wachhund</td></tr></table></td></tr>
<tr><td>Satzmuster</td><td>Sammlung standardisierter Redewendungen der Fachsprache
Das Diagramm zeigt, wie …
Auf der X-Achse ist/sind … dargestellt.</td></tr>
<tr><td>Mustertext</td><td>musterhafter Text einer bestimmten Textsorte, den die SuS als Vorlage für oder zur Korrektur eigener Texte verwenden können.</td></tr>
<tr><td>Zuordnungsaufgaben</td><td>Passende Abbildungen, Symbole, Fachbegriffe, Fragen und Antworten, Texte etc. müssen einander zugeordnet werden.</td></tr>
<tr><td>Gestufte Lernhilfen</td><td>Die SuS erhalten zusätzliche Hilfen zu einer Aufgabe, z. B. Tipps zur Durchführung eines Experiments oder Wortgeländer. Dabei können sie selbst entscheiden, ob sie die Hinweise zu Hilfe nehmen wollen.</td></tr>
</table>

<table>
<tr><td>Checkliste zur Textüberarbeitung</td><td>Liste mit inhaltlichen und stilistischen Kriterien, mit deren Hilfe die SuS den eigenen Text oder den Text eines Partners korrigieren können.
<table>
<tr><td></td><td>J</td><td>N</td></tr>
<tr><td>Der Text hat eine Überschrift.</td><td></td><td></td></tr>
<tr><td>Der Text besteht aus Einleitung, Hauptteil und Schluss.</td><td></td><td></td></tr>
<tr><td>In der Wertetabelle sind die Einheiten korrekt angegeben.</td><td></td><td></td></tr>
</table></td></tr>
<tr><td>Murmelgespräch</td><td>Die SuS tauschen sich in Partnerarbeit leise zu einem Thema aus.</td></tr>
<tr><td>Bus Stop</td><td>Nachdem die Schüler eine Aufgabe bearbeitet haben, gehen sie zu festgelegten Punkten im Klassenzimmer, an denen sie sich in Partnerarbeit über ihre Ergebnisse austauschen. Gemeinsam überarbeiten sie hier den Text mithilfe von Fragen oder Kriterienrastern.</td></tr>
<tr><td>Gruppenpuzzle</td><td>In einem Gruppenpuzzle bekommen die Gruppen verschiedene Aufgaben. Um diese zu lösen, teilen sich die SuS in Expertengruppen auf, in denen sie Informationen sammeln. Nach dieser Informationsphase erklären die Experten/innen den anderen Gruppenmitgliedern das in den Expertengruppen erworbene Wissen.</td></tr>
<tr><td>Think-Pair-Share</td><td>Diese Methode besteht aus drei Phasen: In der ersten Phase setzt sich jeder Einzelne mit der gestellten Aufgabe auseinander (Think), in der zweiten Phase folgt ein Austausch mit einem Partner (Pair), anschließend wird das Ergebnis im Plenum besprochen oder vorgestellt.</td></tr>
<tr><td>Zeitleiste</td><td>Darstellung der zeitliche Abfolge</td></tr>
</table>

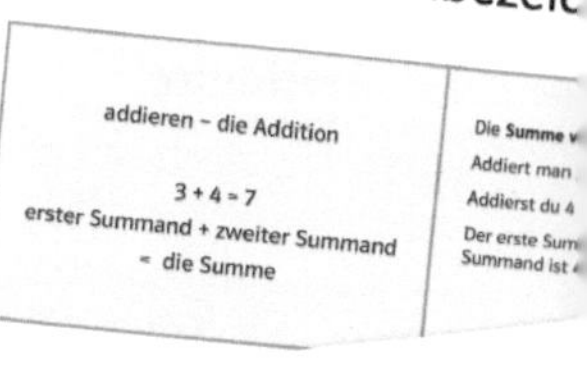

Praxishandbücher Sprachbildung im Fachunterricht

Sprachsensibel unterrichten – Sprache fördern

Auch im Fachunterricht ist Sprache und der sichere Umgang mit ihr Grundvoraussetzung und Schlüssel für das Verstehen und Kommunizieren. In Zeiten wachsender Heterogenität in den Klassenzimmern stellt Deutsch für zunehmend mehr Schülerinnen und Schüler eine Hürde dar, die ihnen den Zugang zu Fachinhalten erschwert oder diesen gar verhindert.

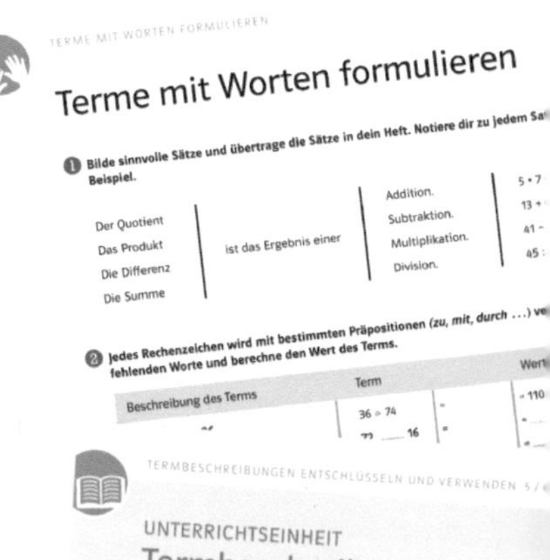

Sprachsensibel zu unterrichten heißt, dass Sie sprachliche Aspekte des Unterrichts bewusst in den Blick nehmen. Fördern und fordern Sie die Lernenden mit sprachlichen Hilfen ganz gezielt – ohne dass Ihr Fach- zum Sprachunterricht wird.

Die ***Praxishandbücher Sprachbildung im Fachunterricht*** bieten Ihnen leicht verständliche Unterrichtshilfen, mit denen Sie

› typische Stolpersteine des Fachunterrichts erkennen,
› Fachwortschatz mit Ihren Schülern gezielt aufbauen,
› Ihren Schülern ermöglichen, Fachtexte zu erschließen und zu verfassen.

Zusätzlich erhalten Sie nützliche Praxistipps für eine sprachsensible Unterrichtsplanung.

Der Band enthält:

› **Komplett aufbereitete Unterrichtseinheiten,** die Ihnen das direkte Ausprobieren und Sammeln von Erfahrungen leicht machen.
› **Einsatzfertige Arbeitsblätter und Checklisten** für Schülerinnen und Schüler unterstützen Ihre Unterrichtsvorbereitung und geben unzählige Anregungen für die Umsetzung.
› Rund 40 verschiedene **„Methoden-Werkzeuge" für einen sprachsensiblen Unterricht** unterstützen Sie bei Ihrer Unterrichtsvorbereitung.

Aus der Praxis für die Praxis – mit den Praxishandbüchern Sprachbildung erzielen Sie Lernerfolge, von denen Ihr Unterricht profitieren wird.

Mathematik	978-3-12-666851-4
Biologie	978-3-12-666852-1
Geografie	978-3-12-666853-8

UNTERRICHTSEINHEIT
Termbeschreibungen entsc
und verwenden 5/6

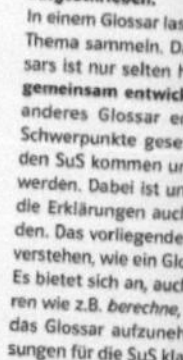

Sprachen fürs Leben!